上岗轻松学

数码维修工程师鉴定指导中心 组织编写

图解家装水电工快速入门

主 编 韩雪涛
副主编 吴 瑛 韩广兴

（视频版）

机械工业出版社

本书完全按照家装水电工领域的实际岗位需求，在内容编排上充分考虑家装水电工操作技能的特点，按照学习习惯和难易程度划分成8章，即水电工常用工具和零配件，水电工管路加工技能，水电工实用检测技能，采暖系统的安装技能，给水排水系统的安装技能，室内供配电线路的敷设与安装技能，室内供配电设备的安装技能，室内其他电气设备的安装技能。

读者可以看着学、看着做、跟着练，通过“图文互动”的模式，轻松、快速地掌握家装水电工操作技能。

书中大量的演示图解、操作案例以及实用数据可以供读者在日后的工作中方便、快捷地查询使用。

本书还采用了微视频讲解互动的全新教学模式，在重要知识点相关图文的旁边，添加了二维码。读者只要用手机扫描书中相关知识点的二维码，即可在手机上实时浏览对应的教学视频，视频内容与本书涉及的知识完全匹配，复杂难懂的图文知识通过相关专家的语言讲解，可帮助读者轻松领会，同时还可以极大地缓解阅读疲劳。

本书是家装水电工初学者的必备用书，也可以作为家装水电工培训教材及各职业院校家装水电工专业教学的参考书。

图书在版编目（CIP）数据

图解家装水电工快速入门 ： 视频版 / 韩雪涛主编 ； 数码维修工程师鉴定指导中心组织编写. — 北京 ： 机械工业出版社，2018.1（2024.3 重印）

（上岗轻松学）

ISBN 978-7-111-58899-3

Ⅰ. ①图… Ⅱ. ①韩… ②数… Ⅲ. ①房屋建筑设备－给排水系统－图解②房屋建筑设备－电气设备－图解Ⅳ. ①TU8-64

中国版本图书馆CIP数据核字（2018）第003474号

机械工业出版社（北京市百万庄大街22号　邮政编码100037）

策划编辑：陈玉芝　　责任编辑：陈玉芝　陈文龙

责任校对：张　薇　　责任印制：单爱军

北京虎彩文化传播有限公司印刷

2024年3月 第1版 第4次印刷

184mm×260mm・10印张・225千字

标准书号：ISBN 978-7-111-58899-3

定价：49.80元

凡购本书，如有缺页、倒页、脱页，由本社发行部调换

电话服务　　网络服务

服务咨询热线：010-88361066　机 工 官 网：www.cmpbook.com

读者购书热线：010-68326294　机 工 官 博：weibo.com/cmp1952

010-88379203　金 书 网：www.golden-book.com

封底无防伪标均为盗版　教育服务网：www.cmpedu.com

编委会

主　编　韩雪涛

副主编　吴　瑛　韩广兴

参　编　张丽梅　马梦霞　韩雪冬　张湘萍

朱　勇　吴惠英　高瑞征　周文静

王新霞　吴鹏飞　张义伟　唐秀鸯

宋明芳　吴　玮

前 言

家装水电工操作技能是家装水电工必须掌握的一项专项、专业、基础、实用技能。该项技能的岗位需求非常广泛。随着技术的飞速发展以及市场竞争的日益加剧，越来越多的人认识到实用技能的重要性，家装水电工操作技能的学习和培训也逐渐从知识层面延伸到技能层面。学习者更加注重家装水电工操作技能能够用在哪儿，应用家装水电工操作技能可以做什么。然而，目前市场上很多相关的图书仍延续传统的编写模式，不仅严重影响了学习的时效性，而且在实用性上也大打折扣。

针对这种情况，为使读者快速掌握技能，及时应对岗位的发展需求，我们对家装水电工操作技能的内容进行了全新的梳理和整合，结合岗位培训的特色，根据国家职业技能标准组织编写构架，引入多媒体出版特色，力求打造出具有全新学习理念的实用技能入门图书。

在编写理念方面

本书将国家职业技能标准与行业培训特色相融合，以市场需求为导向，以直接指导就业作为图书编写的目标，注重实用性和知识性的融合，将学习技能作为图书的核心思想。书中的知识内容完全为技能服务，知识内容以实用、够用为主。全书突出操作、强化训练，让学习者在阅读本书时不是在单纯地学习内容，而是在练习技能。

在内容结构方面

本书在结构的编排上，充分考虑当前市场的需求和读者的情况，结合实际岗位培训的经验进行全新的章节设置；内容的选取以实用为原则，案例的选择严格按照上岗从业的需求展开，确保内容符合实际工作的需要；知识性内容在注重系统性的同时以够用为原则，明确知识为技能服务，确保图书的内容符合市场需要，具备很强的实用性。

在编写形式方面

本书突破传统图书的编排和表述方式，引入了多媒体表现手法，采用双色图解的方式向学习者演示家装水电工操作技能，将传统意义上的以“读”为主变成以“看”为主，力求用生动的图例演示取代枯燥的文字叙述，使学习者通过二维平面图、三维结构图、演示操作图、实物效果图等多种图解方式直观地获取实用技能中的关键环节和知识要点。

其次，本书还开创了数字媒体与传统纸质载体交互的全新教学方式。学习者可以通过手机扫描书中的二维码，实时浏览对应知识点的数字媒体资源。数字媒体资源与本书的图文资源相互衔接、相互补充，可充分调动学习者的主观能动性，确保学习者在短时间内获得最佳的学习效果。

在专业能力方面

本书编委会由行业专家、高级技师、资深多媒体工程师和一线教师组成，编委会成员除具备丰富的专业知识外，还具备丰富的教学实践经验和图书编写经验。

为确保图书的行业导向和专业品质，特聘请原信息产业部职业技能鉴定指导中心资深专家韩广兴亲自指导，以使本书充分以市场需求和社会就业需求为导向，确保图书内容符合职业技能鉴定标准，达到规范性就业的目的。

本书由韩雪涛任主编，吴瑛、韩广兴任副主编，张丽梅、马梦霞、朱勇、唐秀鸯、韩雪冬、张湘萍、吴惠英、高瑞征、周文静、王新霞、吴鹏飞、宋明芳、吴玮、张义伟参加编写。

读者通过学习与实践还可参加相关资质的国家职业资格或工程师资格认证，获得相应等级的国家职业资格证书或数码维修工程师资格证书。如果读者在学习和考核认证方面有什么问题，可通过以下方式与我们联系。

数码维修工程师鉴定指导中心
网址：http://www.chinadse.org
联系电话：022-83718162/83715667/13114807267
E-MAIL:chinadse@163.com
地址：天津市南开区榕苑路4号天发科技园8-1-401 邮编：300384

希望本书的出版能够帮助读者快速掌握家装水电工技能，同时欢迎广大读者给我们提出宝贵的建议！如书中存在问题，可发邮件至cyztian@126.com与编辑联系！

编　者

目 录

第1章 水电工常用工具和零配件

1.1 水电工常用的加工工具

在进行水电工操作时，通常会用到一些加工工具对管道等设备进行加工，下面我们就对这些加工工具进行学习。

1.1.1 管道加工工具

在水电工操作现场，管道加工工具是非常重要的工具之一，常见的管道加工工具主要有管钳、台虎钳、套丝机、手锯等。

1. 管钳

管钳主要是用来对管道进行紧固或松动的加工工具，管钳主要由活动钳口、固定钳口、开口调节环、固定钳口架（套架）、手柄（管钳柄）等部分构成。

【管钳的实物外形】

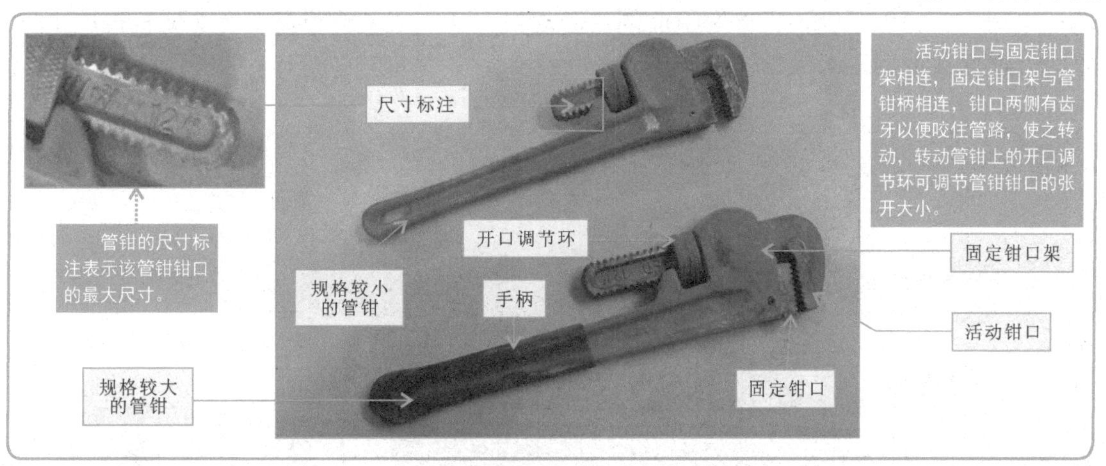

特别提醒

不同规格管钳的具体使用范围也有所不同，具体参数见下表所列。

钳头最大开口长度	管钳长度	最大夹持管径	钳头最大开口长度	管钳长度	最大夹持管径
6in	150mm	20mm	14in	350mm	50mm
8in	200mm	25mm	18in	450mm	60mm
10in	250mm	30mm	24in	600mm	75mm
12in	300mm	40mm	36in	900mm	85mm

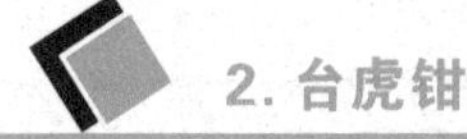

2. 台虎钳

台虎钳又称为管压力钳、门钳等。台虎钳主要用于夹持管材，以便对管材进行锯割、套螺纹、装配或拆装管件等。台虎钳主要是由手柄、活动钳口、固定钳口、钳体、底座等组成的。通常，台虎钳安装在钳工工作台或三脚架上使用。

【台虎钳的实物外形】

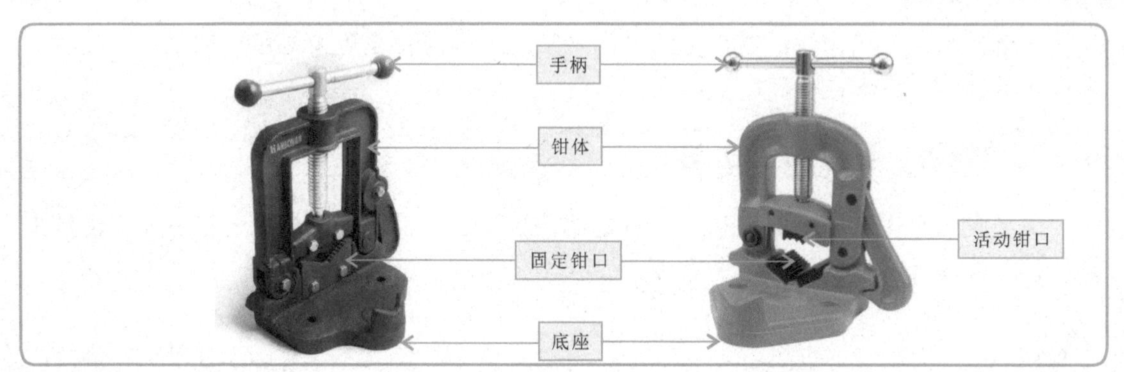

3. 套丝机

套丝机又称为绞丝机，套丝机是由夹紧机构、进刀装置、板牙头（切削头）、减速器、电动机、操作手柄、机体等组成的。套丝机主要用来进行管道套丝（使管道产生螺纹，方便连接或固定）操作。

【套丝机的实物外形】

特别提醒

根据套丝机的结构和实用程度可分为重型和轻型两种套丝机。其中，重型套丝机的材质为全铝合金机体，型号代号一般为100或100A。重型套丝机具有滑架跨度大、稳定性好、经久耐用，通常，适用大批量加工管螺纹，适合固定的场地使用。一般净重为175kg。

轻型套丝机一般机体下部由2mm厚的铁板制作而成，上部为铝合金。型号代号一般为100 C或100 III或R4-II，价格较低。具有重量轻、搬运较方便，适合工作流动性大的场合使用。一般净重为130kg左右；缺点是滑架跨度小、稳定性不太好。

1.1.2 设备拆卸工具

在对电气设备进行安装、调试或维修时，拆卸操作是必不可少的，拆卸时通常用到一些必要的拆卸工具，例如扳手。

在水暖施工操作中，钻凿工具是水电工在敷设管路和安装设备时，对墙面进行开凿处理而使用的工具。由于钻凿时可能需要钻凿不同深度或大小的孔或线槽，因此常用到的钻凿工具有锤子、錾子、手电钻、电锤等。

1. 锤子和錾子

锤子是敲打物体使其移动或变形的工具。錾子主要是用来凿打混凝土建筑物的安装孔或者打穿墙孔的工具。施工作业时，錾子常与冲击钻或锤子配合使用。

【锤子和錾子的实物外形】

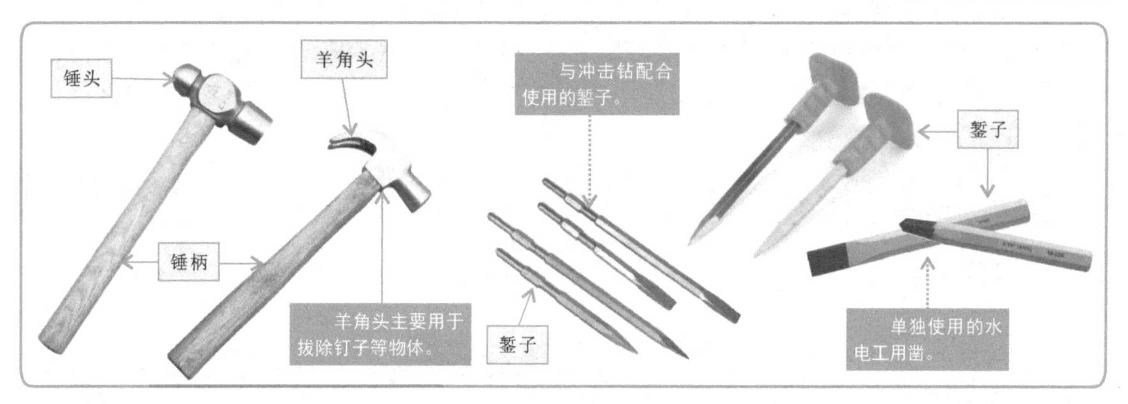

2. 手电钻和电锤

手电钻是一种用于钻孔的钻凿工具，在水暖施工中手电钻常用于钻孔。电锤的功能与手电钻类似，但冲击能力比手电钻更强，在线路敷设过程中，如果需要贯穿墙体钻孔，则常常需要使用电锤。

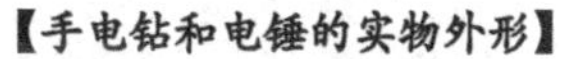
【手电钻和电锤的实物外形】

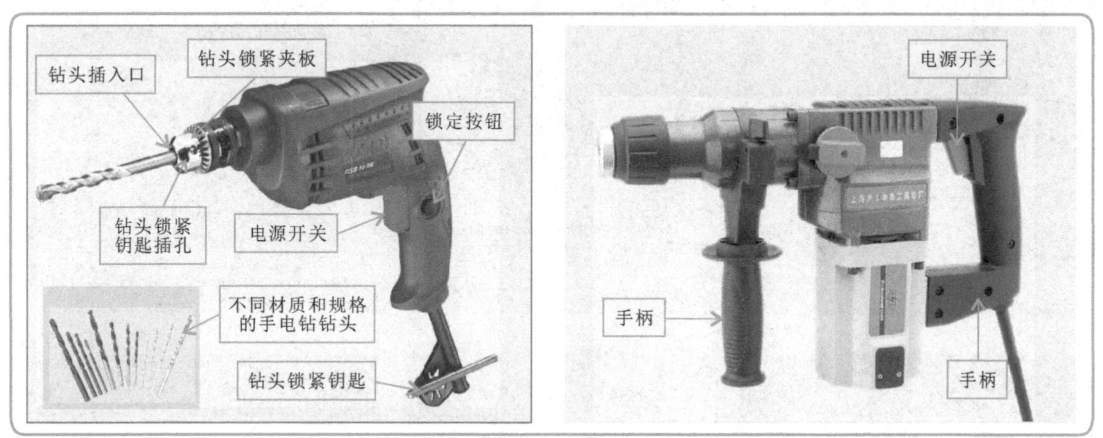

1.2 水电工常用的测量仪表

水电工在进行操作时，通常会用测量仪表对一些用电设备或设施进行检测和计量操作，下面我们就对这些常用的测量仪表进行学习。

1.2.1 常用检测用仪表

检测用仪表主要是用来对一些设备的供电、用电状态等进行检测，常用到的检测仪表主要有万用表、绝缘电阻表、钳形表、验电器、场强仪等设备。

1. 万用表

在水电工中，万用表是常用的检测仪表，多用来检测直流电流、交流电流、直流电压、交流电压以及电阻值等。万用表根据显示方式的不同，可分为指针式万用表和数字式万用表。指针式万用表又称为模拟万用表，主要由表头指针指示测量的数值，响应速度较快，但测量精度较低；数字式万用表以数字的形式显示测量的数值，读数直观方便，测量精度高。

【万用表的实物外形】

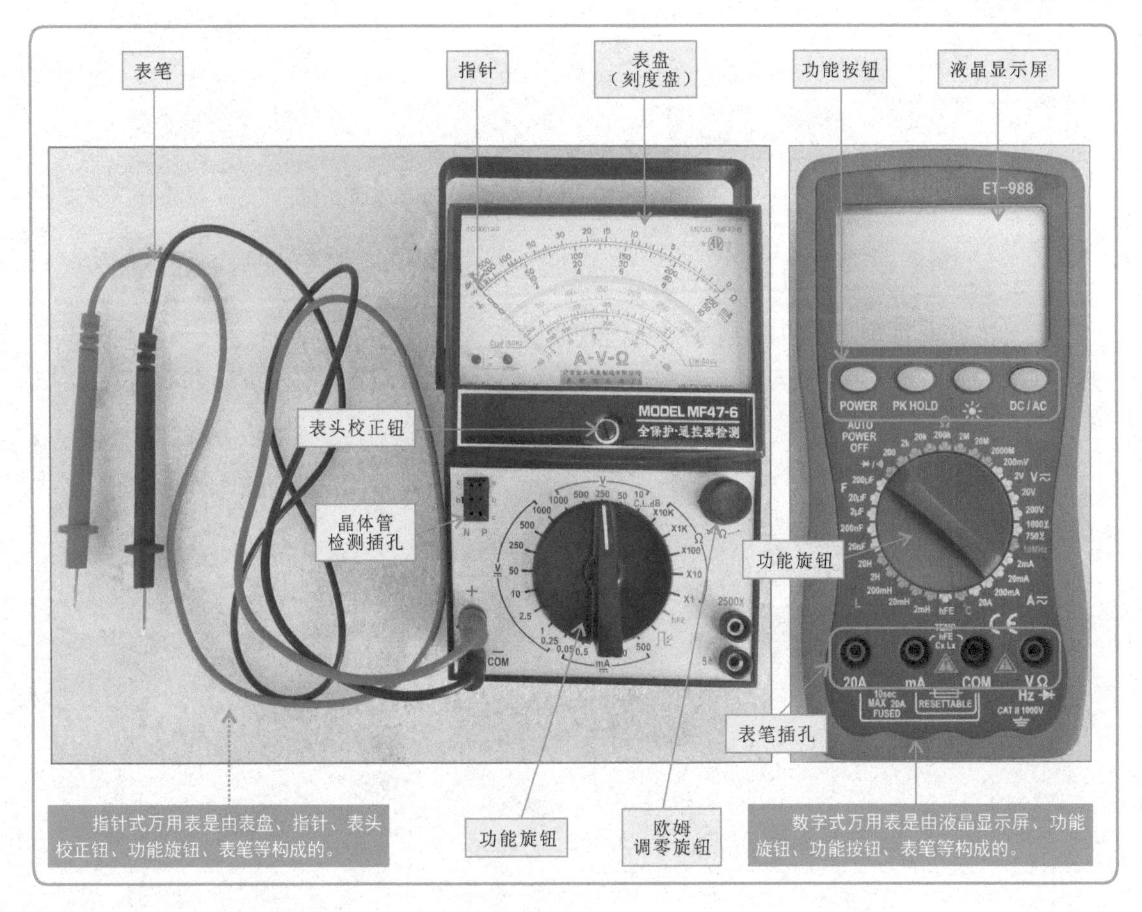

2. 绝缘电阻表

绝缘电阻表俗称兆欧表，在水电工操作中主要用来测量绝缘电阻值，用于判断线路或用电设备是否存在漏电的情况。绝缘电阻表主要是由刻度盘、指针、接线端子、手动摇杆、测试线等构成的。

【绝缘电阻表的实物外形】

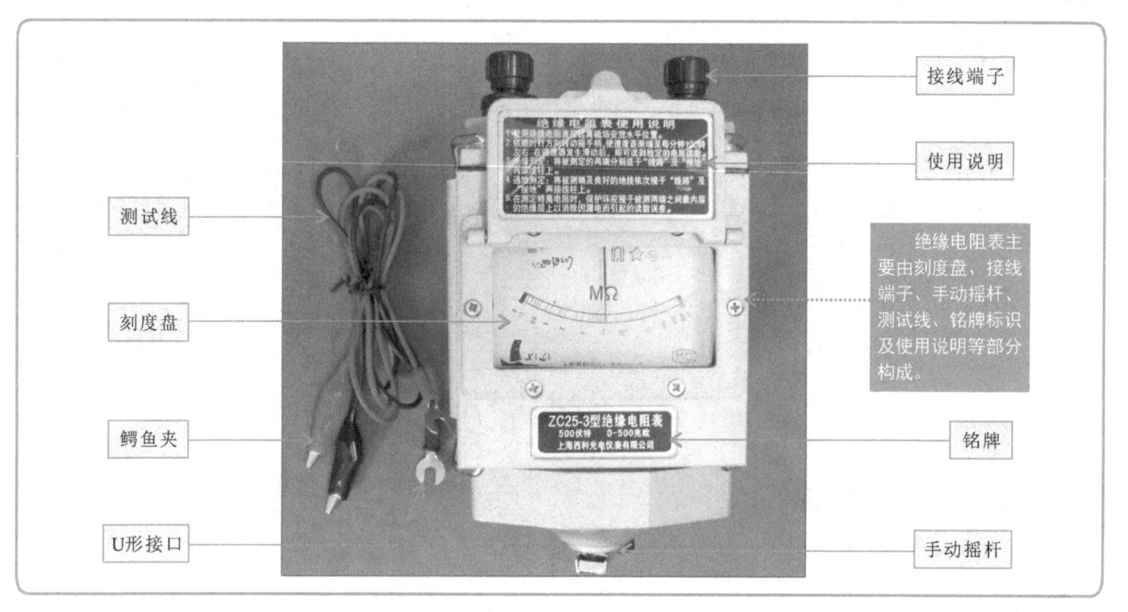

3. 钳形电流表

钳形电流表在水电工操作中主要用于检测电气设备或导线工作时的交流电流。使用钳形电流表检测交流电流时，不需要断开电路即可通过钳头对导线中流过的交流电流进行测量，是一种便携式测量仪表。

【钳形电流表的实物外形】

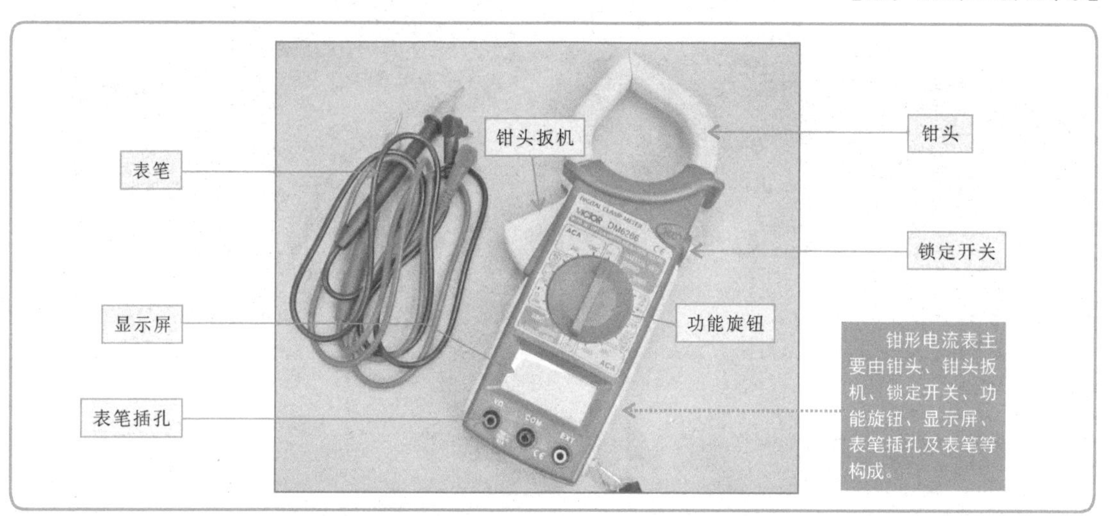

4. 验电器

验电器是水电工操作过程中最常用的测量仪表之一，主要用来检测导线或电气设备是否带电，也可以直接用来判断导线的连接是否正确，目前使用较多的验电器有氖管验电器和电子验电器两种。

【验电器的实物外形】

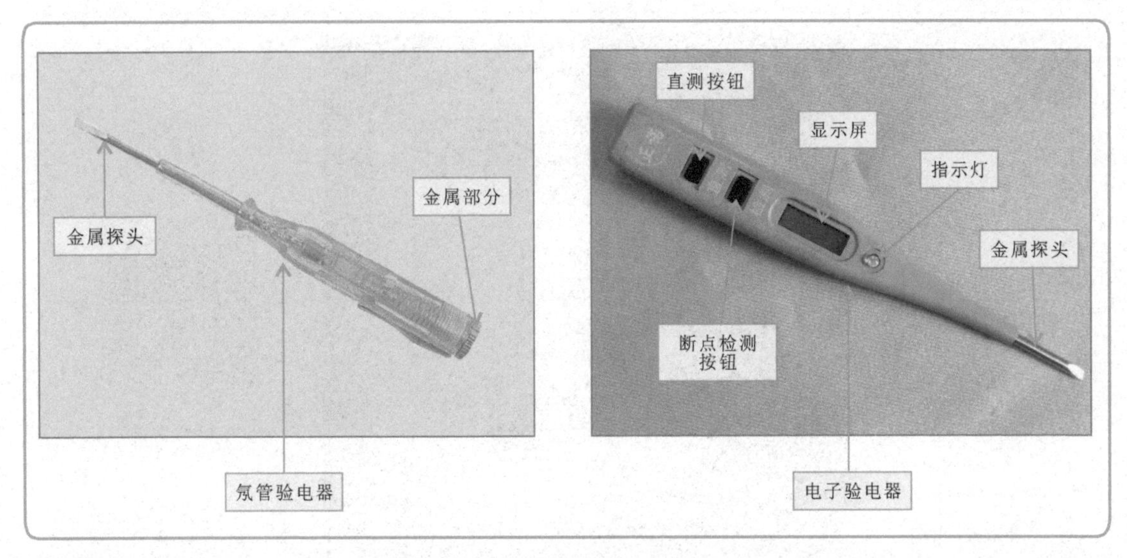

5. 场强仪

场强仪是用于测量空中电场磁度或传输线射频信号强度的仪器，在水电工操作中可用于检测有线电视线路输送的信号是否正常，确保安装的有线电视线路良好。

【场强仪的实物外形】

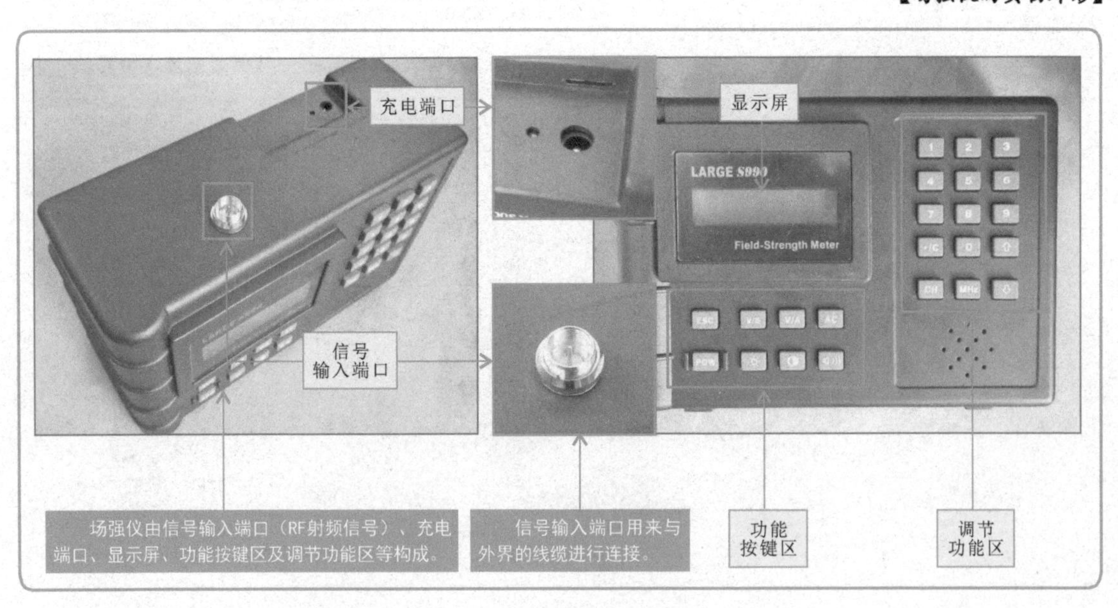

1.2.2 常用计量用仪表

在进行水电工操作的过程中，计量用仪表也是非常重要的工具。常用的计量用仪表主要有游标卡尺、卷尺、角尺、水平尺以及水表和压力表等。

1. 游标卡尺

游标卡尺是一种测量精度较高的计量工具，常用于精确测量长度、内/外径尺寸或深度等，常用来检测管材的内径和外径，以及金属零件的尺寸、精度。

游标卡尺是由尺身和游标两大部分构成的。在尺身和游标上有两对活动量爪，分别是内测量爪和外测量爪，内测量爪通常用来测量内径，外测量爪通常用来测量长度和外径。根据游标上分格的不同，游标卡尺的精确度也有所不同。

【游标卡尺的实物外形】

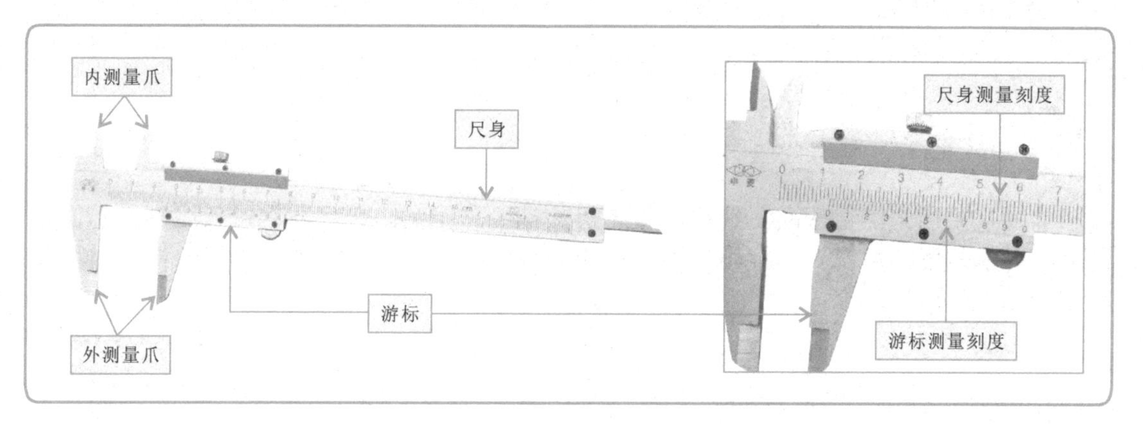

2. 水平尺

水平尺主要用来测量水平度和垂直度。例如在进行线路敷设或设备安装时用来测量水平度和垂直度。水平尺的精确度高，造价低、携带方便，在水平尺上一般会设有两个或三个水平柱，主要用来测量垂直度及水平度等，有一些水平尺上还带有标尺，可以进行短距离的测量。

【水平尺的实物外形】

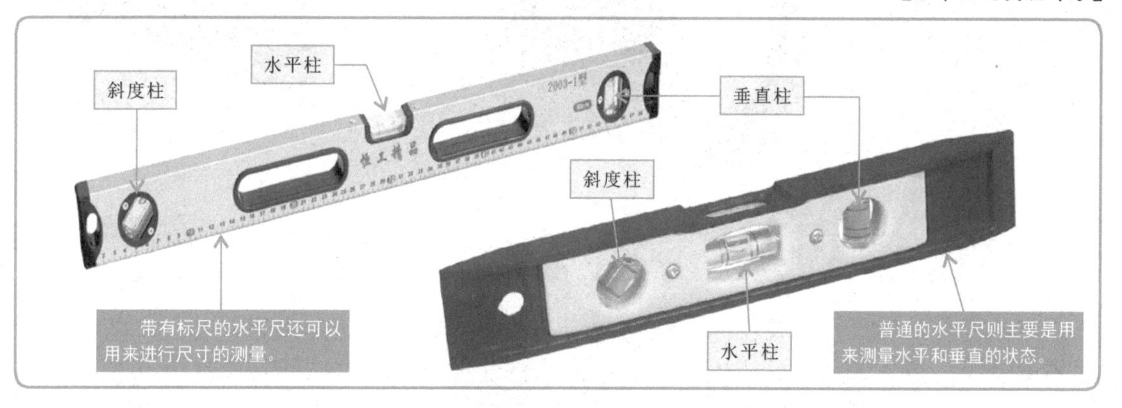

特别提醒

目前，市场上出现了一种新型的激光水平尺。在激光水平尺上同样设有水平柱和垂直柱，与普通水平尺的使用方法基本相同。不同的是激光水平尺可以在平面或凹凸不平的墙面上打出标线，进行标记使用，一般可以打出一字线、十字线或地脚线等。

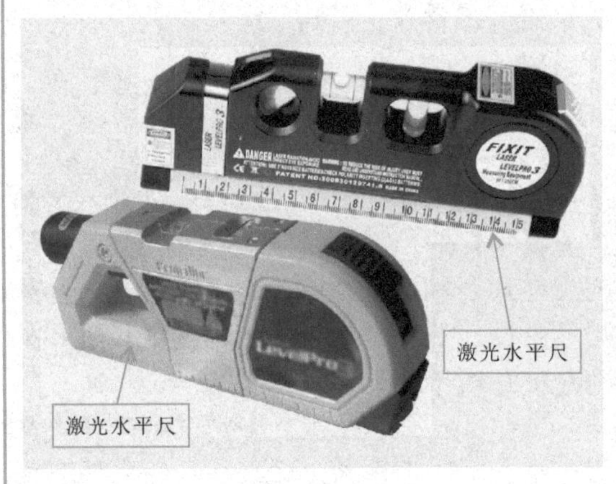

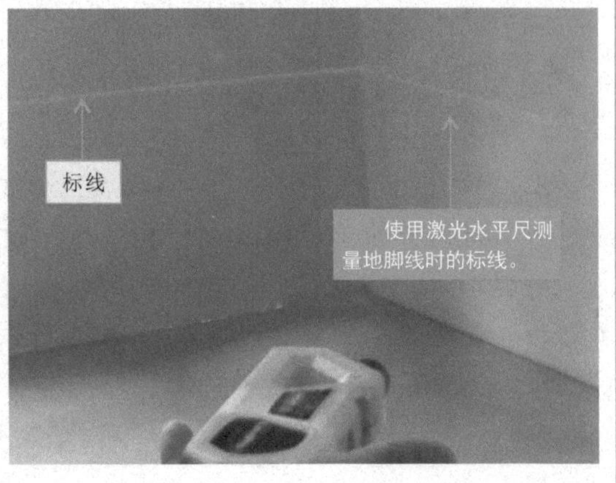

3. 卷尺

卷尺主要用来测量管路、线路、设备等的高度和距离。卷尺通常以长度和精确值来区分。目前常用的卷尺一般都设有固定按钮和复位按钮，测量时可以方便地自由伸缩并固定刻度尺伸出的长度。

【卷尺的实物外形】

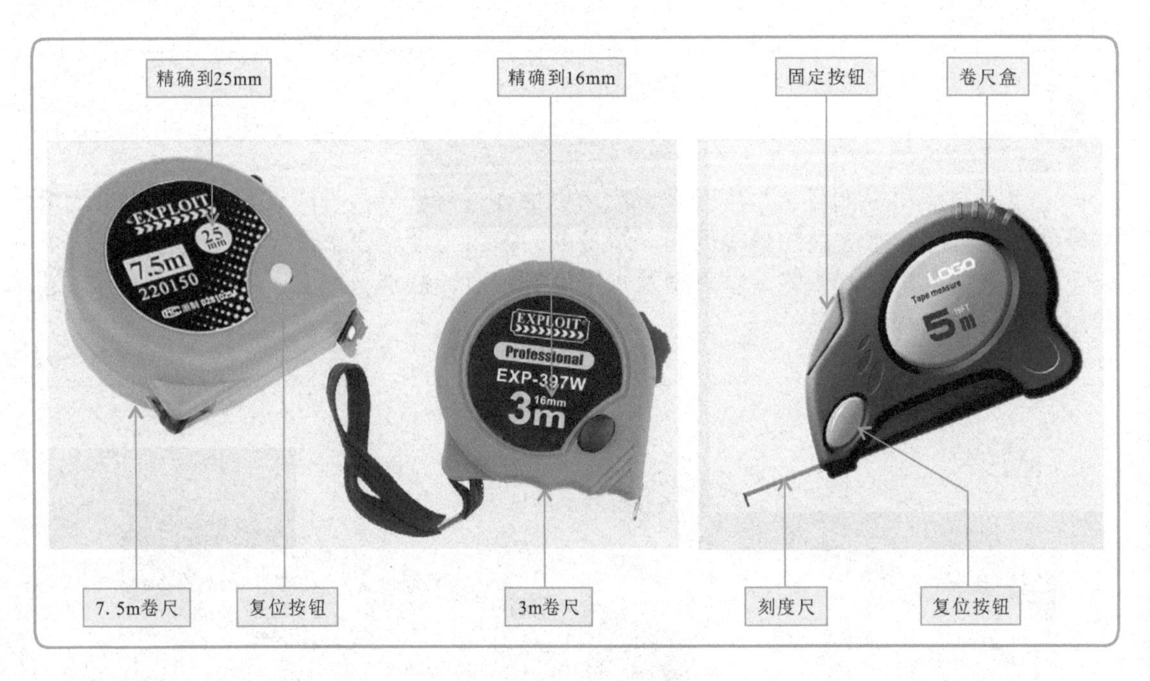

将刻度尺从卷尺盒中抽出后，按住固定按钮可固定住当前伸出的刻度尺，以便于进行测量操作。当测量完毕后，按下复位按钮，刻度尺会自动收缩回卷尺盒中。

4. 角尺

角尺也是水电工操作中常用的一种测量工具，是一种具有圆周度数的角形测量工具，角尺主要由角尺座和尺杆组成。角尺座的主要功能是定位，其材质有铝合金和铁两种，高档一点的角尺在角尺座上还带有水平柱（水泡）；尺杆的主要功能是测量圆周度，上面刻有刻度，它通常是采用钢带制造的，而高档一点的角尺的尺杆是采用不锈钢做的。

【角尺的实物外形】

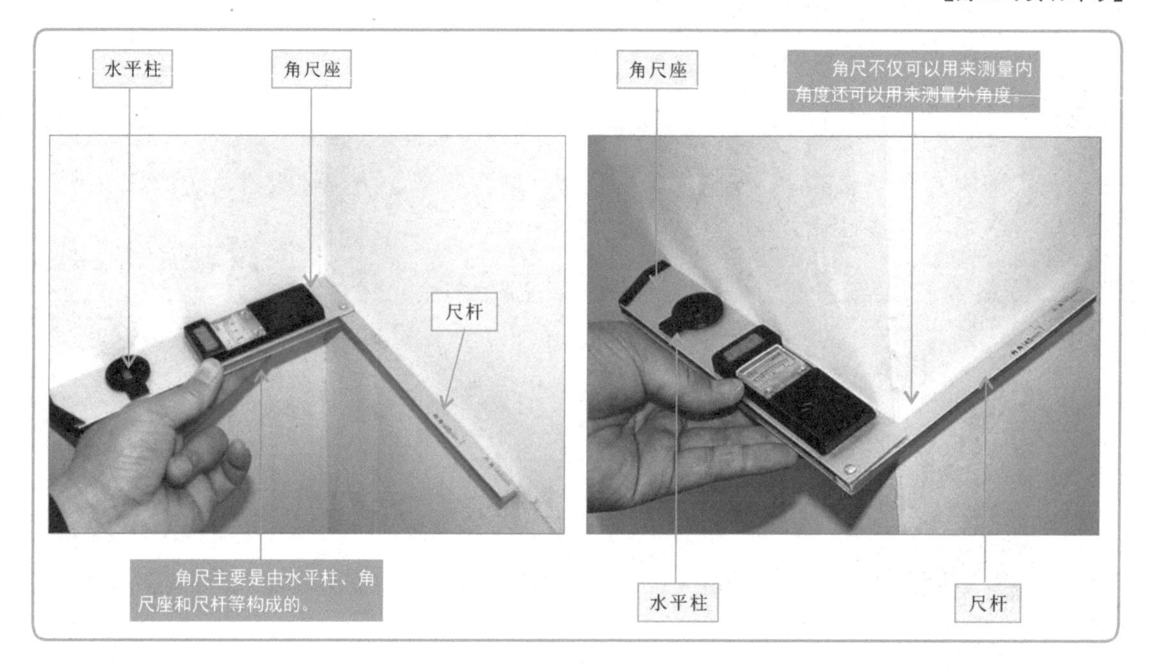

5. 水表和压力表

在水暖施工中，通常会在住户的给水管进水口处安装水表，用以测量用水量；在管道的特定部位或检测口处会连接一块压力表，用以检测管道中的压力。

【水表和压力表的实物外形】

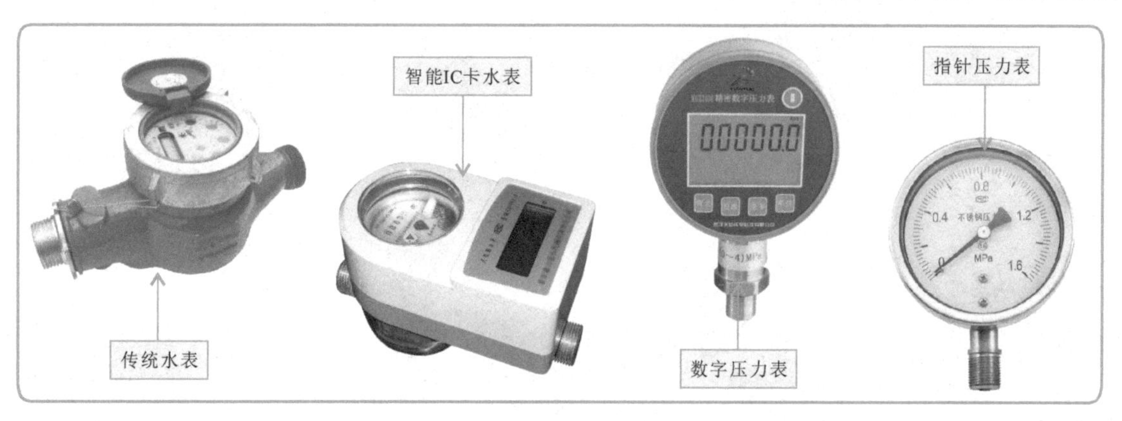

1.3 水电工常用的安全及辅助设备

在水电工操作过程中，安全及辅助设备是必不可少的，这些设备主要是用来确保操作人员的人身安全的。

1.3.1 水电工操作中的安全设备

在水电工操作过程中，根据功能和使用特点不同可以将安全设备大致分为头部使用的安全设备和手足部使用的安全设备。

1. 头部使用的安全设备

头部使用的安全设备包括安全帽、护目镜、防尘口罩、防毒呼吸器及防护耳罩等，用以保障水电工头部的安全。

【头部使用的安全设备】

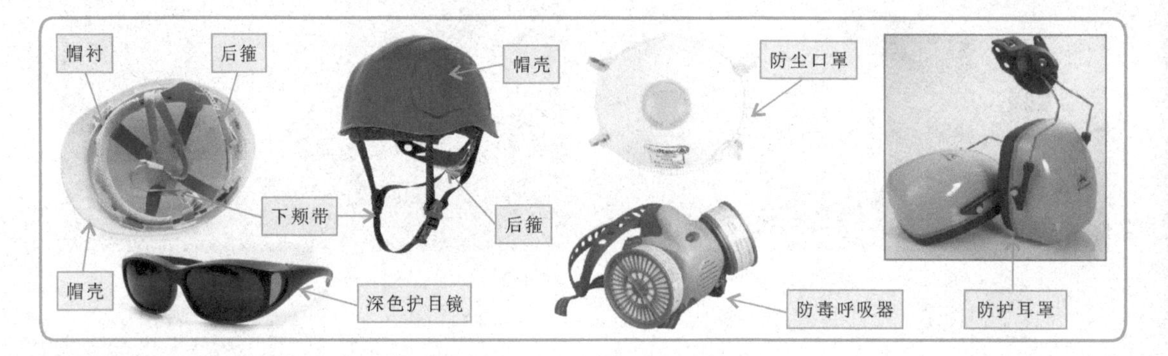

2. 手足部使用的安全设备

绝缘防护手套和绝缘防护鞋是保护水电工手部和足部安全的重要防护用品。

【手足部使用的安全设备】

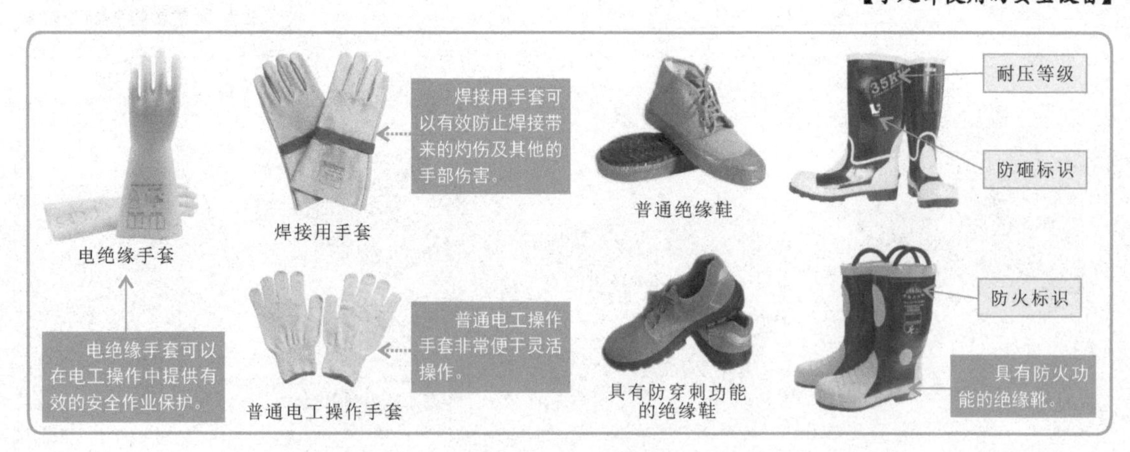

1.3.2 水电工操作中的辅助设备

辅助设备用来对操作人员的人身安全进行辅助保护，如安全带、安全围栏等。

1. 安全带

操作人员在进行高空作业时，需要使用安全带进行保护，安全带主要是由腰带、安全绳、围杆带、保险绳扣等构成的。安全带的腰带是用来系挂保险绳、围杆的，保险绳的直径不小于13mm。

【安全带的实物外形】

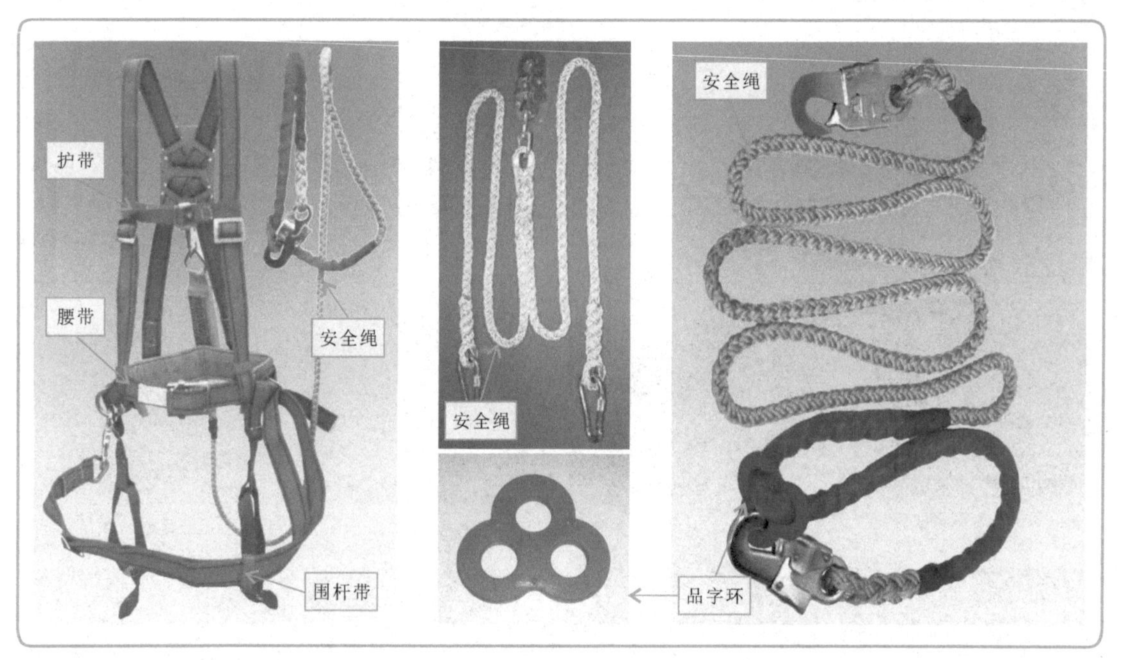

2. 安全围栏

安全围栏主要在电工作业时围在作业环境周围，以提示群众避让，经常与安全警示牌配合使用，起到安全提示的作用。

【安全围栏的实物外形】

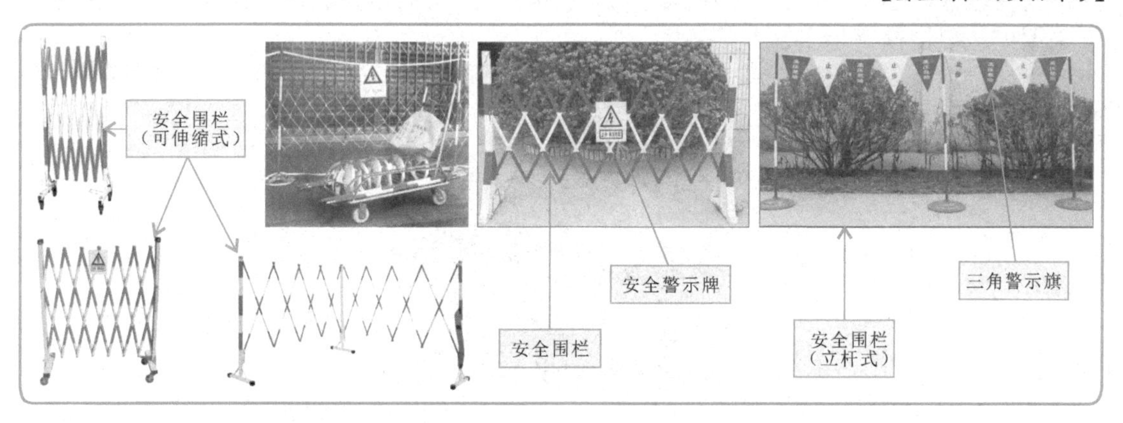

1.4 水暖操作中的常用零配件

水暖操作中通常用到的零配件主要有管道、闸阀、供暖和供水设备以及辅助配件等，下面，我们就分别对这些零配件进行学习。

1.4.1 水暖操作中的管道

在水暖操作过程中，通常会用到管道对流体进行传输，常用到的管道主要有钢管、铸铁管、PVC管以及复合管等。

1. 钢管

钢管具有很高的机械强度，可以承受很高的内、外压力，并且具有可塑性，能适应各种复杂地形。按生产方法可将其分为无缝钢管和有缝钢管（直缝钢管）。

【钢管的实物外形】

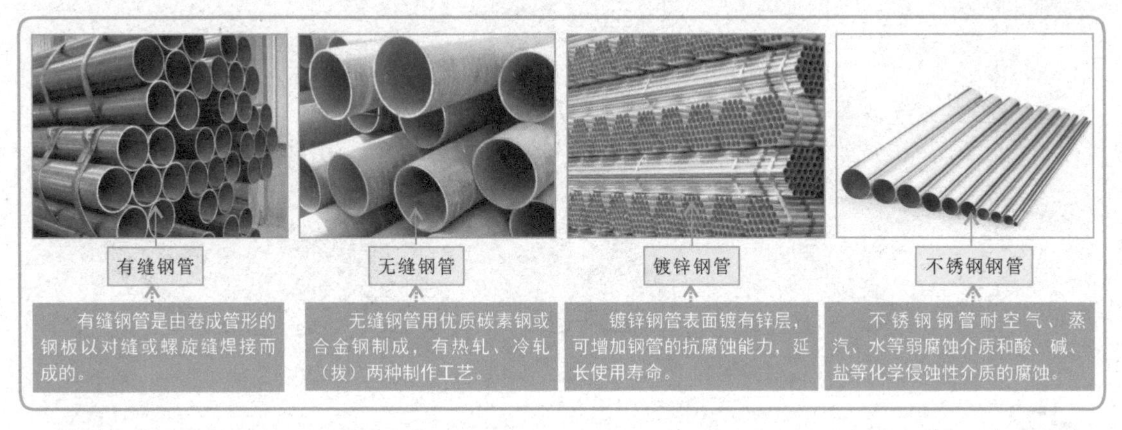

2. 铸铁管

铸铁管与钢管相比具有价格低、耐腐蚀性强，可长时间使用等特点，但铸铁管重量大，韧性较差，不便于施工。按材质不同可将其分为灰铸铁管和球墨铸铁管，目前市场上主要以球墨铸铁管为主。

【铸铁管的实物外形】

3. PVC管

PVC管是一种塑料管，主要成分是聚氯乙烯，它有着金属管材不可替代的优点，如安拆方便、易检修、美观、品种多等。但它也有着成本高、价格昂贵等缺点。

PVC管按品种分可分为PVC-U（硬质聚氯乙烯）管、PVC-C（氯化聚氯乙烯）管以及PVC-M（高抗冲聚氯乙烯）管。

【PVC管的实物外形】

PVC-U管（硬质聚氯乙烯管）

耐腐蚀、机械强度大，常作为给水排水管道使用。

PVC-C管（氯化聚氯乙烯管）

保温性能好，耐高温，无污染，不易老化。

PVC-M管（高抗冲聚氯乙烯管）

性能与PVC-U管类似，但具有良好的抗振性能。

4. 复合管

复合管是以金属管材为基础，内、外焊接聚乙烯、交联聚乙烯等非金属材料成型，具有金属管材和非金属管材的双重优点。铝塑复合管是目前应用较广的一种复合管材。

【复合管的实物外形】

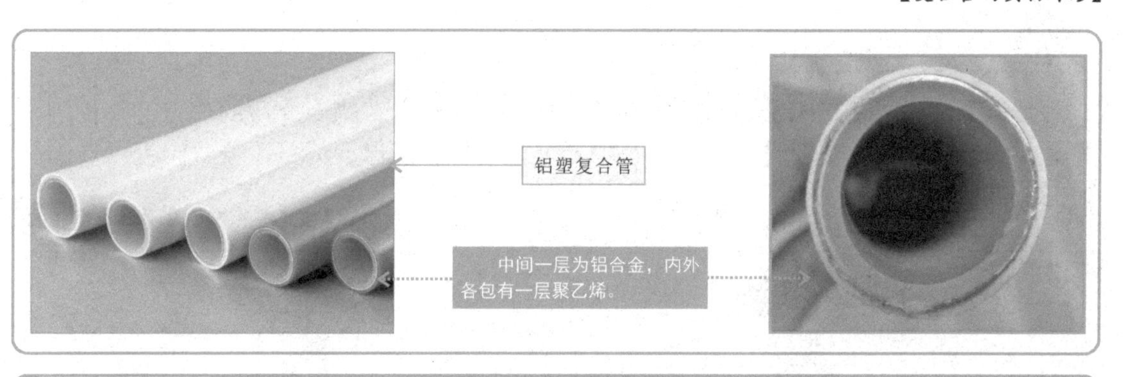

特别提醒

复合管的规格尺寸与钢管相同，也是采用公称通径进行标识的。从这些标识可找到一些有用信息，如最高耐压、最高耐热温度、公称通径、材质等。

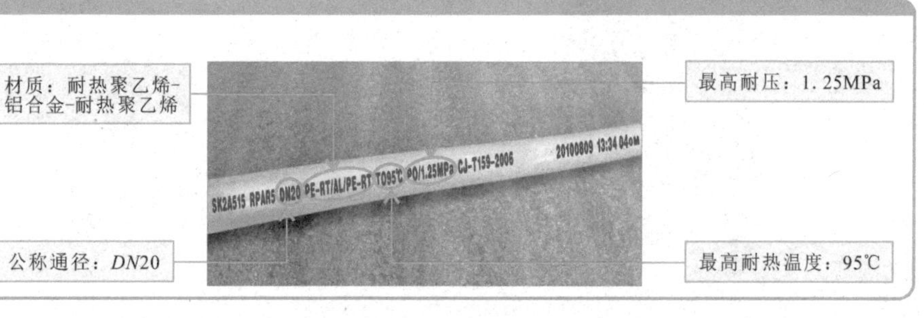

1.4.2 水暖操作中的闸阀

闸阀是液体输送过程中的控制部件，具有截止、调节、导流、防逆流、稳压、分流和泄压等多种功能，其工作温度以及工作压力范围非常大，故在水暖操作过程中有广泛的应用。闸阀有很多种类，在水暖施工中比较常见的有普通闸阀、截止阀、球阀、碟阀、止回阀以及减压阀等。

1. 普通闸阀

普通闸阀从外观上看，主要是由阀杆和闸板构成的，根据阀杆结构形式的不同可以分为明杆式和暗杆式两种。普通闸阀可以通过改变闸板的位置来改变通道截面的大小，从而调节介质流量，多用于给水排水系统中。

【普通闸阀的实物外形】

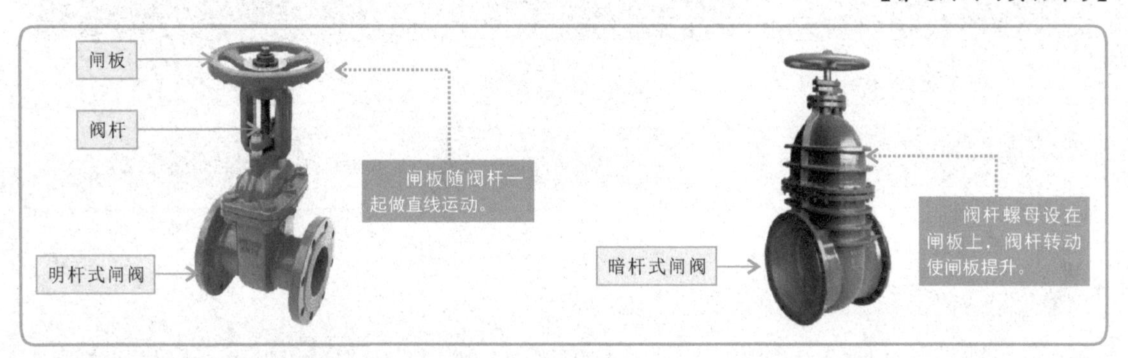

普通闸阀具有结构紧凑、流阻小、密封可靠、使用寿命长等特点，但其外形尺寸较大，开闭时间长。闸阀的内部结构较复杂，若出现故障，维修比较困难。

2. 截止阀

截止阀是利用塞形阀瓣与内部阀座的突出部分相配合，来对介质的流量进行控制，多用于给水排水和供暖管道中。截止阀主要是由手轮、螺母、垫料压盖、阀盘以及阀杆等构成的。

【截止阀的实物外形及内部结构】

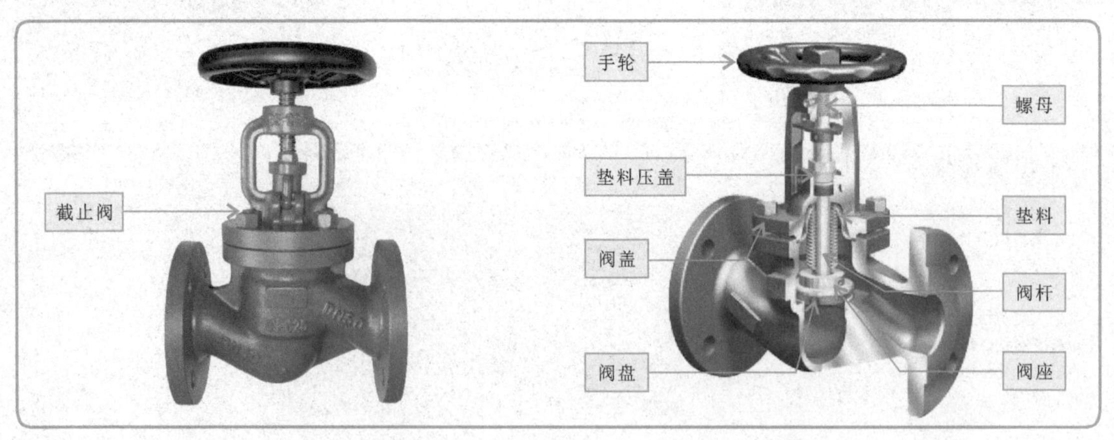

3. 球阀

球阀的阀芯是一个中间开孔的球体，通过旋转球体改变孔的位置来对介质的流量进行控制，多用于给水排水和供暖管道中，如暖气片前端进水控制。

【球阀的实物外形】

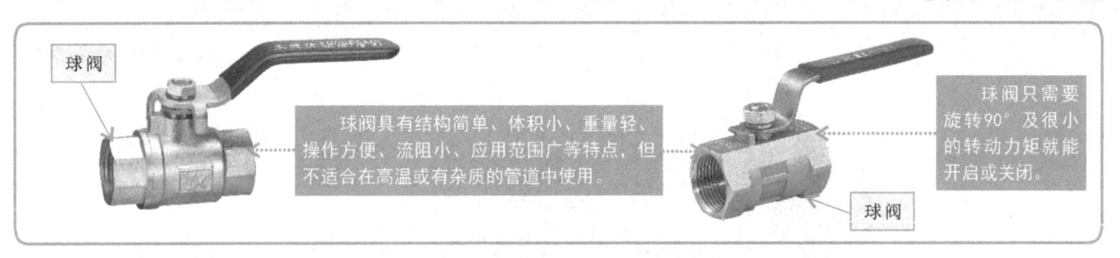

4. 蝶阀

蝶阀的启闭件是一个圆盘形的蝶板，蝶板在控制下围绕阀轴旋转来达到开启与关闭的目的。它是一种结构简单的调节阀，在低压管道中常作为开关控制部件使用。

【蝶阀的实物外形】

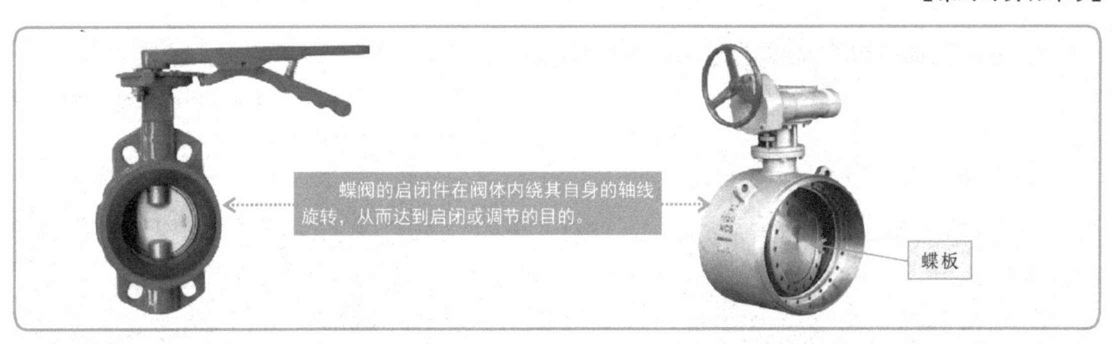

5. 止回阀

止回阀又叫作单向阀，它是利用阀前阀后介质压力差而自动启闭的阀门，使内部介质只能朝单一方向流动，不能逆向流动。在水暖施工中可在禁止回流的管道中使用。止回阀根据结构不同，可分为升降式和旋启式两种。

【止回阀的实物外形】

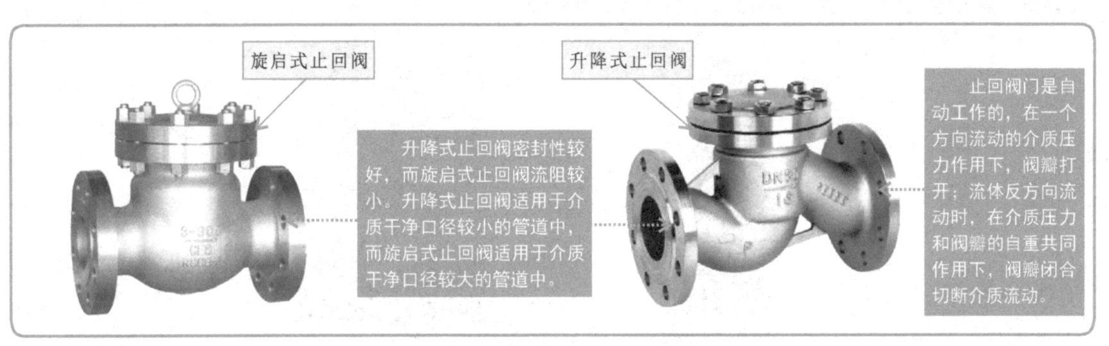

6. 减压阀

减压阀是一个局部阻力可以变化的节流部件，它通过改变节流面积，使通过的介质流速及流体的动能改变，造成不同的压力损失，将进口压力减至某一需要的出口压力，从而达到减压的目的。在水暖施工中可在需要改变介质压力的管道中使用。

【减压阀的实物外形】

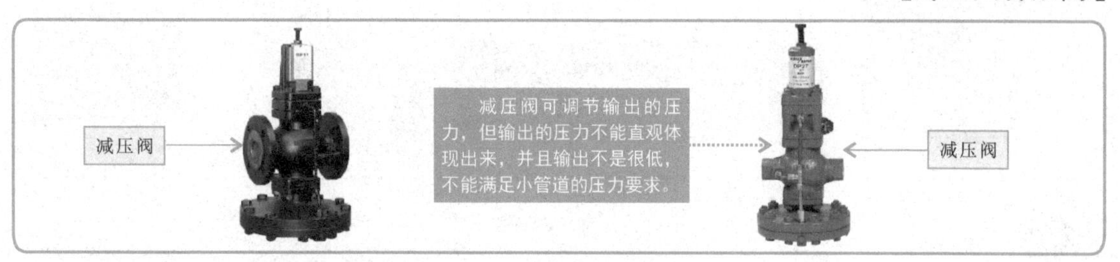

1.4.3 水暖操作中的采暖和供水设备

1. 水箱和水泵

水箱是供水系统中重要的储水设备。水泵则是供水系统中用以增加水压的设备。

【水箱和水泵的实物外形】

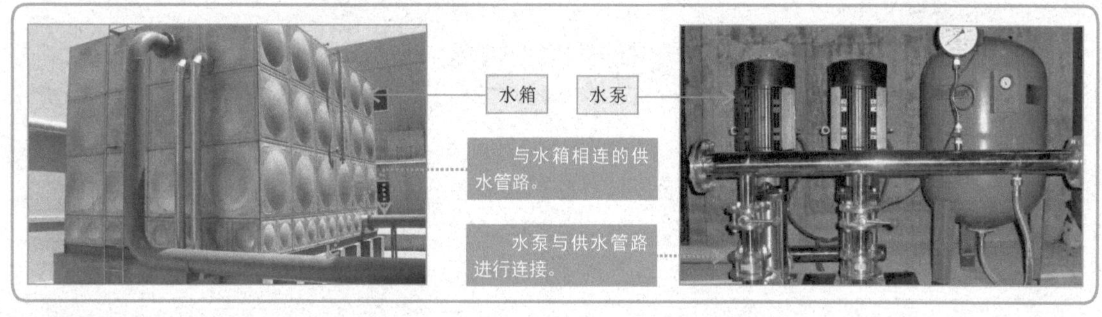

2. 采暖炉

采暖炉又称为取暖炉，是采暖系统中最为重要的设备之一。采暖炉产生的热量，通过管路送往散热设备中，进而实现取暖的目的。

【采暖炉的实物外形】

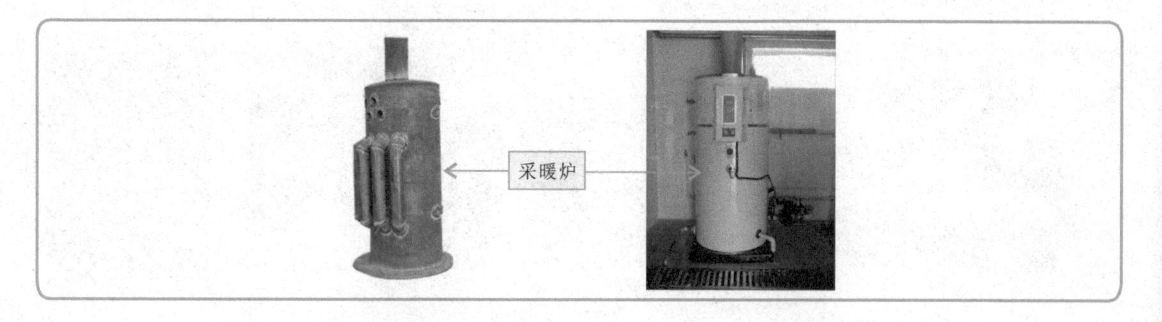

1.4.4 水暖操作中的辅助配件

在水暖操作过程中，通常会用到一些辅助配件对管道进行密封、连接以及改变管道方向等，常见的辅助配件有接头、法兰、弯头以及分支接头等。

1. 接头

接头是用来连接两根管道的配件，常使用接头连接两根相同的管材或直径有差异、接口有差异的管道。接头安装连接快捷，在采暖和给水排水管道中十分常见。

【接头的实物外形】

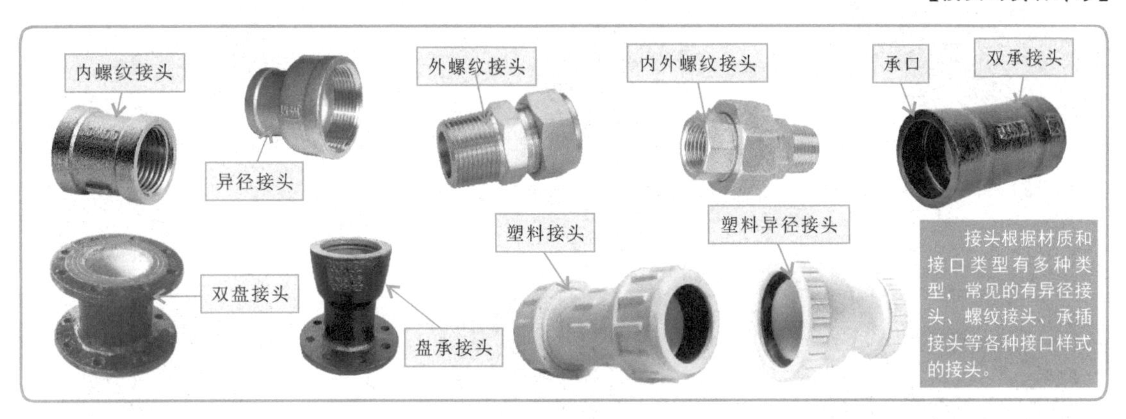

2. 法兰

法兰又叫作法兰盘或突缘盘，它安装在管材、配件或阀门的一端，用于管材与配件、阀门之间的连接。法兰上有孔眼，用于安装螺栓使两法兰紧密连接，常见的法兰有平焊法兰、对焊法兰以及螺纹法兰。

【法兰的实物外形】

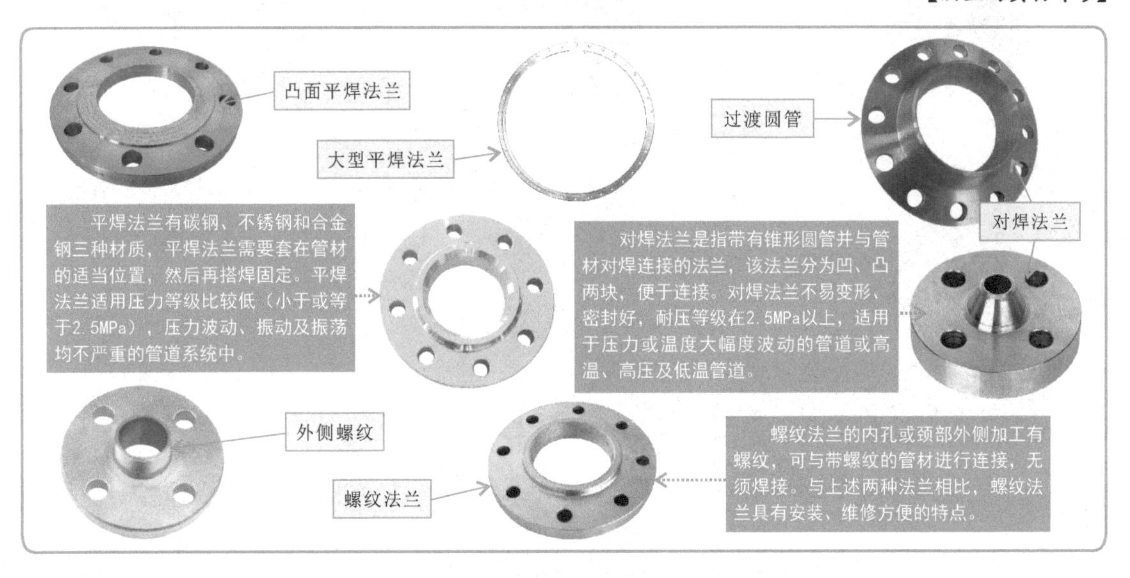

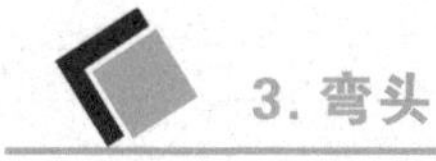

3. 弯头

弯头是用来改变管道方向的配件，在水暖施工中十分常见，常见的有90°弯头、45°弯头和异径弯头，根据选用的管材不同，弯头也有不同的连接接口及材质。

【弯头的实物外形】

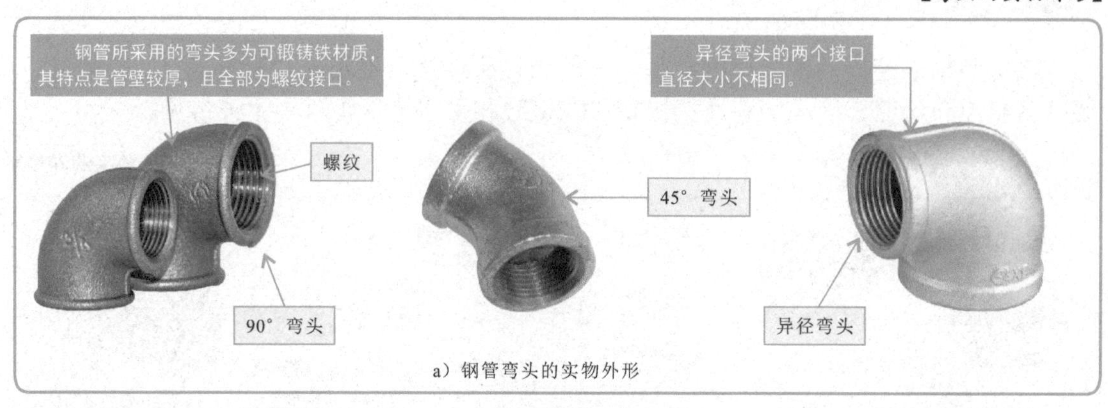

a）钢管弯头的实物外形

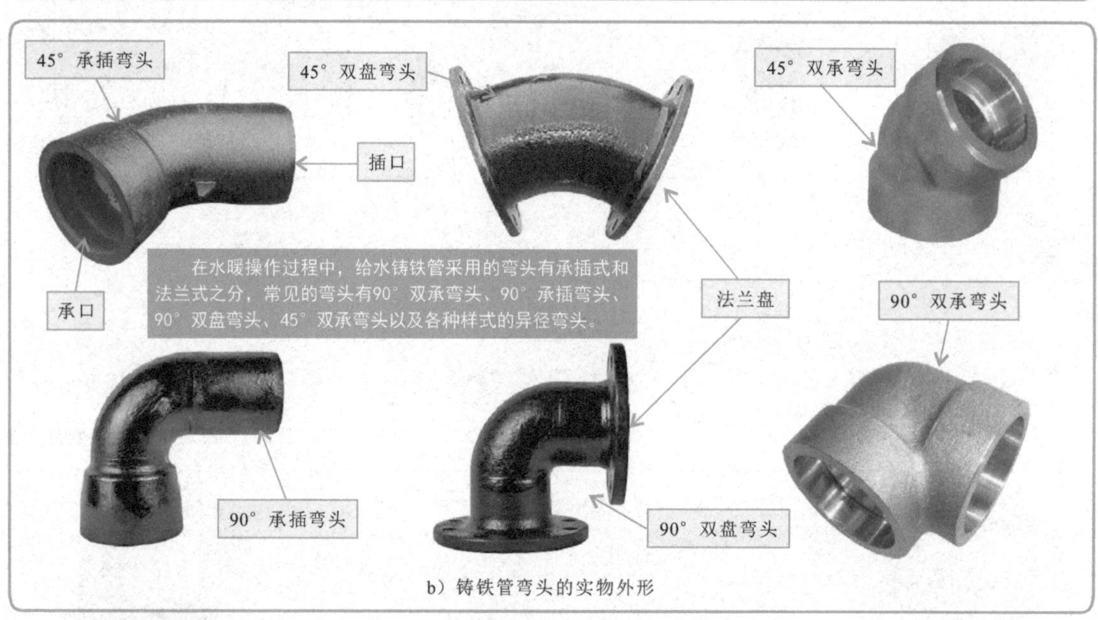

b）铸铁管弯头的实物外形

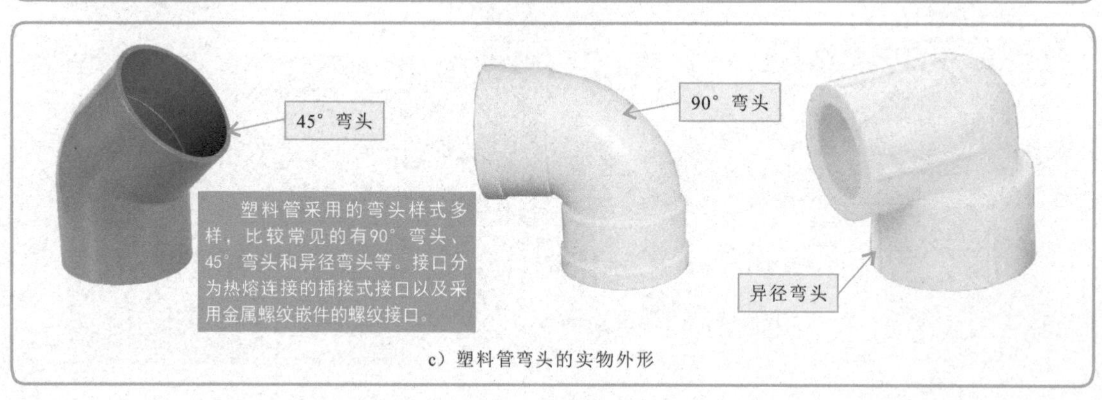

c）塑料管弯头的实物外形

4. 分支接头

分支接头用以管路的分支连接。常见的有正三通、斜三通、异径三通、正四通和Y形四通等。

（1）钢管采用的三通、四通。钢管所采用的三通、四通多为可锻铸铁材质，其特点是管壁较厚，且全部为螺纹接口，有镀锌和不镀锌之分。

【钢管采用的三通、四通】

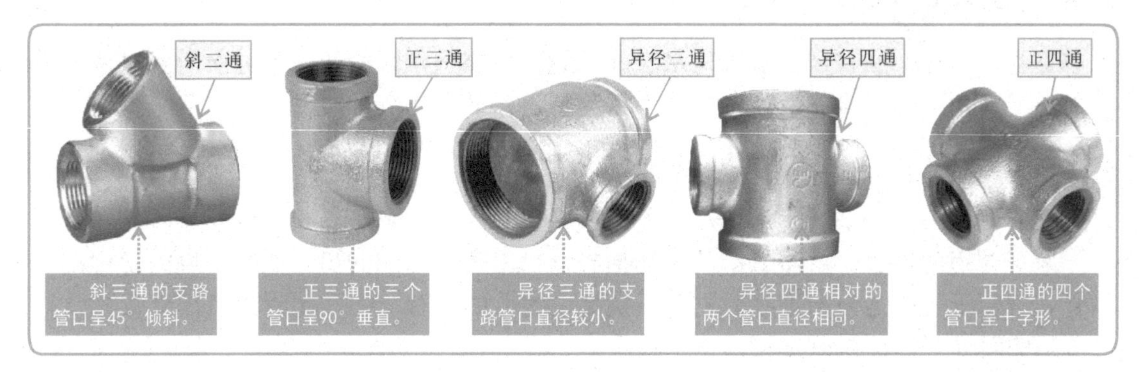

（2）铸铁管采用的三通、四通。给水和排水铸铁管采用的三通、四通有承插接口和法兰接口之分，常见的有三承三通、双承三通、三盘三通、双盘三通、三承四通、双承双盘四通以及各种样式的异径三通、四通等。

【铸铁管采用的三通、四通】

（3）塑料管采用的三通、四通。塑料管采用的三通、四通样式多样，比较常见的有正三通、斜三通、十字形四通、Y形四通，以及异径三通、四通等，它们的接口多以插接式接口以及螺纹接口（金属）为主。

【塑料管采用的三通、四通】

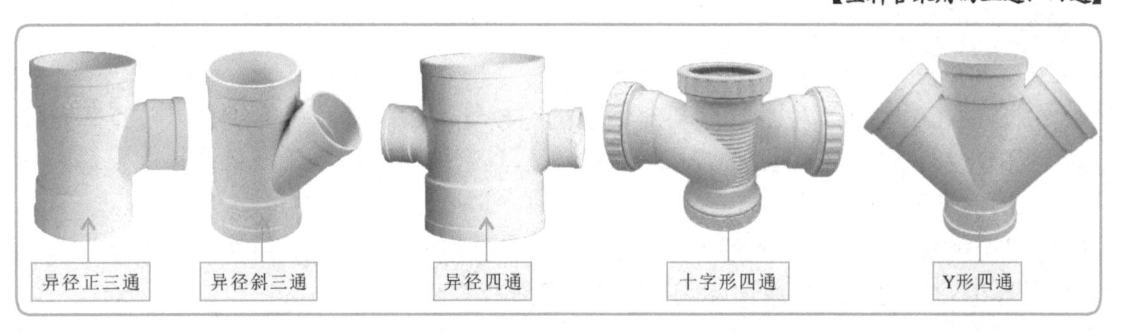

第2章

水电工管路加工技能

2.1 钢管的校直与弯曲

2.1.1 钢管的校直

钢管必须保持通直，才能确保水暖施工的工程质量，因此在施工之前需要对钢管进行校直，检查出有弯曲的钢管，然后再对弯曲的钢管进行校直。

1. 钢管的检查

对于较短的钢管，可将管子的一端抬起，用眼睛从一端向另一端看，同时缓慢旋转钢管。若管子表面是一条直线，则管子就是直的；如果有一面凸起或凹陷，就要在凸起（凹陷的对面）部位做好标记，便于校直。

对于较长的钢管，可将管子放在两根平行且等高的型钢上，用手推动管子，让管子在型钢上轻轻滚动。当管子匀速直线滚动且可在任意位置停止时，说明管子是直的；若滚动过程中时快时慢，且来回摆动，停止时管子都是同一面朝下，说明管子已弯曲，在管子朝下的一面（凸起面）做好标记，便于校直。

【检查较长钢管的方法】

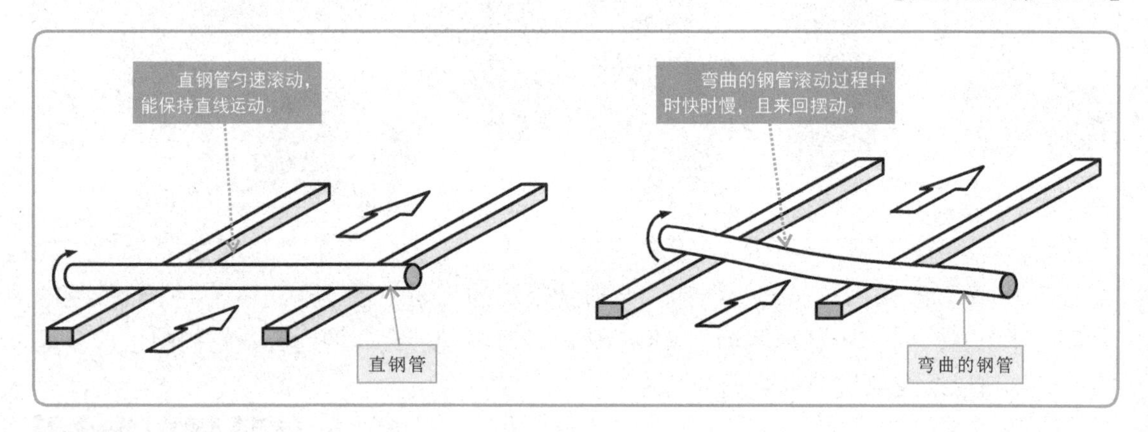

2. 钢管的校直

确定钢管的弯曲部位后，就要对钢管进行校直，常见的校直方法有冷校直和热校直。其中冷校直适用于管径较小（*DN*50以下）且弯曲不大的钢管。管径较大或弯曲角度过大的钢管需要采用热校直。

（1）钢管的冷校直。冷校直还可以细分，轻微的弯曲可手工或用工具进行校直，管壁较厚或弯曲度稍大的钢管可使用机械设备进行校直。

① 手工或用工具进行校直。手工校直通常是指利用硬物支撑钢管，用锤子对钢管进行敲打的方式校直钢管。操作简单、容易实施，但操作过程易反复，校直程度不是很准确。

【手工对钢管进行校直】

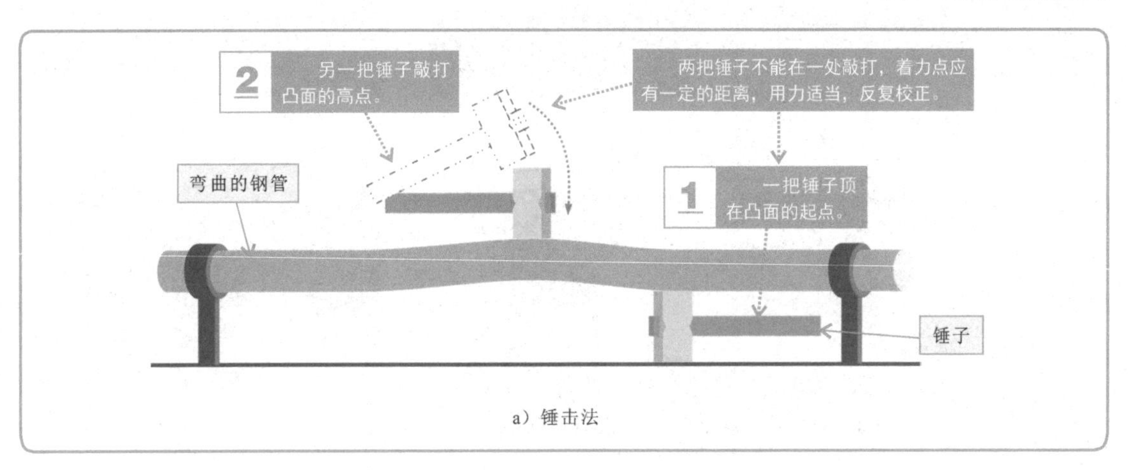

a）锤击法

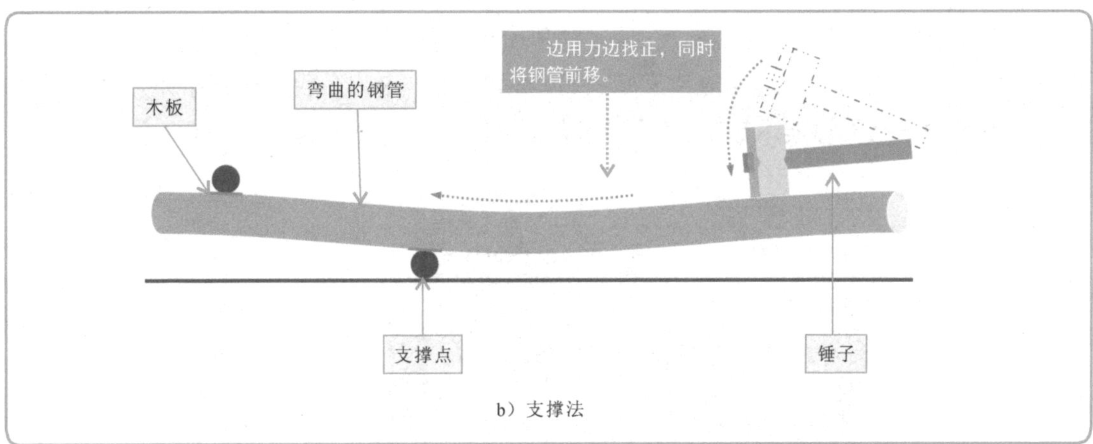

b）支撑法

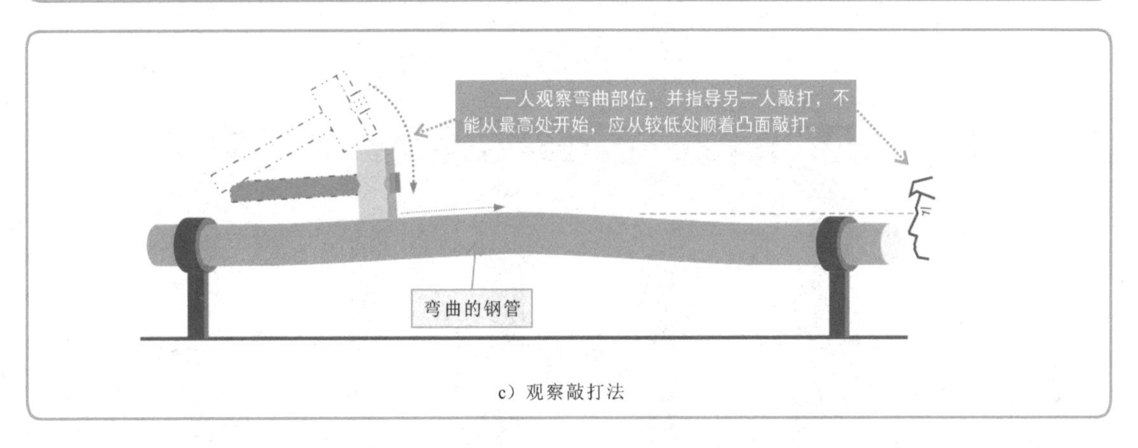

c）观察敲打法

特别提醒

手工校直时一定要小心施力，一边敲打一边找正，以免使钢管出现更多的弯曲或使管路严重凹陷变形，浪费钢管。

② 用机械设备进行校直。对管壁较厚或弯曲度稍大的钢管进行校直，可使用螺旋压力机、油压机或千斤顶进行校直。其中螺旋压力机结构较简单，操作方式与螺旋顶相似。

【用机械设备对钢管进行校直】

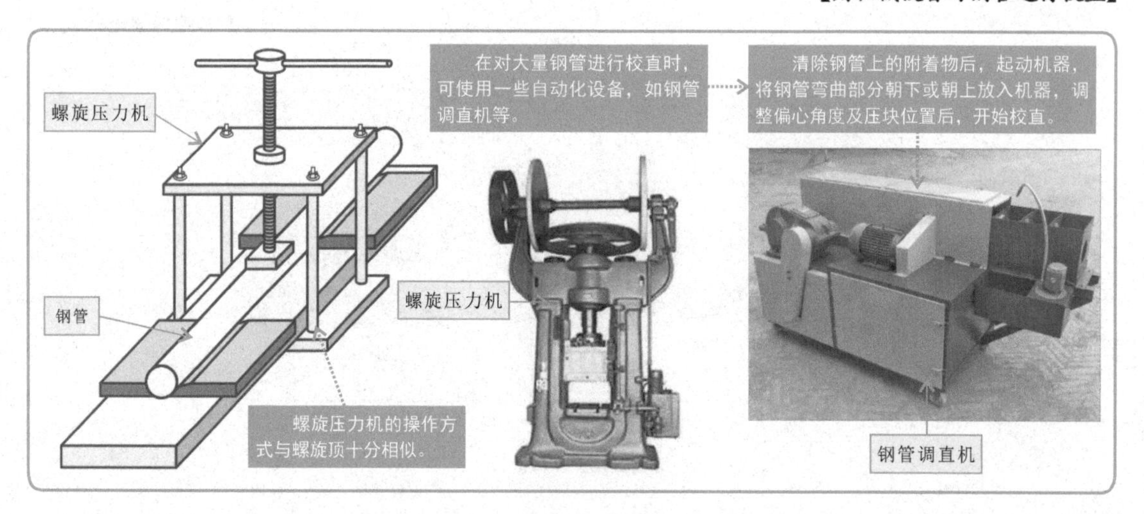

（2）钢管的热校直。管径较大或弯曲角度过大的钢管需要进行热校直，将管子弯曲部分放在烘炉上加热，边加热边旋转，待加热到600～800℃后，将管子平放在四根以上管子组成的滚动支撑架上滚动，利用管子受热软化以及管子的自重便可使钢管校直。

【钢管的热校直】

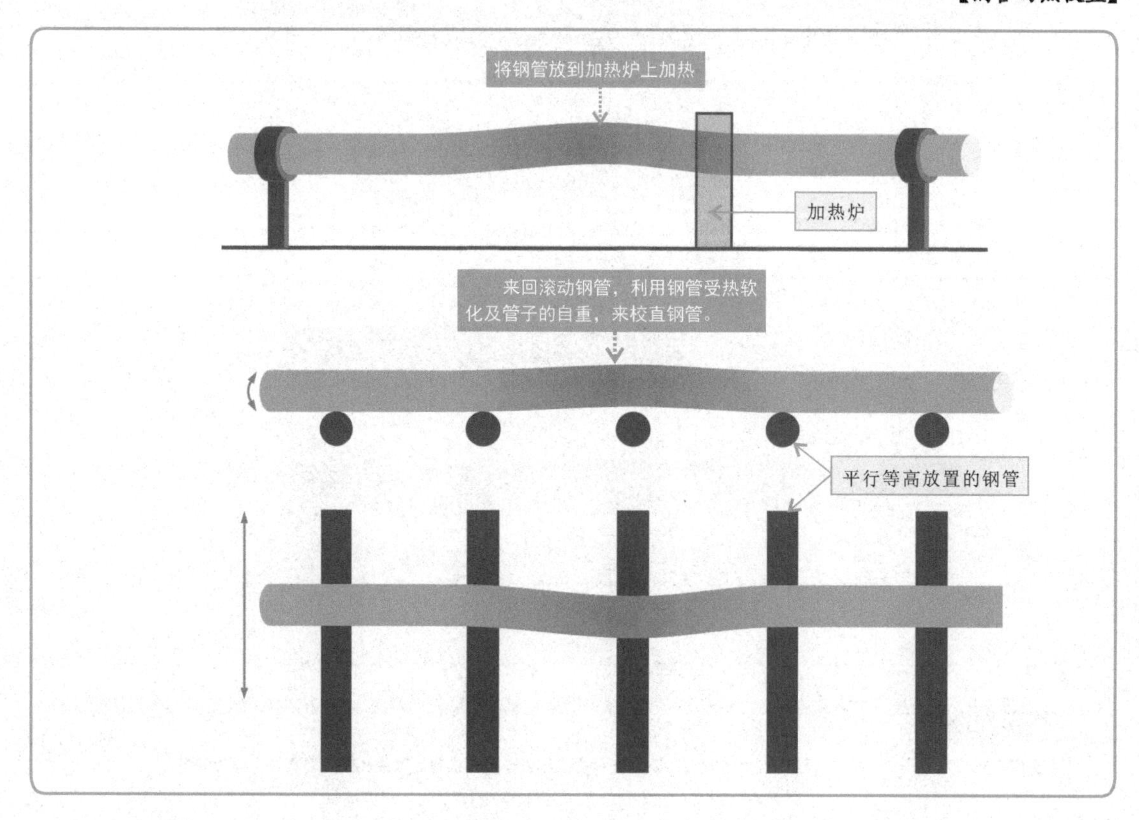

2.1.2 钢管的弯曲

在施工中，有时需要对钢管进行必要的角度弯曲，使管道改变方向。通常情况下，可使用弯管器进行手动弯管或使用弯管机进行弯管。

1. 使用弯管器弯曲钢管

使用弯管器对钢管进行弯曲，操作比较简单，但较为费时费力。操作时将钢管放到弯管器的槽内（或胎轮），然后压紧手柄或转动螺杆，通过物理原理使钢管弯曲，到达预期角度后停止施力，将钢管取出即可。

【使用弯管器弯曲钢管】

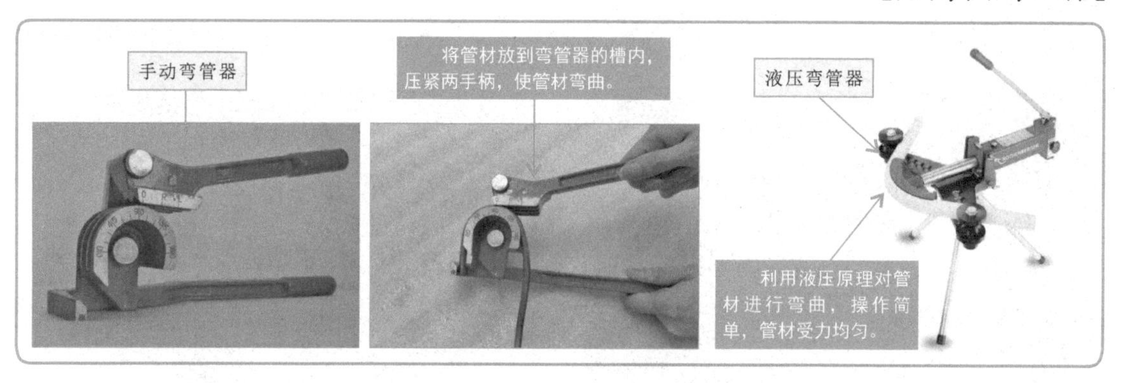

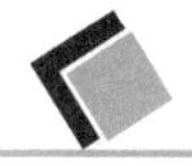

2. 使用弯管机弯曲钢管

使用弯管机对钢管进行弯曲，可节省很大的力气及时间，根据钢管的管径和弯曲角度选择适合的弯管模具，安装好模具和钢管后，起动弯管机，电动机便会带动钢管绕模具旋转，当达到预期角度时，立即停机，取下弯曲好的钢管。

【弯管机的实物外形】

特别提醒

值得注意的是塑料管材质较软，用手即可弯曲，为了保证弯曲角度及弯曲效果，最好也使用弯管器进行操作，其操作方式可参考钢管的弯曲。

2.2 钢管的切割与连接

2.2.1 钢管的切割

钢管的切割通常采用钢管的磨割和钢管的气割两种方法，下面分别对这两种方法进行介绍。

1. 钢管的磨割

用高速旋转的砂轮对钢管进行切割的方式叫作磨割，比如角磨机便可对钢管进行切割，这种方式十分常见，操作比较简单实用。

【钢管磨割的操作】

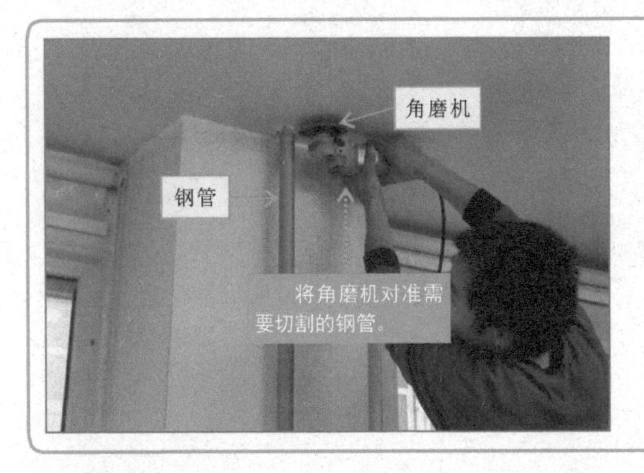

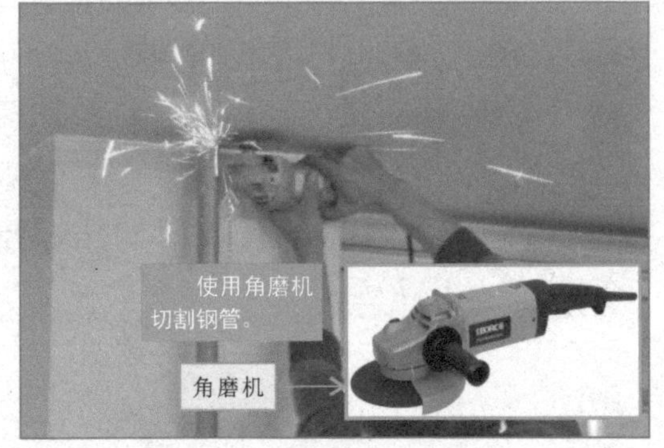

特别提醒

进行磨割时，当砂轮旋转到最高速时再将手柄下压切割，切忌用力过大，并且砂轮切割部位不要正对人体，以免金属碎屑或砂轮突然破损伤及自身或他人。

2. 钢管的气割

气割是最近比较流行的钢管切割方式，它是利用气体燃烧的高温迅速切断钢管，切割速度快、效率高；缺点是切口不够平整，容易有氧化物残留。目前，比较常见的气割设备是燃气切割设备。

【钢管气割的操作】

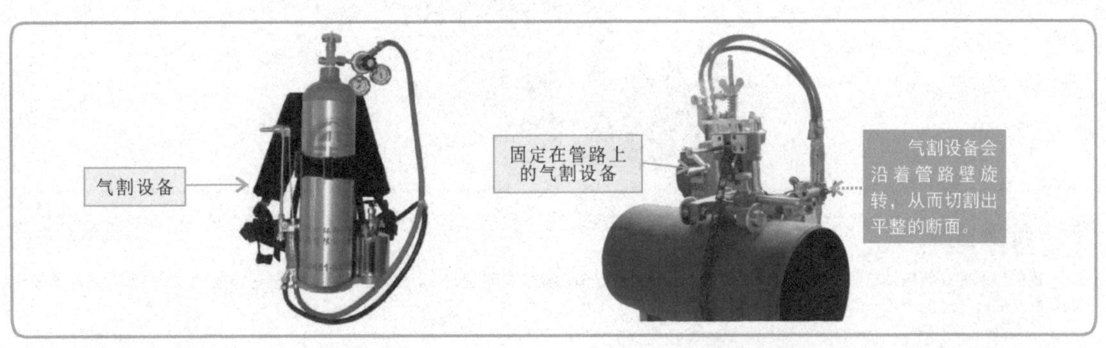

特别提醒

气割前，将钢管垫平、放稳，且钢管下方留有一定的空间。操作时，火焰焰心与钢管保持3～5mm的距离，先在钢管边缘预热，待钢管呈亮红色时，将火焰略移出钢管边缘，并慢慢打开切割氧气阀。

当看到金属液被氧气射流吹掉，应加大切割氧气流，待听到钢管下方发出“噗”“噗”的声音时，说明钢管已被穿透，此时，便可根据钢管厚度开始进行切割。切割完成后，应迅速关闭切割氧气阀，再相继关闭燃气阀和预热氧气阀。

2.2.2 钢管的连接

钢管的连接通常采用法兰连接。法兰连接是指将固定在两根钢管或管件端部的一对法兰盘，中间加以垫片，然后借助螺栓紧固，使钢管或管件连接起来的方法。这种管路连接方法在给水排水管路连接中得到了广泛应用。

在进行法兰连接时，首先将待连接的两根钢管或管件端部的一对法兰盘和垫片上的螺孔对准压紧，确保两个法兰盘保持一定的垂直度或水平度（同轴），使其自然吻合，然后用同规格的螺栓穿过螺孔，在螺栓紧固端拧上螺母进行初步固定，然后借助扳手按照螺栓紧固顺序要求，依次将螺栓拧紧即可。

【法兰连接的操作方法】

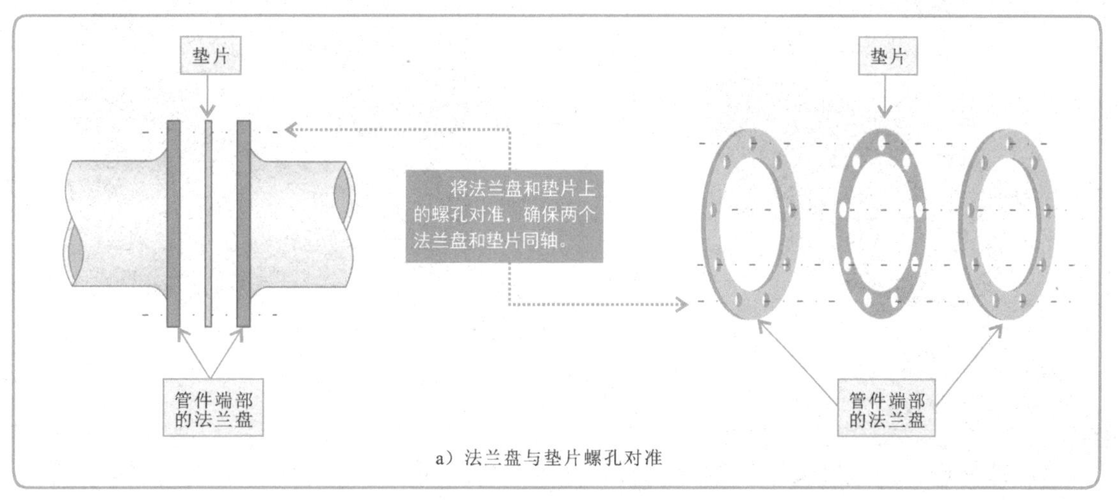

a）法兰盘与垫片螺孔对准

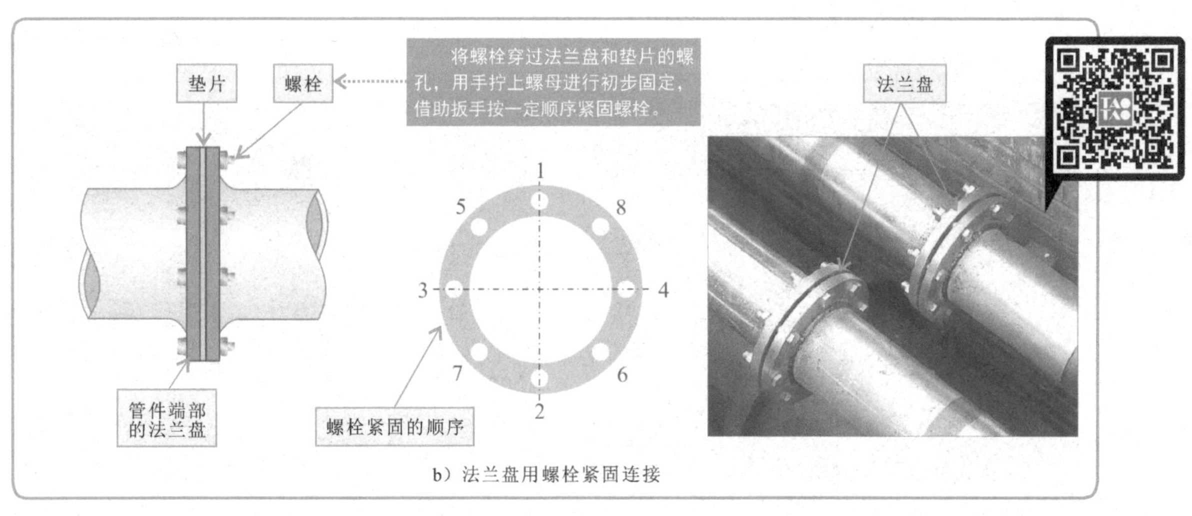

b）法兰盘用螺栓紧固连接

2.3 塑料管材的切割与连接

2.3.1 塑料管材的切割

塑料管材的切割通常采用锯削和刀割两种方法，下面分别对这两种方法进行介绍。

1. 锯削

锯削是一种老式的管材切割方法，适合对金属管材、塑料管材等进行操作。锯削可分为手工锯削和机械锯削，老式的手工锯削是通过专用锯条，对管材进行切割。目前，大多数管材都是使用机械锯削的方式进行切割的，可对管材进行锯削的机械设备称为锯床，常见的锯床有带锯床、圆锯床和弓锯床。

【锯床的实物外形】

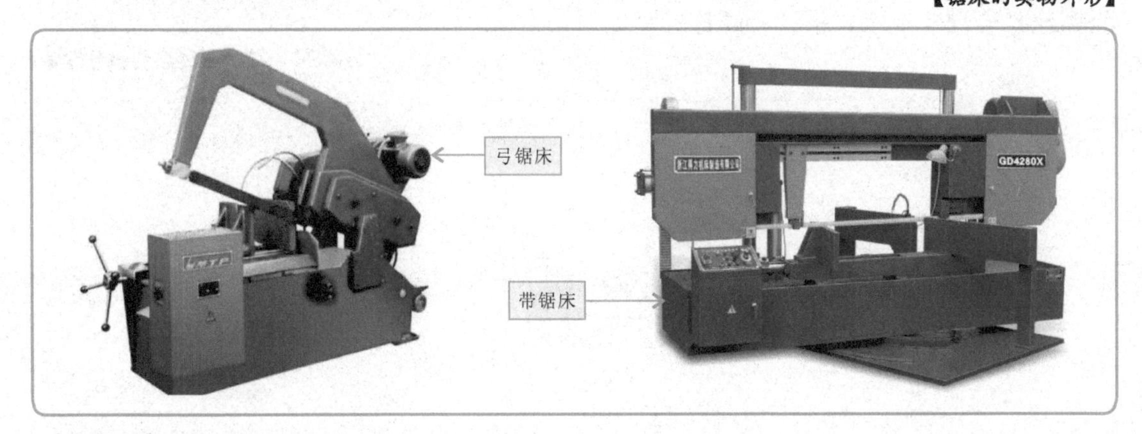

2. 刀割

对管材进行刀割，要比锯削速度快，并且管材断面平直，且便于操作。常见的刀割方式有切管器切割和剪切式切割两种。

【切管器切割和剪切式切割】

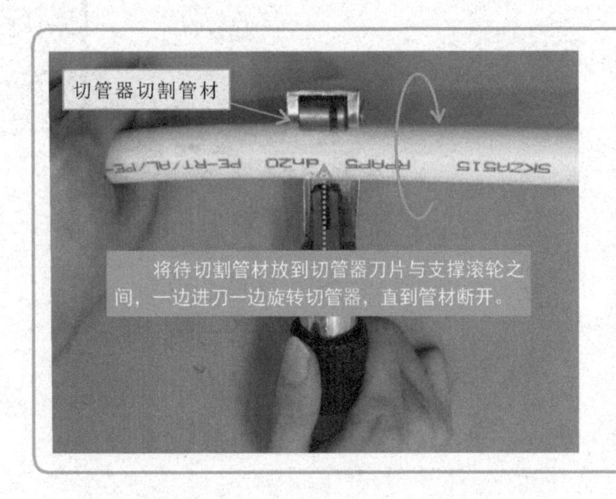

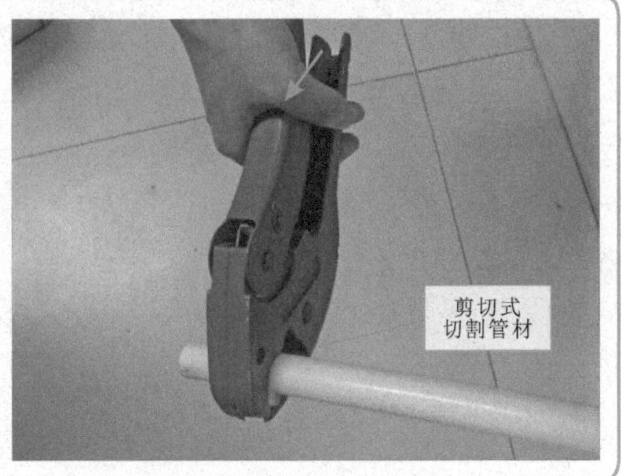

2.3.2 塑料管材的连接

1. 螺纹联接

螺纹联接是指通过管材上的螺纹与紧固件配合，把管材连接起来的一种连接方式。主要适用于管径在100mm及以下，工作压力不超过1MPa的给水管路钢管或塑料管的管件连接。

在进行螺纹联接前，需用对管口进行套螺纹。目前管口均使用螺纹铰板进行套螺纹。螺纹铰板又称为管子铰板或管用铰板，将其套在钢管口上，手动用力旋转，便可在钢管上铰切出螺纹。

【使用螺纹铰板进行套螺纹】

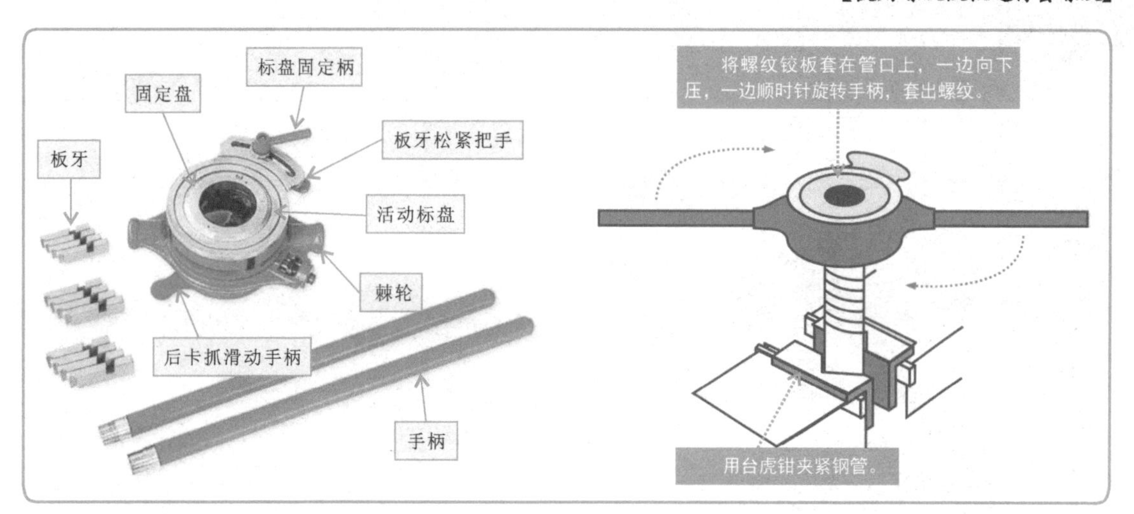

特别提醒

套螺纹的具体步骤：

（1）首先选择与管径相对应的板牙，按顺序将4个板牙装入螺纹铰板中。若螺纹铰板内有碎屑，应先将碎屑清除。

（2）用台虎钳夹紧钢管，管口伸出台虎钳的长度约为150mm，钢管保持垂直，不能歪斜，管口不能有毛刺、变形。

（3）松开后卡爪滑动手柄，将螺纹铰板套在管口上，再将后卡爪滑动手柄拧紧。将活动标盘对准固定盘上的刻度（管径大小），然后拧紧标盘固定柄。

（4）顺时针旋转螺纹铰板的手柄，同时用力向下压，开始套螺纹。注意用力要稳，不可过猛，以免螺纹偏心。待套进两扣后，要时不时地向切削部位滴入机油。

（5）套螺纹过程中进刀不要太深，套完一次后，调整标盘增加进给量，再进行一次套螺纹操作。*DN*25以内的管材，一次套成螺纹；*DN*25～*DN*50的管材，两次套成螺纹；*DN*50以上的管材，要分三次套成。

（6）扳动手柄时最好两人操作，动作要保持协调。*DN*15～*DN*20的管材，一次可旋转90°；*DN*20以上的管材，一次可旋转60°。

（7）当螺纹加工到适合长度时，一面扳动手柄，一面缓慢松开板牙松紧把手，再套2～3圈后，使螺纹末端形成锥度。取下铰板时，不能倒转退出，以免损坏板牙。

（8）套好的螺纹，应使用管件拧入几圈，然后用管钳上紧，上紧后以外露2～3扣为宜。

（9）钢管螺纹加工长度随管径的不同而不同。

管径/in①	1/2	3/4	1	$1\frac{1}{4}$	$1\frac{1}{2}$	2	$2\frac{1}{2}$	3	4
螺纹长度/mm	14	16	18	20	22	24	27	30	36
螺纹扣数/扣	8	8	9	9	10	11	12	13	15

注：1in=25.4mm。

管件上铰切出螺纹后，接下来需要先在管件外螺纹上缠抹适当的填料（例如麻油丝和铅油）来增强管路密封性。

具体操作时，麻油丝沿螺纹方向的第二扣开始缠绕，缠好后再涂抹一层铅油，然后拧上管件，最后借助管钳工具将管件拧紧即可。

【典型给水管路螺纹联接的操作方法】

麻油丝沿螺纹方向的第二扣开始缠绕。

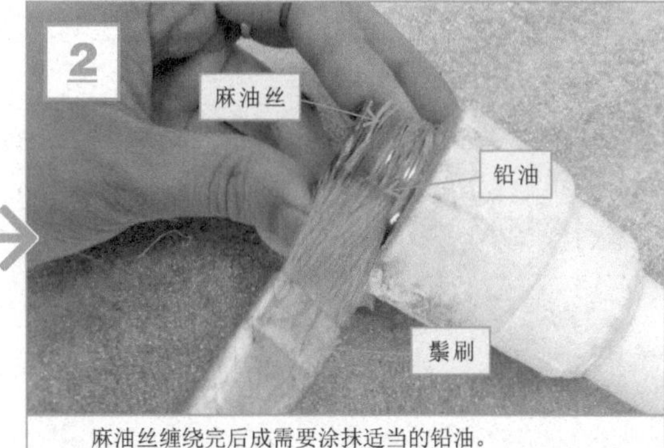

麻油丝缠绕完后成需要涂抹适当的铅油。

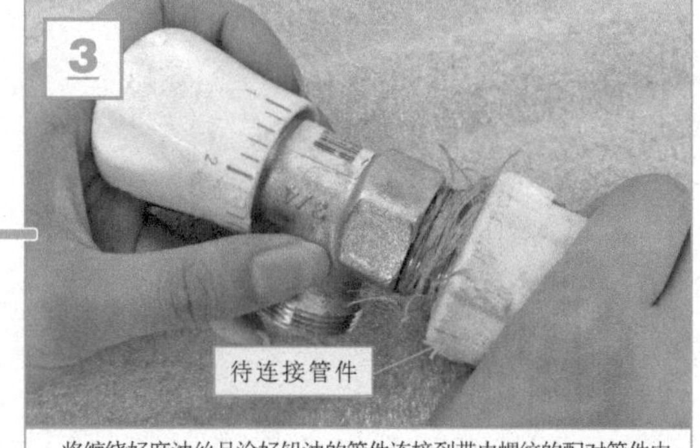

将缠绕好麻油丝且涂好铅油的管件连接到带内螺纹的配对管件中。

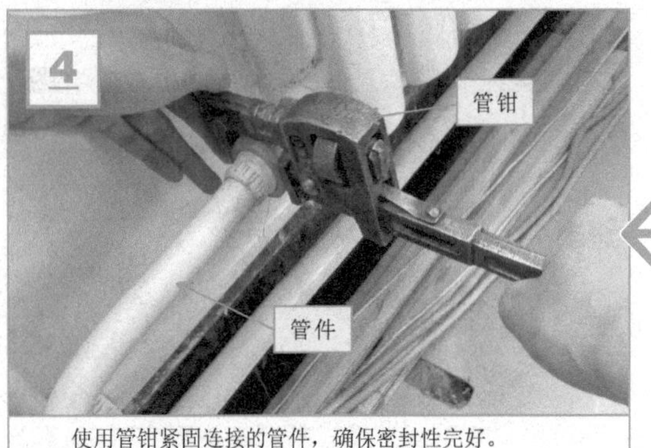

使用管钳紧固连接的管件，确保密封性完好。

特别提醒

在螺纹联接过程中，也可以使用生料带作为填料来增加密封性，使用生料带时可不涂抹铅油，操作方法与缠绕麻油丝的操作方法相同。需要注意的是在进行螺纹联接时，缠绕填料是很关键的环节，缠绕的填料应适当，过多或过少都可能影响密封性；也不能把填料从管端下垂挤入管内，以免堵塞管路。

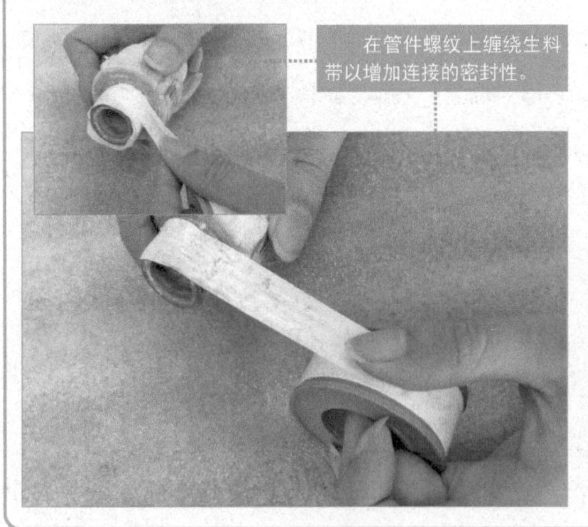

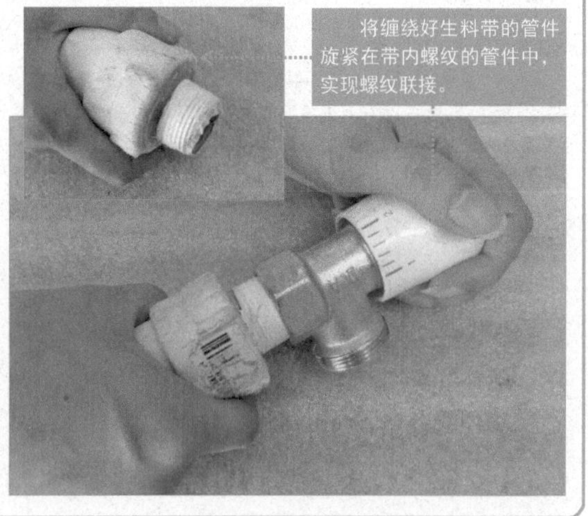

2. 承插口连接

承插口连接（通常称捻口）是指将管材或管件之间通过承口、插口插接，再借助填料或胶粘剂等将承插部分四周的间隙填满或粘合的一种连接方式。目前，在给水排水管路系统中，塑料管材多采用这种连接方式，根据填料方式不同，主要有承插粘接和承插热熔连接两种。

（1）承插粘接。承插粘接是指将胶粘剂均匀涂抹在管子的承口内侧和插口外侧，然后进行承插并固定一段时间实现连接的方法。目前，大多排水管路系统中的PVC-U管采用这种连接方法。

具体操作前，需要首先确认待连接管材外部无损伤，切割面平直，粘合面无油污、尘砂、水渍等杂质，然后在插口上标出插入深度，接着用鬃刷蘸取专用的胶粘剂快速、均匀地涂抹在管材的承口内壁和插口外壁上，一般重复涂刷两次；涂刷结束后，立即将管材的插口端插入承口内，用力均匀，当插口端插入至深度标记线时，稍加旋转，使插入更加紧密，然后保持承插用力保持1～2 min，待胶粘剂固化后，承插粘接完成。

【承插粘接的操作方法】

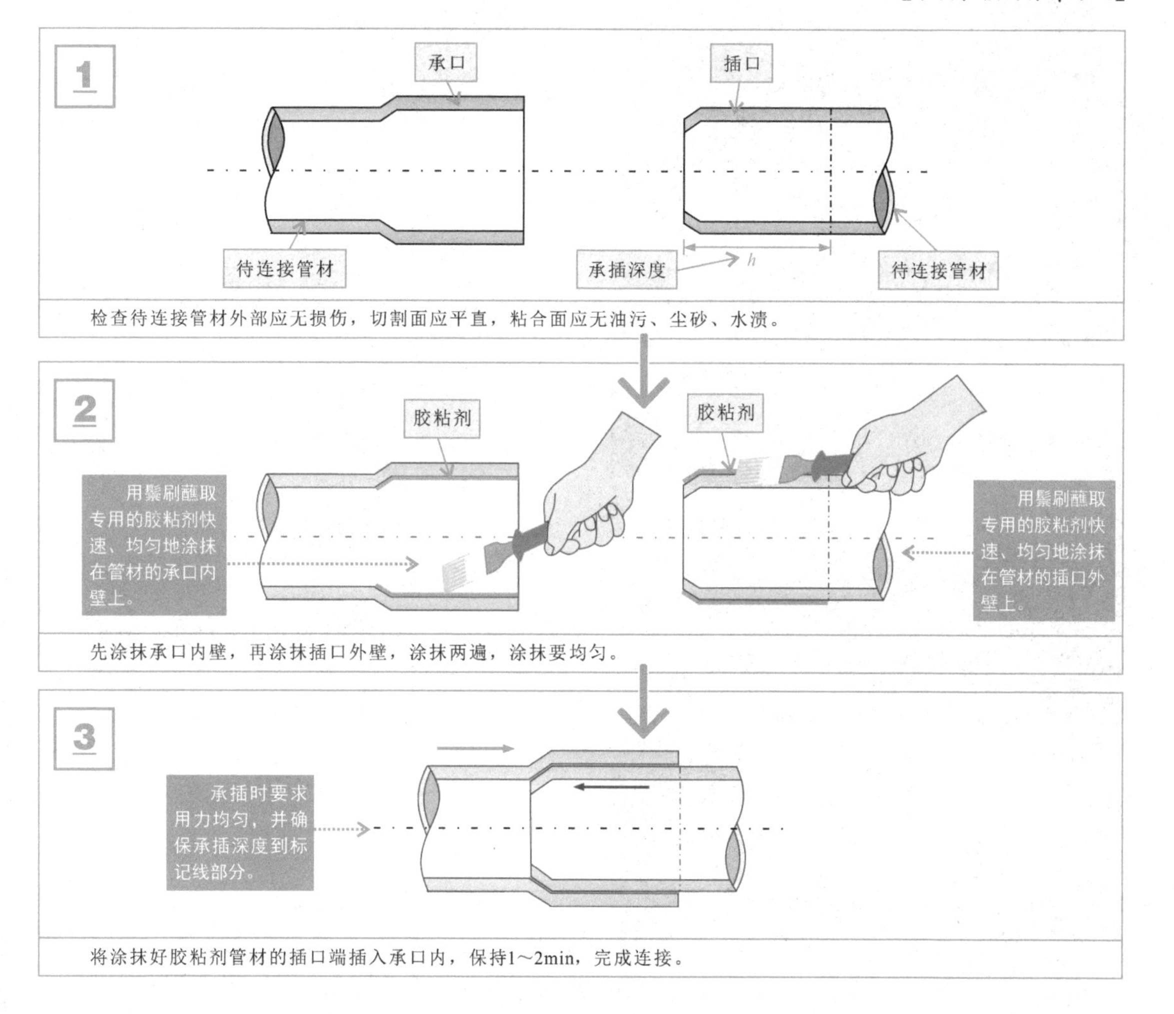

特别提醒

当管材采用承插粘接方式时，若管材粘接面上有毛刺、油污、水渍等均会影响粘接强度和密封性能，这种情况下，需要先用软纸、细纱布等将杂物清除干净，然后再进行操作。

另外，管材粘接时，需要在较干燥的环境下进行，并远离火源，避免振动和阳光直射。

（2）承插热熔连接。承插热熔连接是指将待连接的管材的承口与插口进行加热后承插连接的方式。一般，给水管路系统中的聚丙烯（PP-R）管多采用这种连接方法。

具体操作时，首先将待连接管材的承口与插口在承插热熔器上加热（加热温度一般设为260 ℃），待加热至管材熔化后，撤去热熔器，然后将外表面熔化的管材插口直接插入到内表面熔化的管材承口内，进行保压。冷却至环境温度后，完成连接。

【承插热熔连接的操作方法】

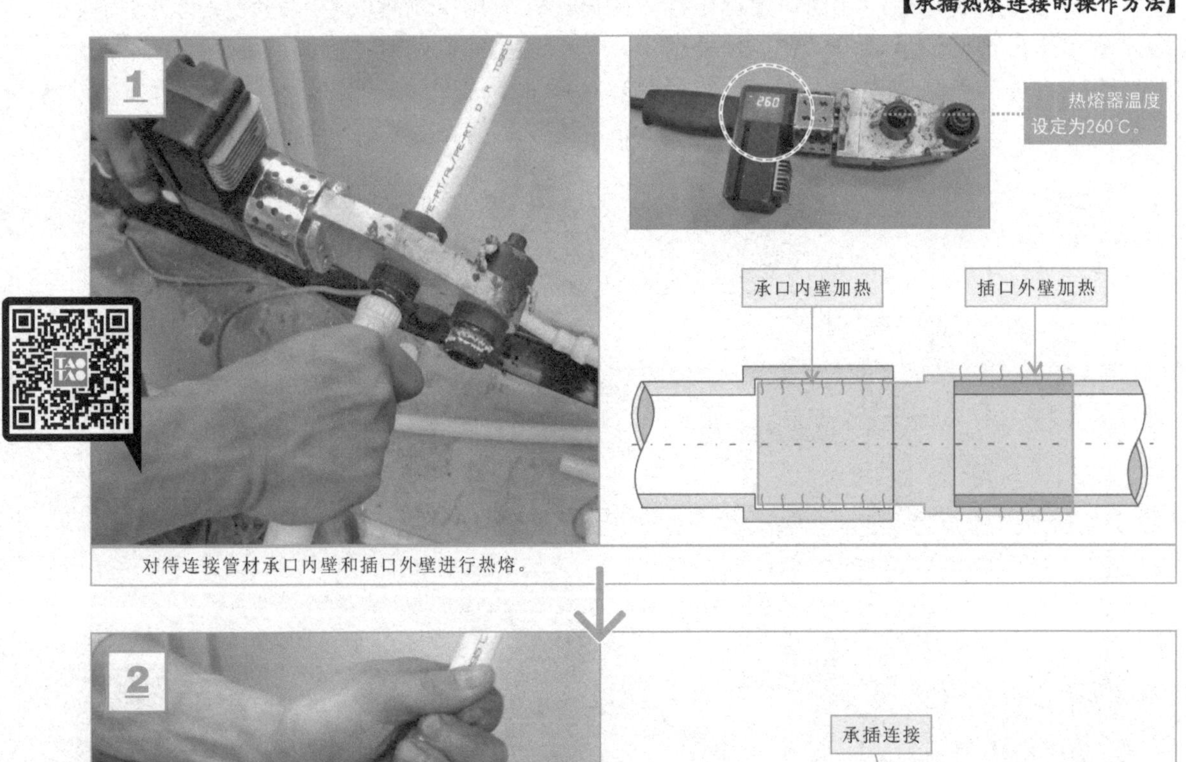

对待连接管材承口内壁和插口外壁进行热熔。

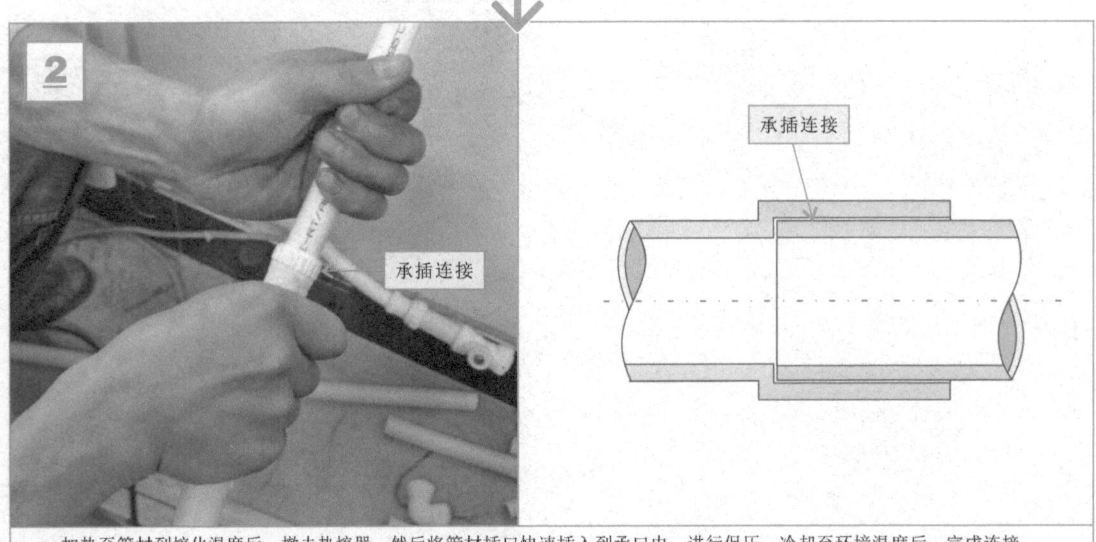

加热至管材到熔化温度后，撤去热熔器，然后将管材插口快速插入到承口内，进行保压。冷却至环境温度后，完成连接。

第3章

水电工实用检测技能

3.1 常用电子元器件的检测

不同电子元器件的具体检测技能也有所不同，下面，我们就分别对电阻器、电容器、二极管以及晶体管的检测技能进行学习。

3.1.1 电阻器的检测

通常可以通过用万用表检测电阻器阻值的方法来判断其是否良好。下面，我们就针对几个不同的电阻器来具体介绍一下电阻器的检测方法。

1. 普通电阻器的检测

检测普通电阻器时，要根据电阻标注信息识读标称阻值，然后将实测的电阻值与标称电阻值进行比对。若测得的阻值与标称阻值相符或在允许偏差之内，则表明该电阻器正常；若测得的阻值与标称阻值相差过多，则该电阻器可能已损坏。

【普通电阻器的检测】

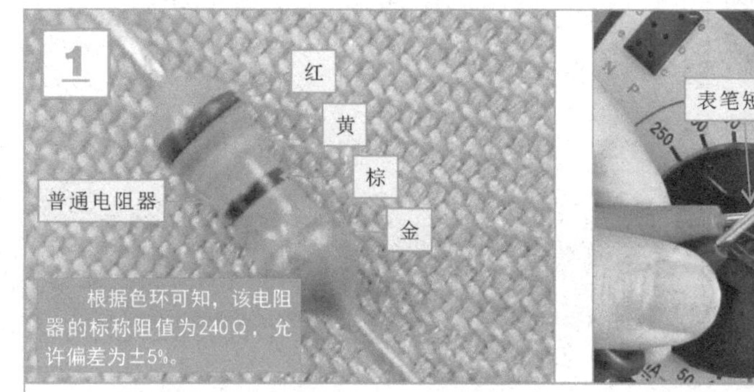

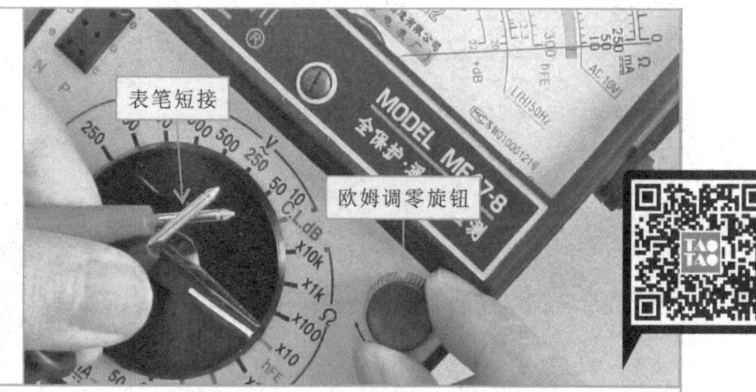

将万用表的档位调整至“R×10档”，再将万用表的红、黑表笔进行短接，旋转万用表的欧姆调零旋钮，使指针指向零位置。

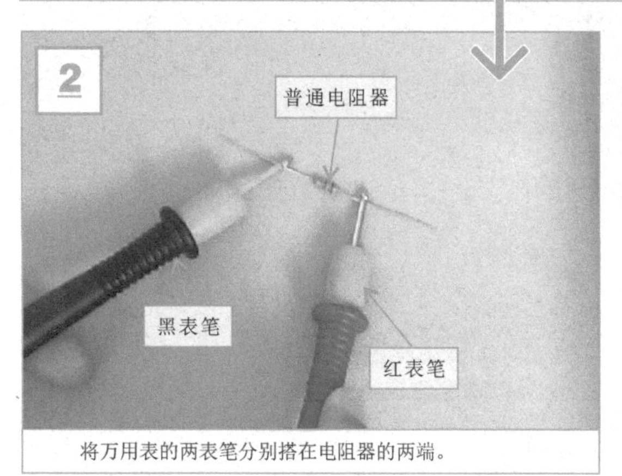

将万用表的两表笔分别搭在电阻器的两端。

正常情况下，测得电阻器的阻值为24×10Ω=240Ω。

2. 热敏电阻器的检测

当判断热敏电阻器是否正常时，主要是在外界条件变化的情况下，检测其阻值是否发生变化，若阻值不变或阻值超出标称阻值，则表明该热敏电阻器可能损坏。

【热敏电阻器的检测】

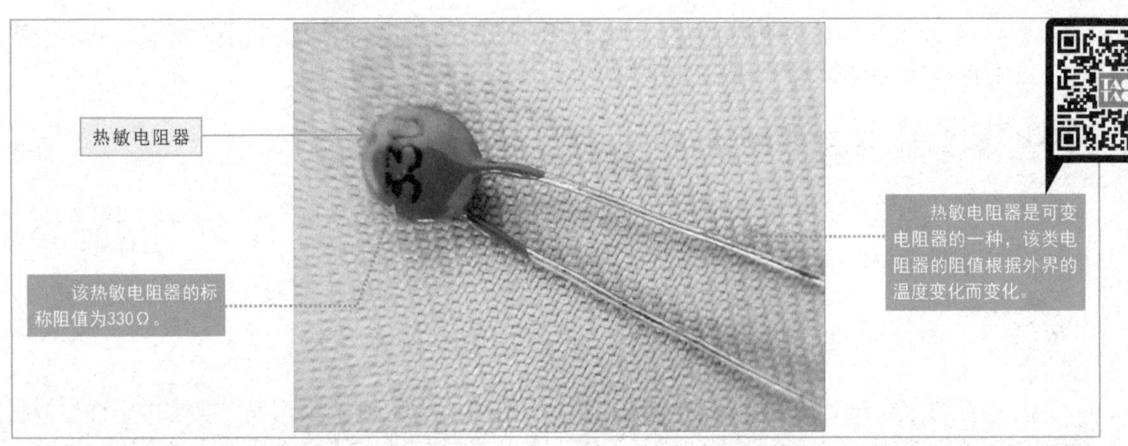

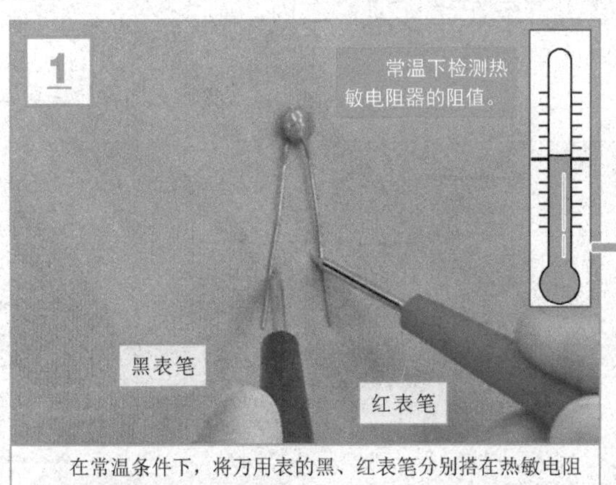

在常温条件下，将万用表的黑、红表笔分别搭在热敏电阻器的两引脚端。

正常情况下，万用表检测的阻值为350Ω。

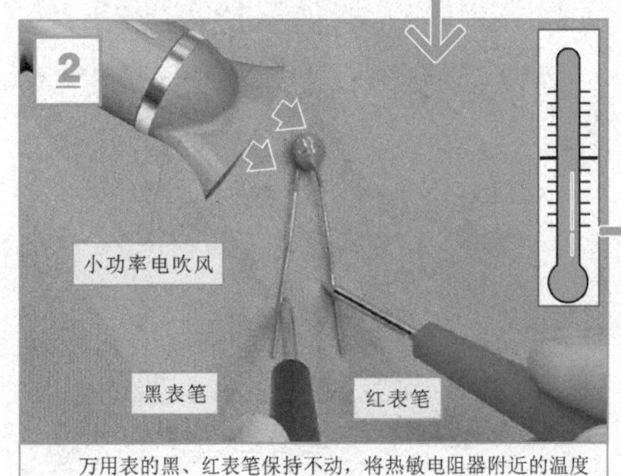

万用表的黑、红表笔保持不动，将热敏电阻器附近的温度升高。

MODEL MF47-8
www.chinadse.org
全保护·遥控器检测

温度升高的情况下，实测阻值随温度的变化而变化，测得阻值读数为140Ω。

▶ 3.1.2 电容器的检测

对电容器进行检测时，可使用数字式万用表检测其电容量，并将实测结果与标称值进行对比。若基本接近，则说明待测电容器性能良好；若偏差较大，则说明待测电容器性能不良。

以电解电容器为例，在检测前要先判别引脚极性，并对其进行放电操作，然后方可进行电容量的检测。

【电解电容器的检测】

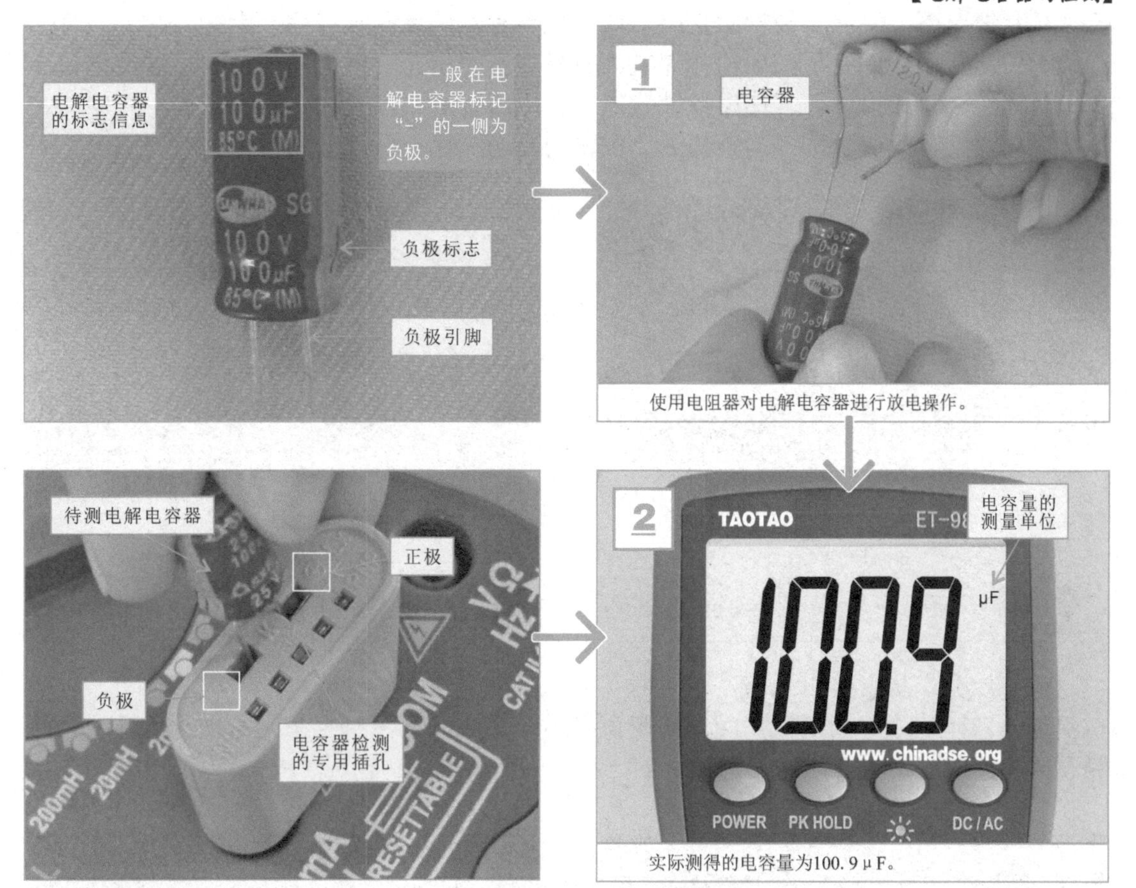

特别提醒

关于指针式万用表与数字式万用表的使用区别：

● 指针式万用表与数字式万用表的基本检测功能大致相同。指针式万用表在测量过程中，可以看到数值的动态变化。数字式万用表的测量结果，更为精确一些。技术人员基本上是依据个人习惯，选择使用。

● 目前，中档的数字式万用表价格很便宜（<100元），已经低于中档的指针式万用表，有如普通数字式手表的价格，低于机械式手表的情况。

● 指针式万用表与数字式万用表的测量功能，有一个重要的不同，就是数字式万用表可以定量地测量电容器的电容量，而指针式万用表只能够定性地判断电容器性能的好坏。

● "定量地测量电容器的电容量"这种功能，对于维修电工而言，是十分有用的。原因是各种电容器（特别是电解电容器），长期（3～5年）使用后，会出现"老化"现象，导致电容量下降，影响电气装置的工作。因此，及时发现电容器的老化程度，及时更换，防患于未然，是十分重要的。一般电容器的电容量比额定电容量下降10%之后，就应该予以更换。

● 维修工作中，常见的需要检测的电容器包括（1）电子电路中的大容量电解电容，一般是滤波电容；（2）交流单相电动机的起动电容器；（3）电子装置（如电视机）中的高压电容器。

3.1.3 二极管的检测

对二极管进行检测时，最简便的方法就是使用万用表的电阻档对其阻值进行粗略的测量，并根据实测结果进行判别。

1. 整流二极管的检测

检测整流二极管是否正常时，主要是使用万用表分别检测整流二极管的正反向阻值。正常情况下，整流二极管的正向阻值为几千欧姆，反向阻值趋于无穷大；

整流二极管的正、反向阻值相差越大越好，若测得正、反向阻值相近，说明该整流二极管已经失效或损坏。若使用指针式万用表检测整流二极管时，表针一直不断摆动，不能停止在某一阻值上，多为该整流二极管的热稳定性不好。

【整流二极管的检测】

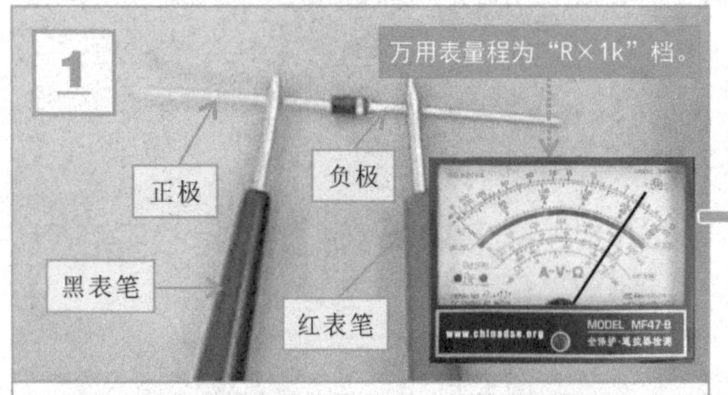

将万用表的黑表笔搭在整流二极管的正极，红表笔搭在整流二极管的负极，实测数值为3×1kΩ=3kΩ。

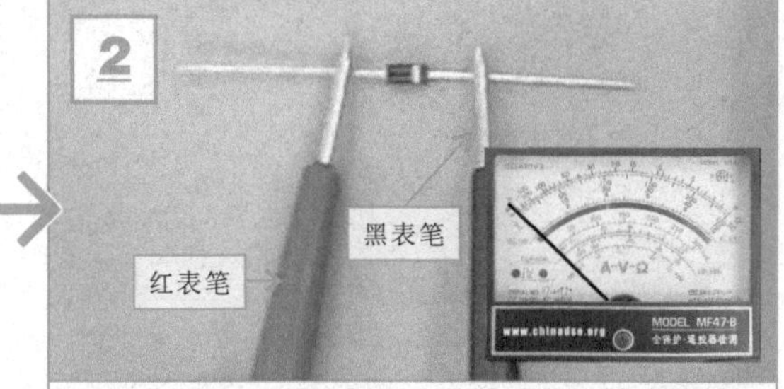

将万用表表笔进行调换，对其反向阻值进行检测，实测数值为无穷大。

2. 发光二极管的检测

检测发光二极管是否正常，也可对其正、反向阻值进行检测：

若正向阻值为一固定值，而反向阻值趋于无穷大，则可判定发光二极管良好，且检测正向阻值时，发光二极管应能发光。

【发光二极管的检测】

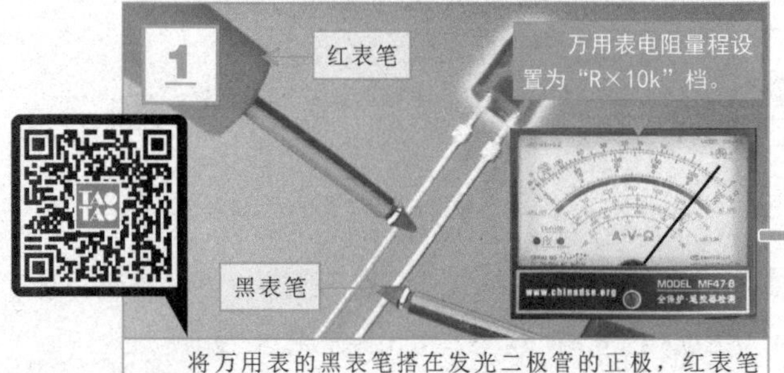

将万用表的黑表笔搭在发光二极管的正极，红表笔搭在发光二极管的负极，实测数值为2×10kΩ=20kΩ。

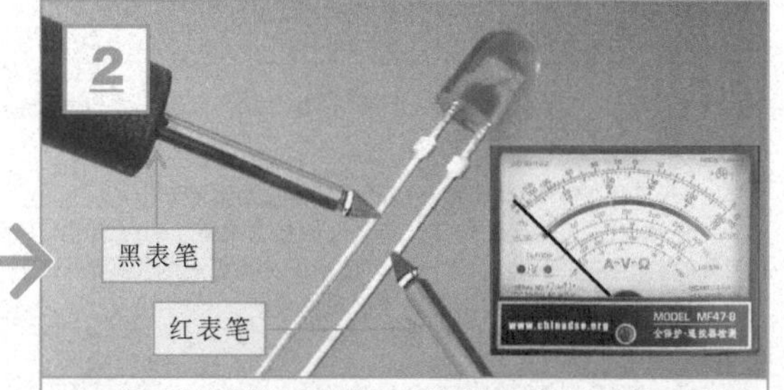

将万用表表笔进行调换，对其反向阻值进行检测，实测数值为无穷大。

若正向阻值和反向阻值都趋于无穷大，则发光二极管存在断路故障；若正向阻值和反向阻值都趋于0，则发光二极管存在击穿短路故障；若正向阻值和反向阻值数值都很小，可以断定该发光二极管已被击穿。

3.1.4 晶体管的检测

双极型晶体管（以下简称晶体管）是电子技术中使用最为广泛的半导体器件。对晶体管的检测可借助万用表检测其放大倍数，进而判断其性能是否正常。

【晶体管的检测】

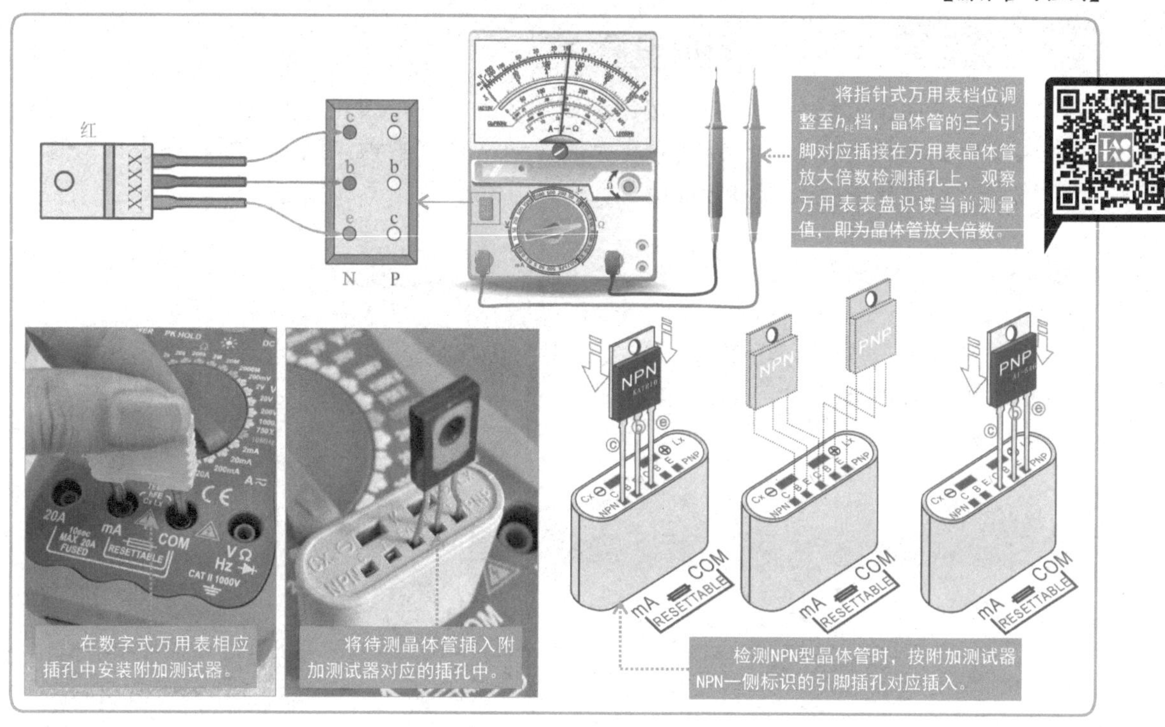

以NPN型晶体管为例，检测晶体管的放大倍数。

【NPN型晶体管的检测】

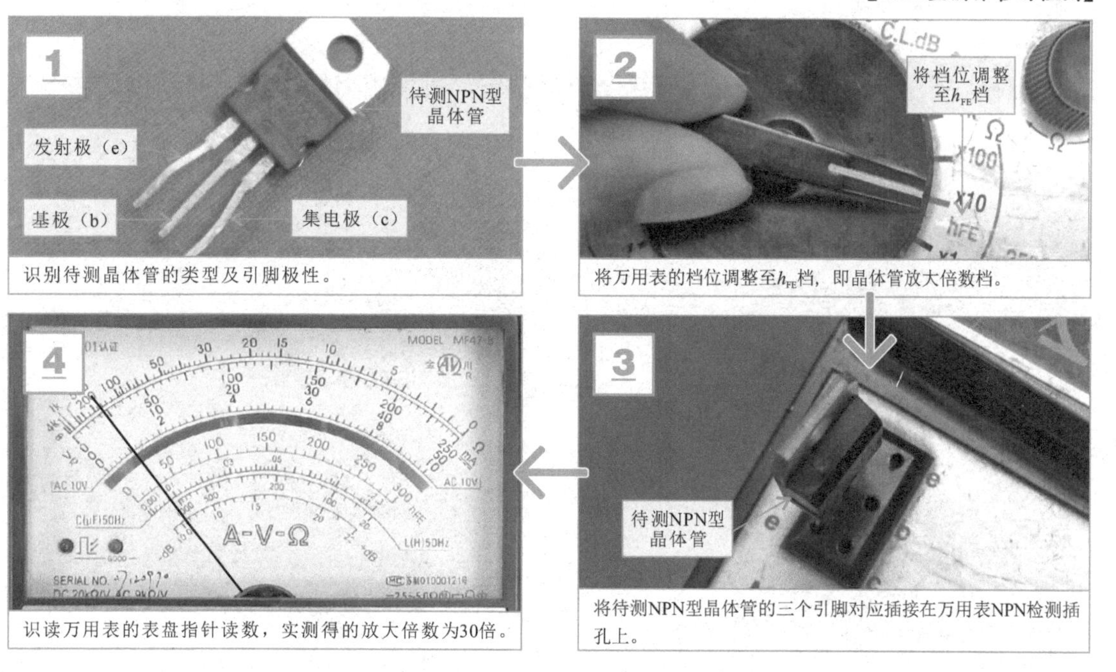

3.2 常用电气部件的检测

不同电气部件的具体检测技能也有所不同，下面，我们就分别对开关、继电器以及电动机的检测技能进行学习。

3.2.1 开关、按钮的检测

在水电工操作过程中，开关、按钮的应用较为广泛，因此对开关、按钮的检测技能也非常重要。当判断开关、按钮是否正常时，通常是对其触点以及通断状态进行检测，下面我们分别对开关以及按钮进行检测。

1. 开关的检测

在对普通的开关进行检测时，可以采用直接观察法进行检测，查看其内部的各触点、熔丝等是否正常。

【普通开关的检测】

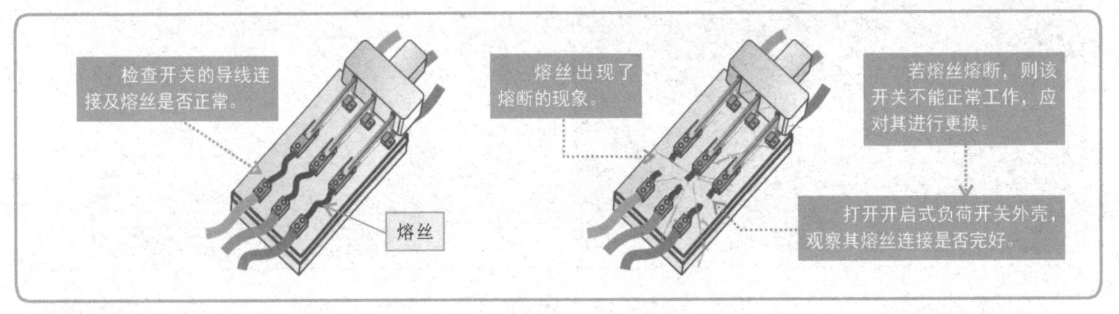

2. 按钮的检测

按钮用来控制用电设备的起动、停止等动作。可使用万用表检测其动作状态下的阻值。

【按钮的检测】

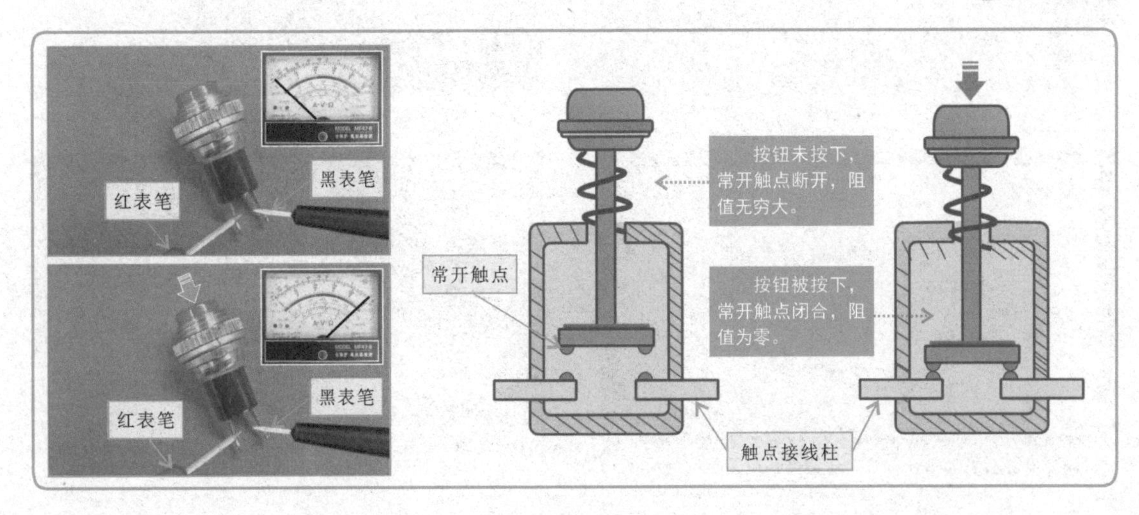

3.2.2 继电器的检测

当检测继电器本身是否正常时，通常是在断电状态下对其内部的线圈阻值以及引脚间的阻值进行检测。

以电磁继电器为例，检测时，主要对电磁继电器各触点间的阻值和线圈间的阻值进行检测，正常情况下，常闭触点间的阻值为零；常开触点间的阻值为无穷大；线圈间应有一定的阻值。

【电磁继电器的检测】

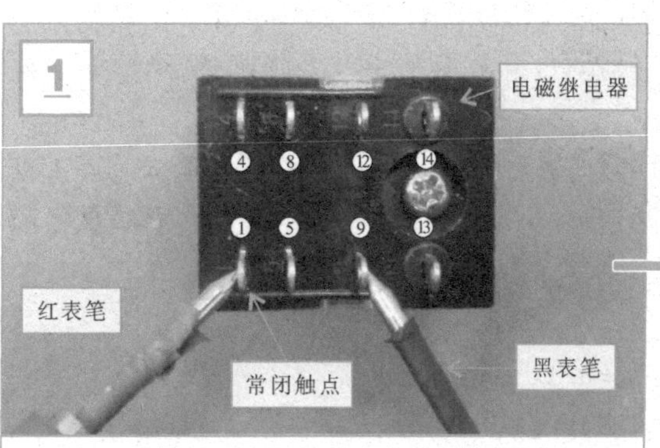

将万用表的红、黑表笔分别搭在电磁继电器的常闭触点引脚端。

正常情况下，常闭触点间的阻值应为零。

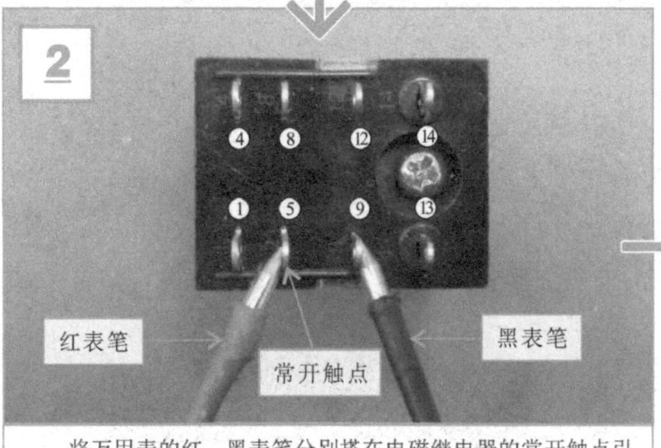

将万用表的红、黑表笔分别搭在电磁继电器的常开触点引脚端。

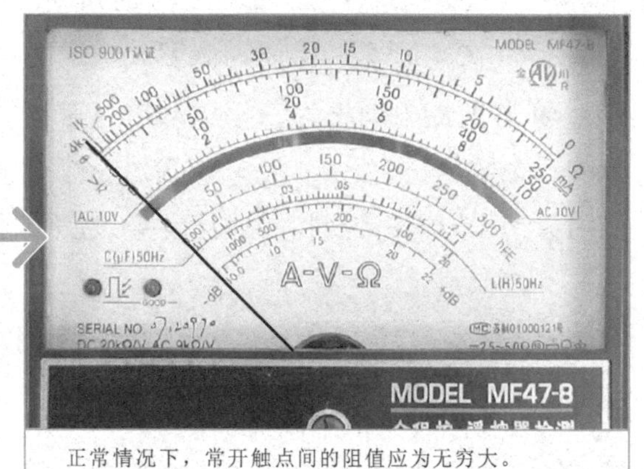

正常情况下，常开触点间的阻值应为无穷大。

3

线圈引脚

红表笔

黑表笔

将万用表的红、黑表笔分别搭在电磁继电器内部线圈的两引脚端。

正常情况下，继电器线圈引脚间应有一个固定的阻值。

3.2.3 电动机的检测

电动机作为一种以绕组（线圈）为主要电气部件的动力设备，在检测时，主要是对绕组及传动状态进行检测，其中主要包括绕组阻值、绝缘电阻值等方面。

1. 电动机绕组阻值的检测

绕组是电动机的主要组成部件，在电动机的实际应用中，其损坏的概率相对较高。在检测时，一般可用万用表的电阻档进行粗略检测，也可以使用万用电桥精确检测，进而判断绕组有无短路或断路故障。

用万用表检测电动机绕组的阻值是一种比较常用且简单易操作的测试方法，该方法可粗略检测出电动机内各相绕组的阻值，根据检测结果可大致判断出电动机绕组有无短路或断路故障。

一般情况下遵循以下规律：

● 若所测电动机为普通直流电动机（两根绕组引线），则其绕组阻值R应为一个固定数值。若实测为无穷大，则说明绕组存在断路故障。

● 若所测电动机为单相电动机（三根绕组引线），则检测两两引线之间阻值，得到的三个数值（R_1、R_2、R_3）应满足其中两个数值之和等于第三个值（$R_1+R_2=R_3$）。若（R_1、R_2、R_3）任意一阻值为无穷大，说明绕组内部存在断路故障。

● 若所测电动机为三相电动机（三根绕组引线），则检测两两引线之间阻值，得到的三个数值（R_1、R_2、R_3）应满足三个数值相等（$R_1=R_2=R_3$）。若（R_1、R_2、R_3）任意一阻值为无穷大，说明绕组内部存在断路故障。

【直流电动机绕组阻值的检测】

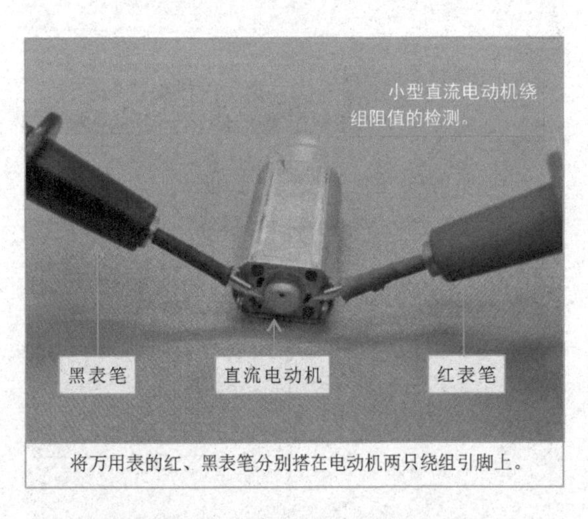

将万用表的红、黑表笔分别搭在电动机两只绕组引脚上。

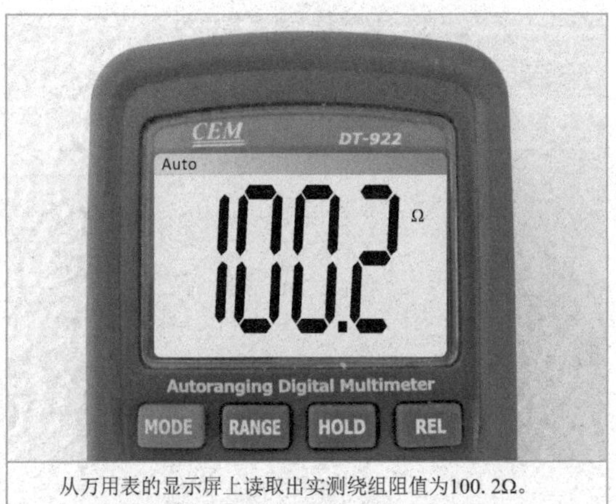

从万用表的显示屏上读取出实测绕组阻值为100. 2Ω。

特别提醒

一些功率和工作电压较小的直流电动机，在用万用表测绕组阻值时，受万用表内电流驱动会发生旋转。

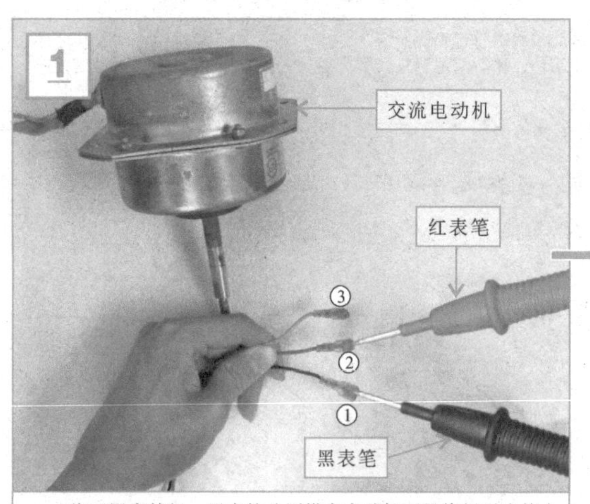

将万用表的红、黑表笔分别搭在电动机两只绕组引出线上（①②）。

从万用表的显示屏上读取出实测第一组绕组的阻值R_1为232. 8Ω。

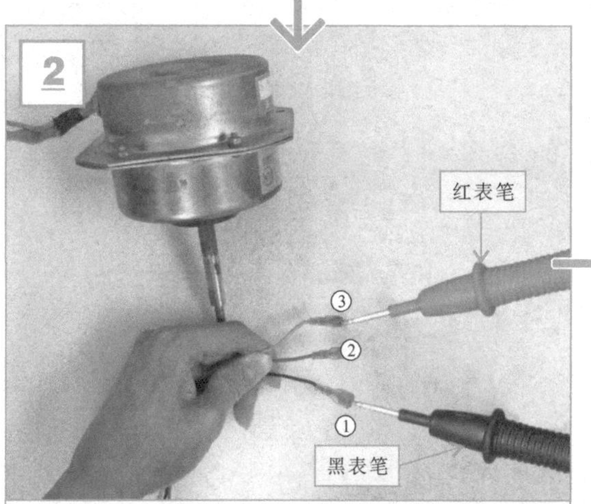

接着，保持黑表笔位置不动，将红表笔搭在另一根绕组引出线上（①③）。

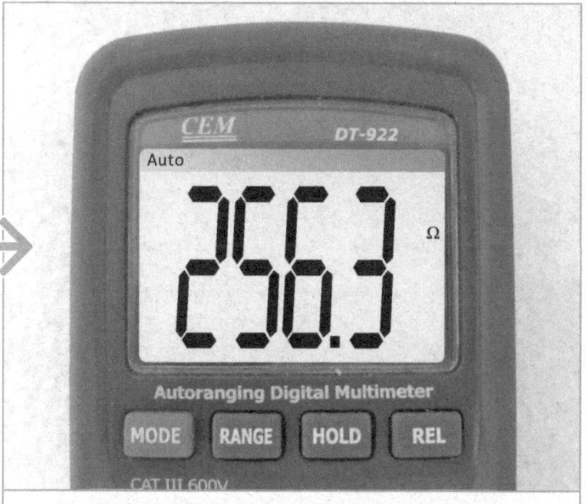

从万用表的显示屏上读取出实测第二组绕组的阻值R_2为256. 3Ω。

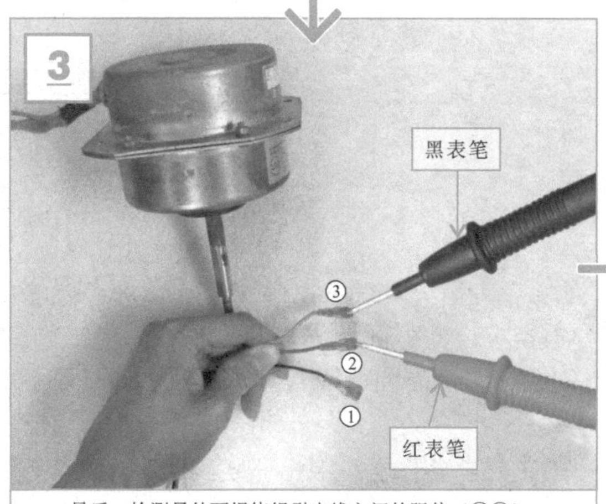

最后，检测另外两根绕组引出线之间的阻值（②③）。

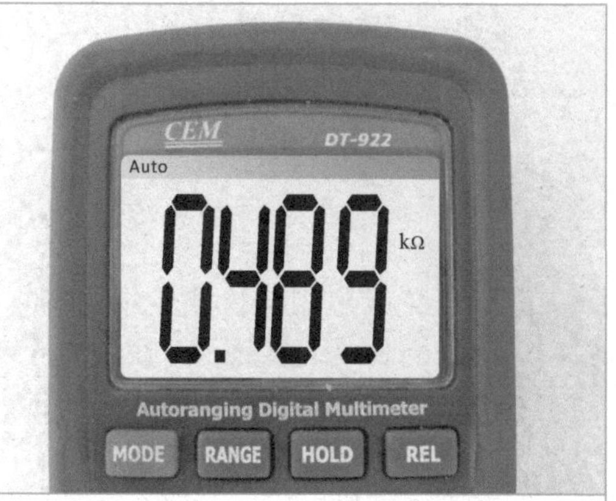

从万用表的显示屏上读取出实测第三组绕组的阻值R_3为0. 489kΩ=489Ω。

特别提醒

不同类型的电动机，由于其内部绕组的结构和连接方式不同，因此检测结果也有所不同。

普通直流电动机内部一般只有一相绕组，从电动机中引出有两根引线，检测阻值时相当于检测一个电感线圈的阻值，因此应能够测得一个固定阻值。

单相电动机内大多包含两相绕组，但从电动机中引出有三根引线，其中分别为公共端、起动绕组引出线和运行绕组引出线，根据绕组连接关系，不难明白$R_1+R_2=R_3$的原因。

三相电动机内一般为三相绕组，从电动机中也引出三根引线，每两根引线之间的电阻相当于两组绕组的阻值，即$R_1=R_2=R_3$。

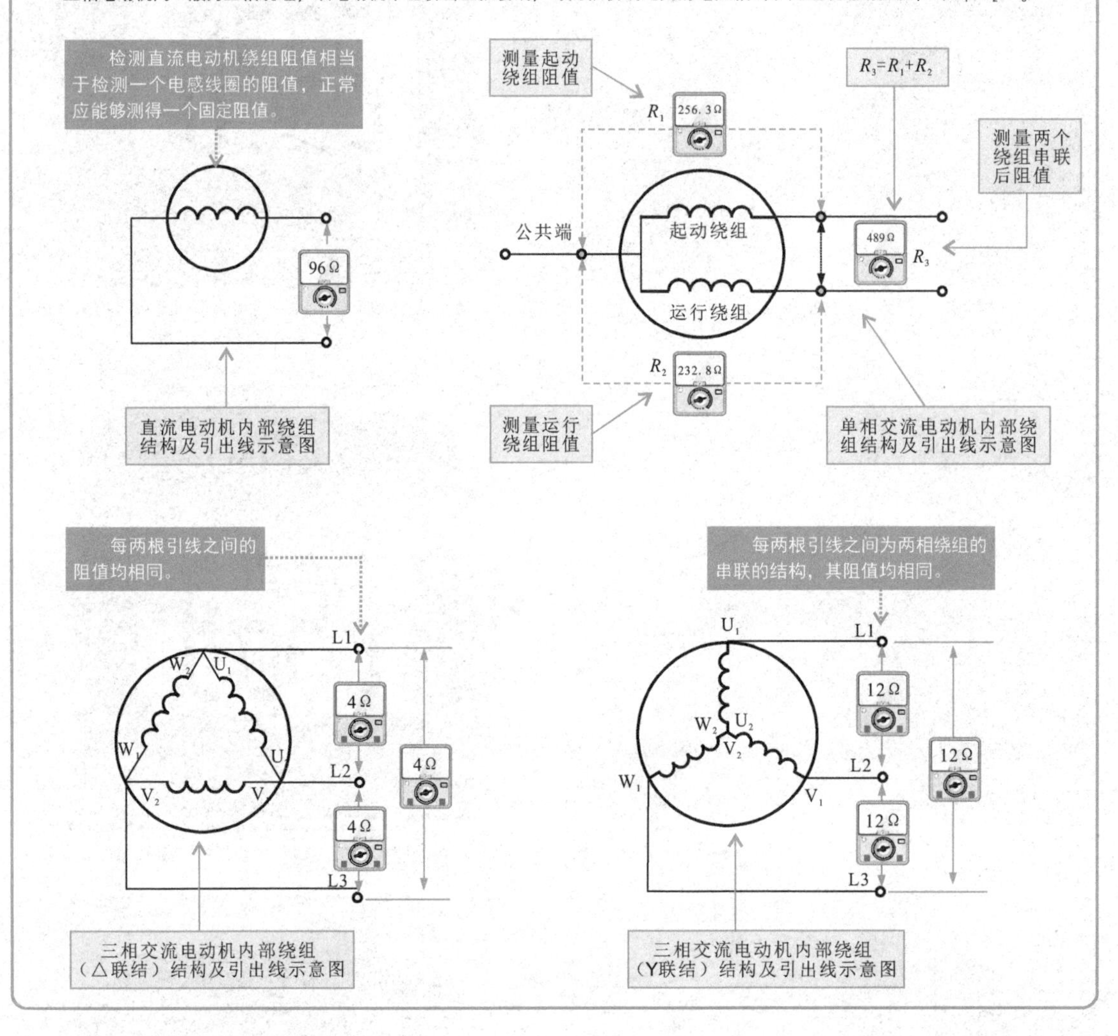

2. 电动机绝缘电阻的检测

电动机绝缘电阻的检测是指检测电动机绕组与外壳之间、绕组与绕组之间的绝缘性，以此来判断电动机是否存在漏电（对外壳短路）、绕组间短路的现象。

若测得电动机的绕组与外壳之间的绝缘电阻值为零或阻值较小，则说明电动机绕组与外壳之间存在短路现象。

若测得电动机的绕组与绕组之间的绝缘电阻值为零或阻值较小，则说明电动机绕组与绕组之间存在短路现象。

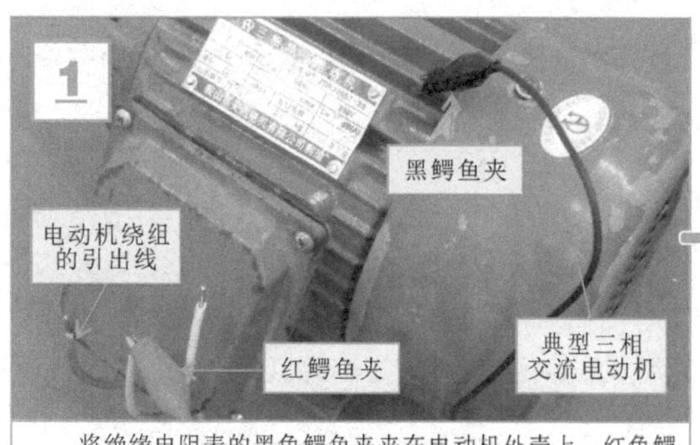

将绝缘电阻表的黑色鳄鱼夹夹在电动机外壳上，红色鳄鱼夹依次夹在电动机各相绕组的引出线上。

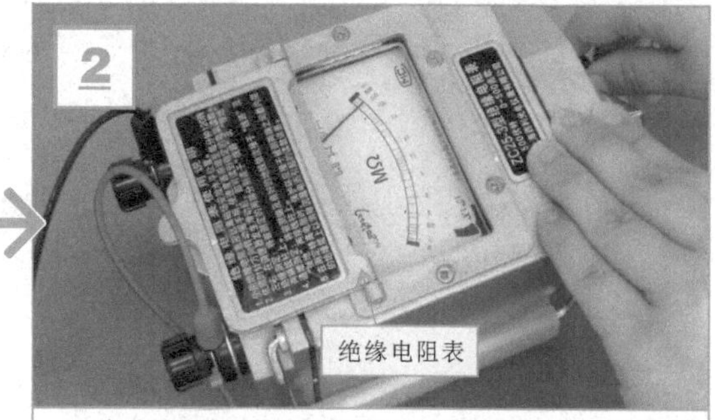

匀速摇动绝缘电阻表的手柄，观察绝缘电阻表指针的摆动变化，正常情况下其阻值均为500MΩ（绝缘）。

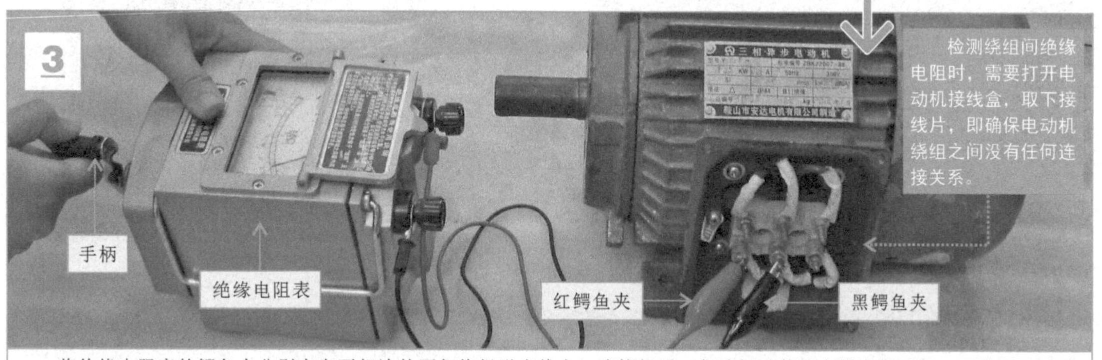

将绝缘电阻表的鳄鱼夹分别夹在不相连的两相绕组引出线上，连接好后，匀速摇动绝缘电阻表的手柄，正常情况下不相连的任意两相绕组之间的阻值应为500MΩ（绝缘）。

3.3 电压的检测

在水电工的操作过程中，常常会使用万用表或钳形表检测电压。

3.3.1 万用表检测电压

用万用表检测电压值是较为常用的一种技能。在检测前应根据被测电压调整相应档位，然后将万用表并联在电路中，并根据指示读取当前检测到的电压值。

【万用表检测电压】

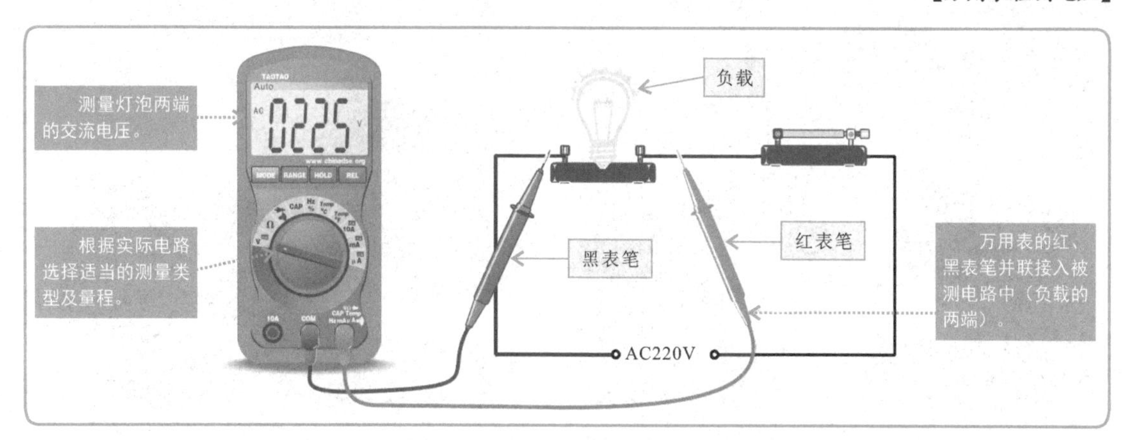

特别提醒

测量交流电压时，不需要区分正负极，即万用表的红、黑表笔可以随意并联到电路中测量；若使用指针式万用表时，则需要将红表笔搭在电路的正极、黑表笔搭在负极。

以电源插座的电压测量为例，首先调整万用表的档位量程在交流750 V档，然后将红、黑表笔分别插入到电源插孔中。

【电源插座的电压检测】

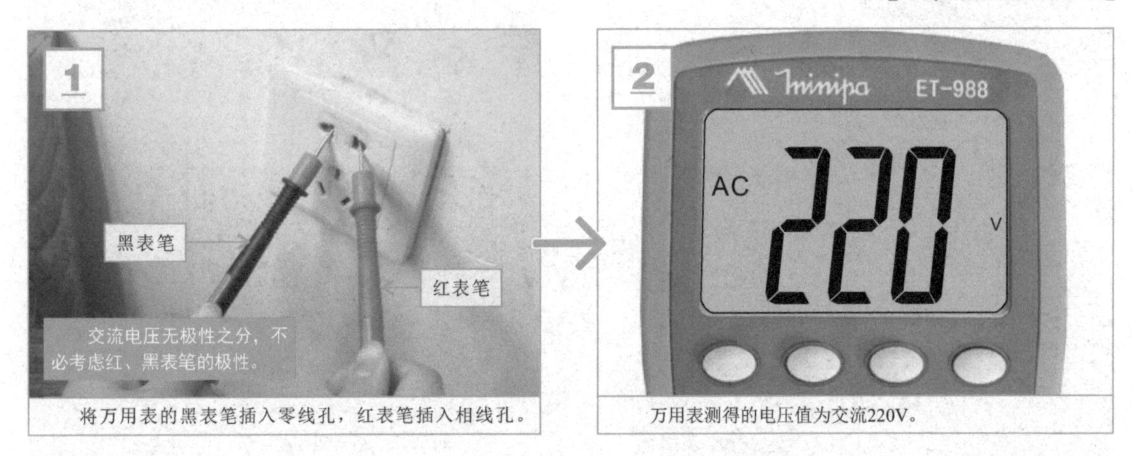

将万用表的黑表笔插入零线孔，红表笔插入相线孔。

万用表测得的电压值为交流220V。

特别提醒

在使用数字式万用表测量电压时，若数字显示屏上出现“OL”的标识，则说明选择的档位过小，无法显示。在对其档位进行调整时，若未将表笔从检测端移出的情况下，便便调节量程，可能致使转换开关触点烧毁，导致万用表损坏。

3.3.2 钳形表检测电压

使用钳形表检测电压时，应当查看需要检测设备的额定电压值，并将钳形表的量程调整至合适的档位（钳形表量程调整为AC 750V档）。

【钳形表检测电压】

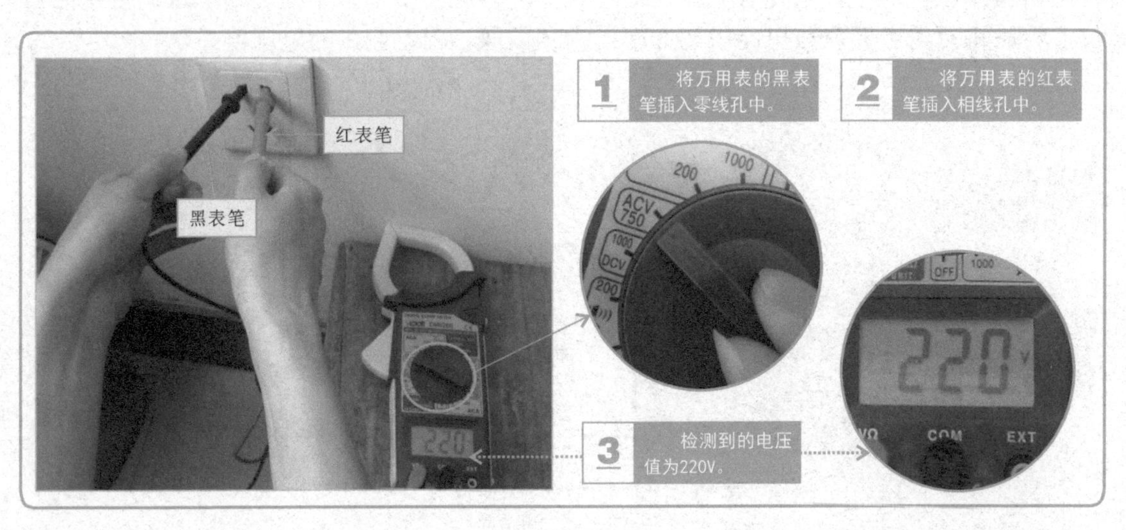

特别提醒

在使用仪表测量电压时，若测量电压为交流电压，可以不用区分表笔正、负极；而当测量电压为直流电压时，则必须先将黑表笔连接负极，再将红表笔连接正极。

3.4 电流的检测

在水电工的操作过程中，通常会对电流值进行检测，不同的仪表检测电流时的方法也有所不同，下面我们就分别对万用表检测电流和钳形表检测电流的技能进行学习。

3.4.1 万用表检测电流

用万用表检测电流时，根据被测电流的类型不同，检测方法也有所差异，下面具体介绍一下万用表检测直流电流和交流电流的技能。

1. 万用表检测直流电流

用万用表检测直流电流时，应根据实际电路选择合适的直流电流量程，将万用表串入被测电路中，即可读出测量的直流电流值。

检测时，根据被测电路先调整万用表的量程，然后将万用表的黑表笔搭在负极上、红表笔搭在正极上，观察万用表测量的直流电流值。

【万用表检测直流电流的操作演示】

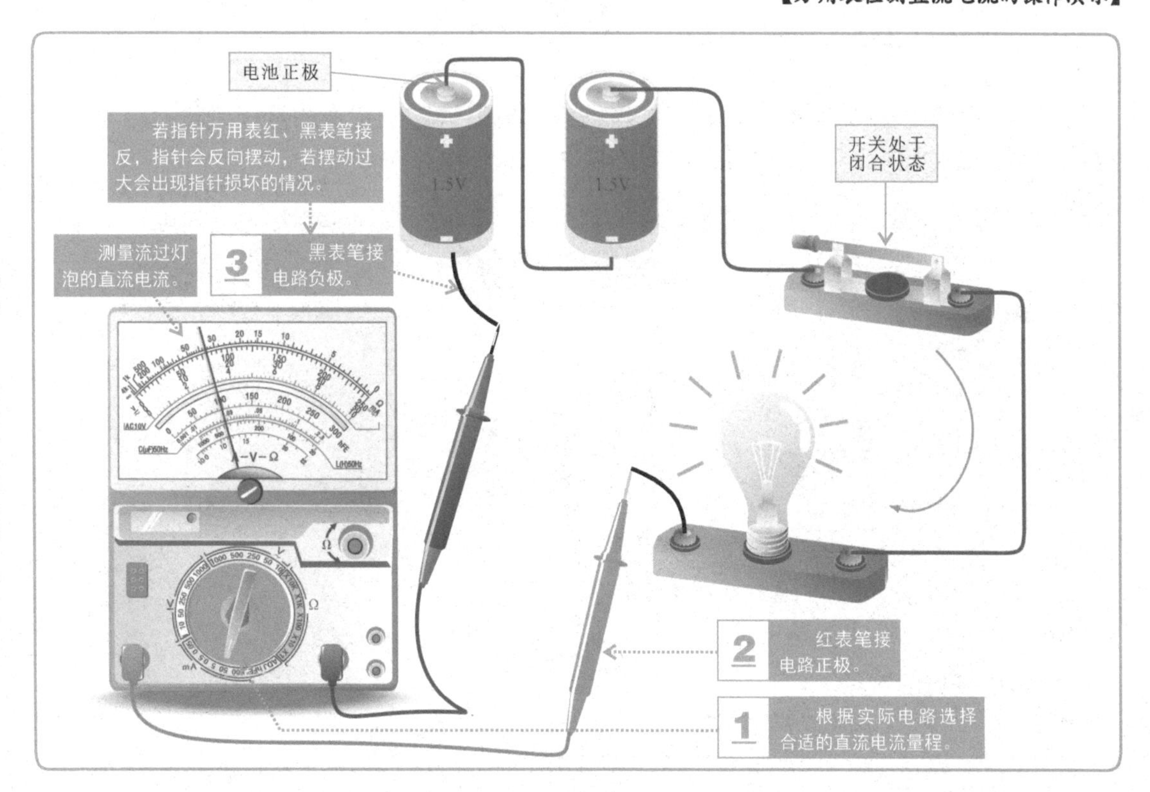

2. 万用表检测交流电流

用万用表检测交流电流时，应根据实际电路选择合适的交流电流量程，将万用表串入被测电路中，即可读出测量的交流电流值。

【万用表检测交流电流的示意图】

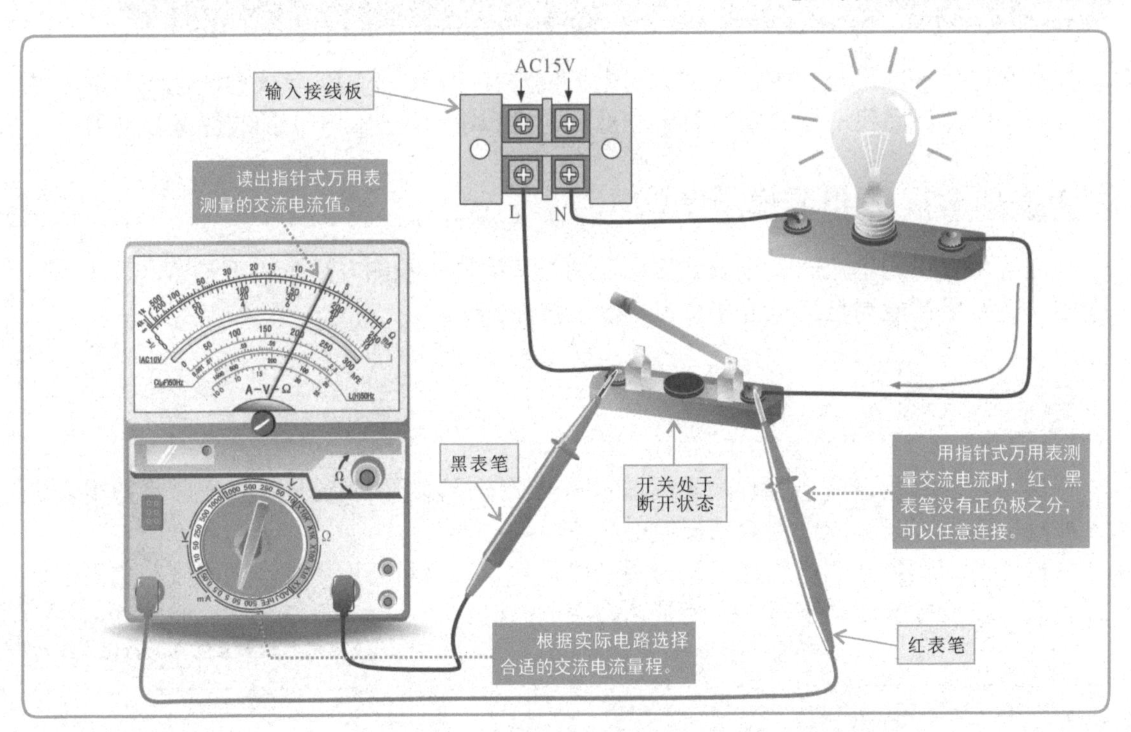

使用万用表检测交流电流时，应先根据被测电流调整万用表的量程，将万用表的量程适当调至较大的范围，然后将万用表的表笔串联在电路中。

【万用表检测交流电流的方法】

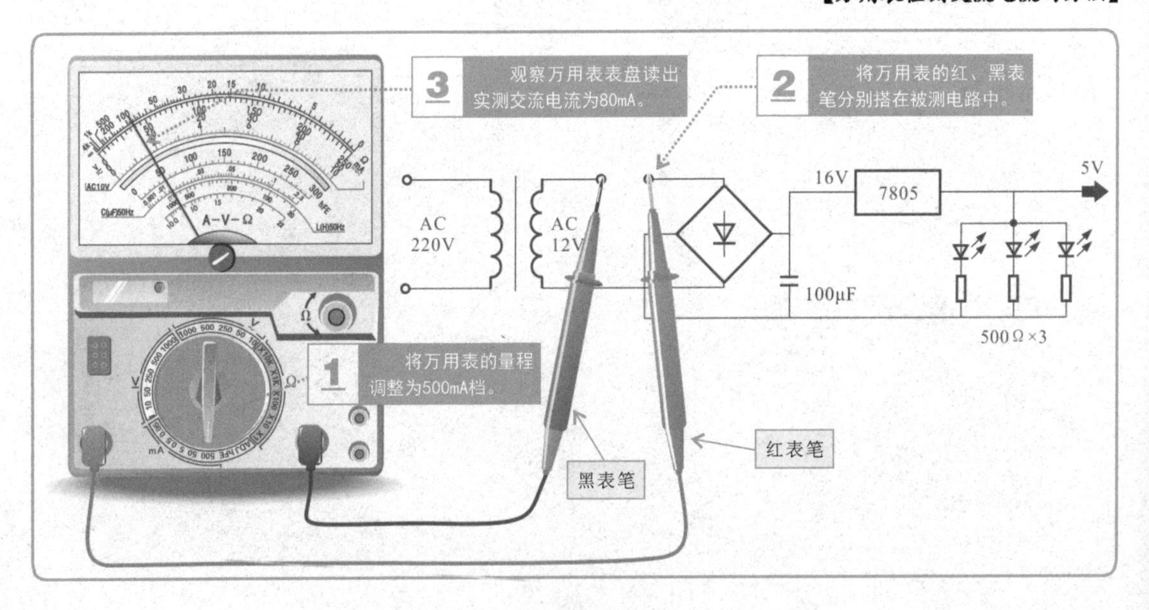

3.4.2 钳形表检测交流电流

使用钳形表检测交流电流时，首先应当查看钳形表的绝缘外壳是否发生破损，然后查看需要检测的线缆通过的额定电流量，若该线缆上的电流量经过电度表，所以可由电度表上的额定电流量确认［该线缆可以通过的电流量为“10（40）A”］。

【检查钳形表的绝缘性能和待测线缆的额定电流】

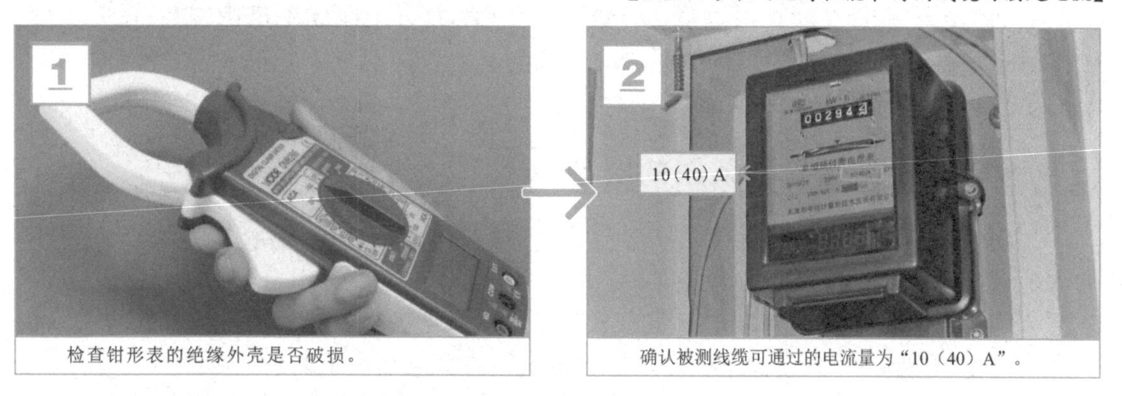

检查钳形表的绝缘外壳是否破损。

确认被测线缆可通过的电流量为“10（40）A”。

根据实际情况，选择测量的档位量程，然后即可对交流电流进行检测。

【钳形表检测交流电流的操作演示】

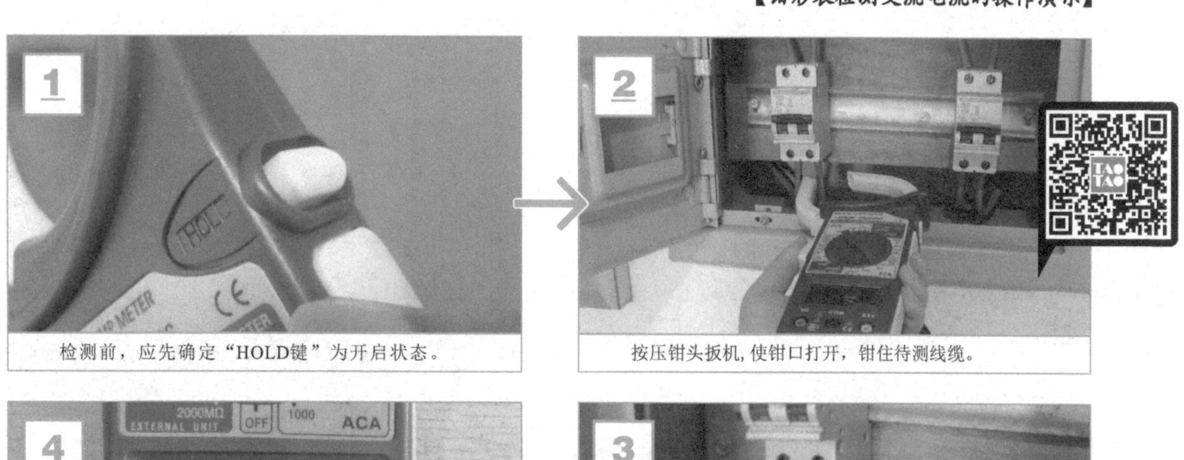

检测前，应先确定“HOLD键”为开启状态。

按压钳头扳机，使钳口打开，钳住待测线缆。

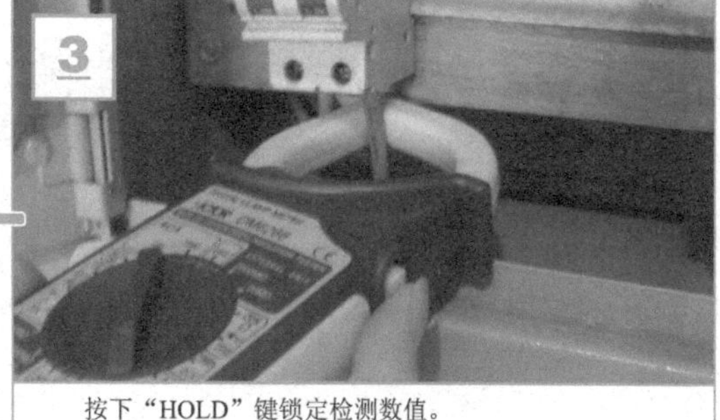

按下“HOLD”键锁定检测数值。

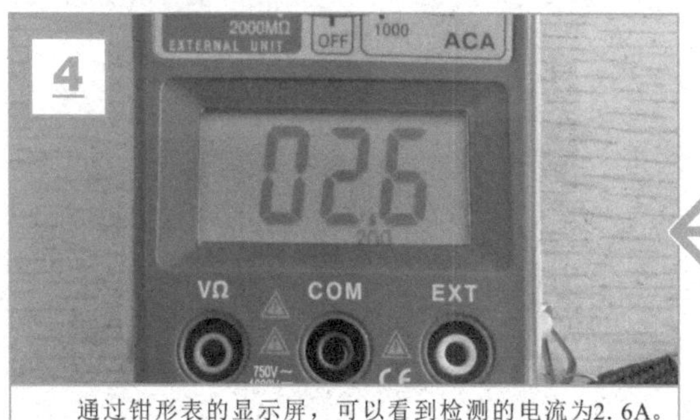

通过钳形表的显示屏，可以看到检测的电流为2. 6A。

特别提醒

若在使用钳形表检测电流时，钳形表无显示，不可以随即调整钳形表档位。在带电的情况下转换钳形表的档位，会导致钳形表内部电路损坏，从而导致无法使用。

第4章

采暖系统的安装技能

4.1 采暖管道的敷设

采暖管道的敷设技能是水电工必须掌握的一项技能，对采暖管道进行敷设时，首先要了解采暖管道系统的类型，了解了采暖管道的类型后接着了解采暖管道的敷设方式，最后是采暖管道的规划设计。

4.1.1 采暖管道系统的类型

采暖管道系统是指实现散热器热量供应，使室内获得一定热量并能够保持一定温度的管道系统。

采暖系统类型多种多样，根据热媒的不同，主要有热水采暖系统、蒸汽采暖系统和热风采暖系统3种。其中，居住和公共建筑常采用热水采暖系统。

热水采暖系统是指以热水作为热媒的采暖系统。热水采暖系统根据热水循环动力不同，又可分为自然循环热水采暖系统（无循环水泵）和机械循环热水采暖系统（有循环水泵）两种。

1. 自然循环热水采暖系统

自然循环热水采暖系统是指以水不同温度时的密度差作为循环动力，实现采暖系统中热水循环的管道系统。

自然循环采暖系统的结构相对较简单，优点是维护管理比较方便，而且不消耗电能，缺点是由于该类系统压力较小，因此作用范围也较小，一般只适用于小型的低层建筑物。

【自然循环热水采暖系统结构示意图】

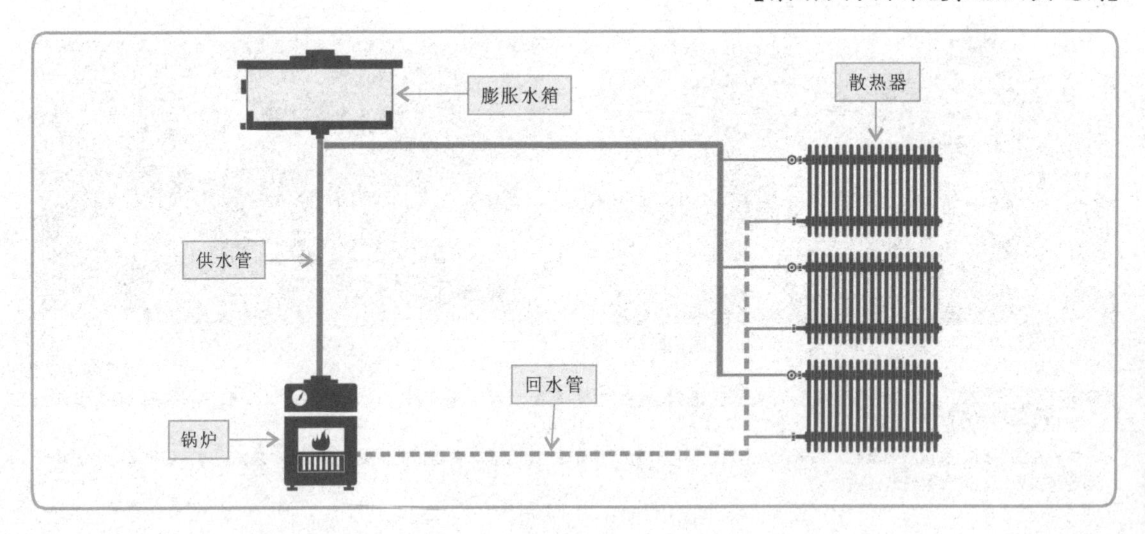

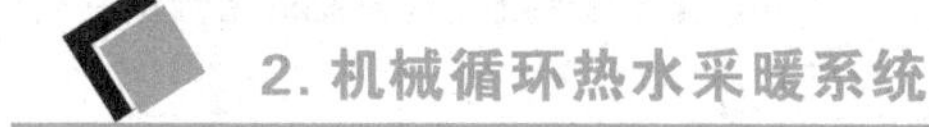

2. 机械循环热水采暖系统

机械循环热水采暖系统是指借助循环水泵增大系统压力，进而增大作用范围的采暖系统。由于这种采暖系统的作用力大，作用范围广，目前被广泛应用于各种区域性集中供暖中。

【机械循环热水采暖系统结构示意图】

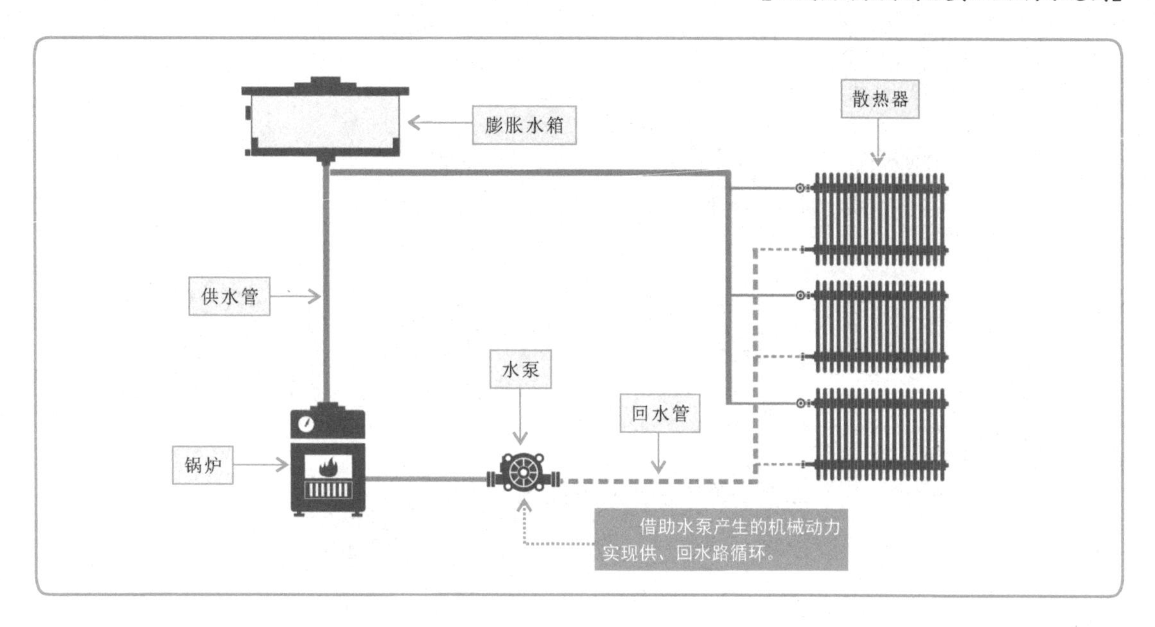

可以看到，机械循环热水采暖系统主要由热源、循环水泵、管道系统、散热设备等部分构成。

（1）热源和循环水泵。热源是指实现热水采暖系统中热水来源的部分，目前，多采用锅炉作为热源，用于将水加热到一定温度后送入热水采暖系统中。

循环水泵是机械循环热水采暖系统中的循环动力源。当循环水泵工作时，它所产生的机械力作为热水采暖系统中热水的循环推动力，实现热水在大范围内循环流动。

（2）管道系统。管道系统是机械循环热水采暖系统的关键环节，根据安装位置不同，分为室外采暖管道系统和室内采暖管道系统。

室外采暖管道系统是指从热源出水部分到采暖建筑物之间输送热水的管道部分。

室内采暖管道系统是指室外采暖管道穿越建筑物墙壁或基础后到采暖用户屋内散热设备之间的管道部分。在本书的学习计划任务中，将以室内采暖管道系统作为学习重点。

一般情况下，室内采暖管道系统主要由采暖干管、立管和散热器支管等部分构成。

（3）散热设备。散热设备属于热水采暖系统中的终端设备，一般称为散热器（暖气片），安装于室内，可散发一定的热量，实现提升室内温度的目的。

常用的散热器主要有铸铁散热器、钢制柱式散热器、钢制板式散热器、铜铝复合散热器、铝合金散热器、压铸铝散热器等。

【室内采暖管道系统的结构示意图】

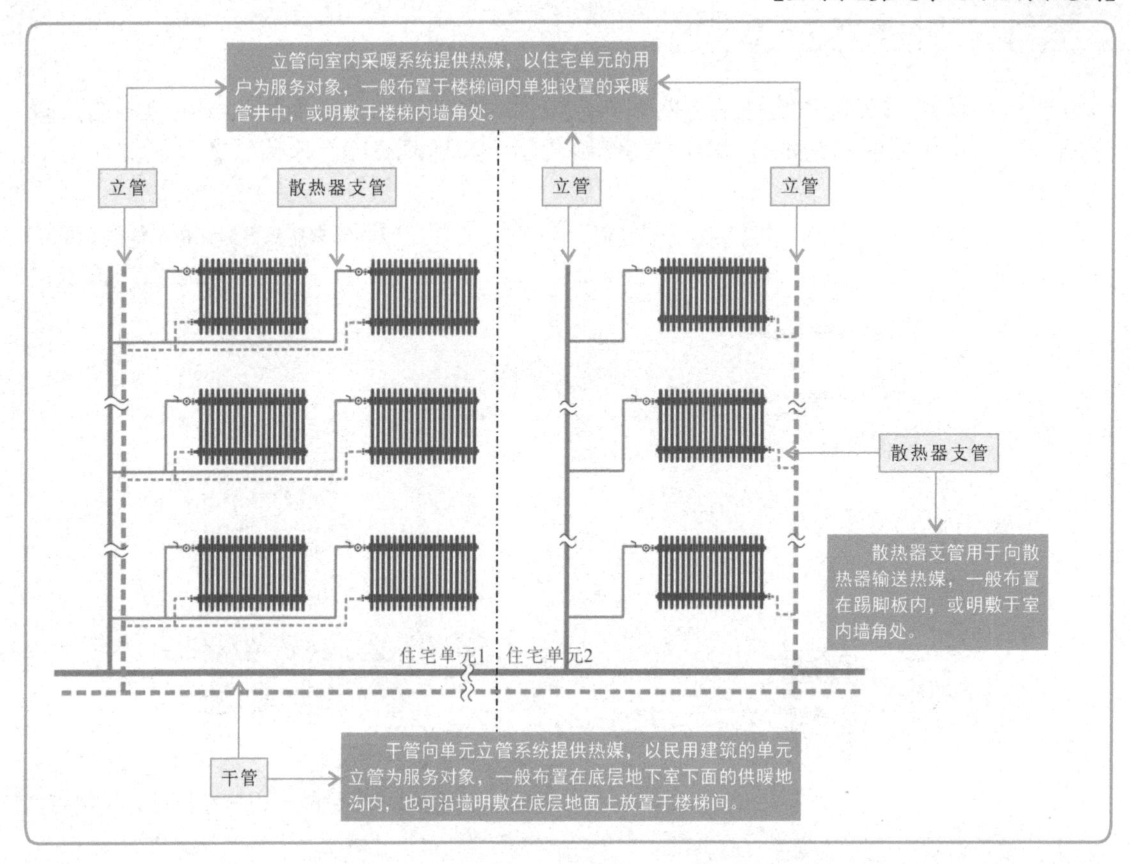

【热水采暖系统中常见的散热设备】

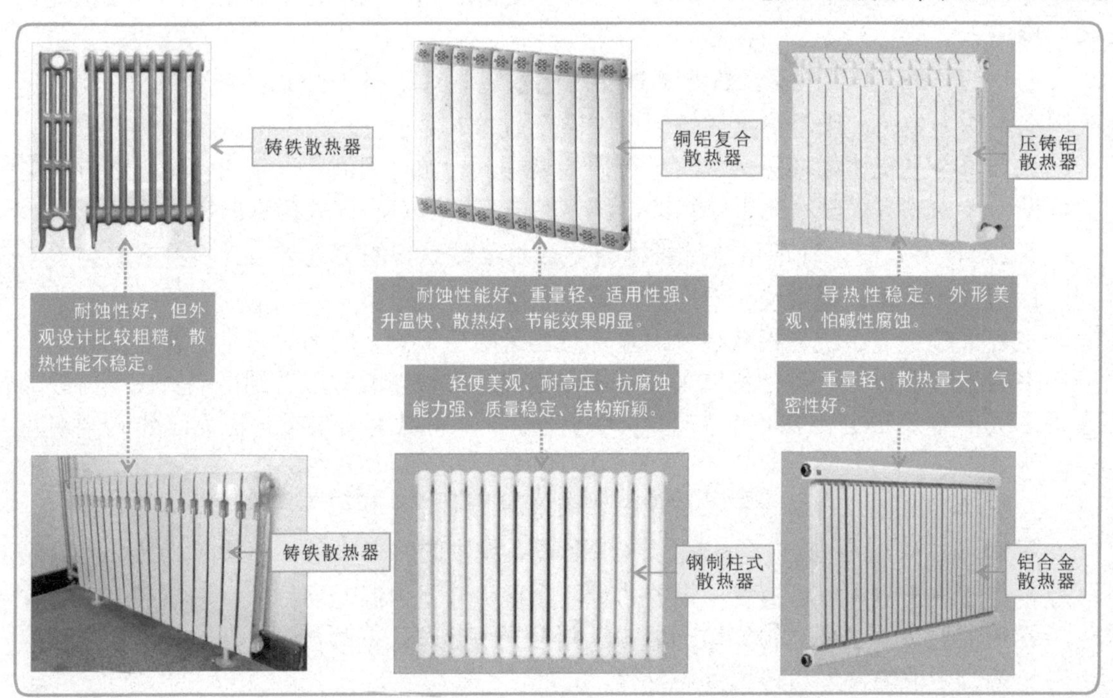

除了采用传统的散热器进行散热外，在很多地区和新建住宅中还采用地板盘管散热，即地暖。它利用敷设在地板下的盘管散发热量，实现温度提升。

【地暖中的盘管散热】

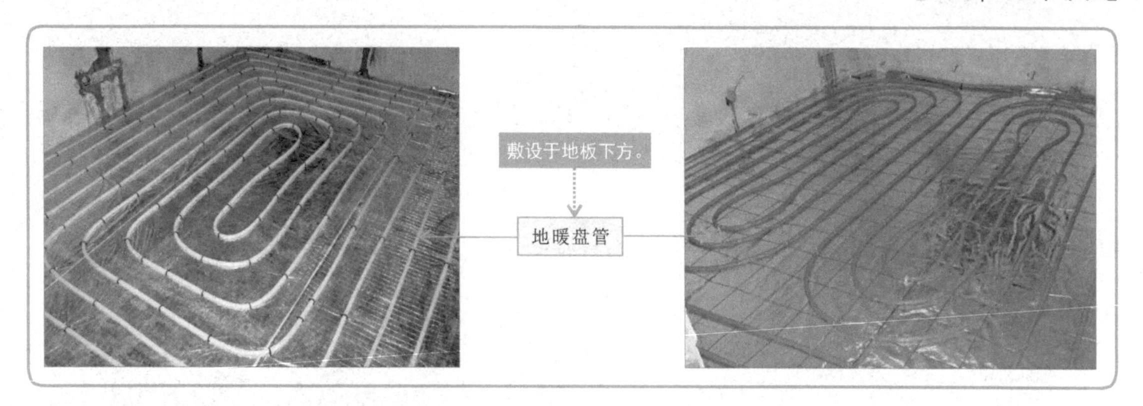

4.1.2 采暖管道的敷设方式

采暖管道系统在敷设与安装过程中，需要采取一定的方式和顺序进行。下面我们分别介绍一下室外采暖管道系统的敷设和室内采暖管道的敷设方式。

1. 室外采暖管道系统的敷设方式

室外采暖管道系统的敷设方式是指采暖管道部分在室外施工中采取的布置方式。根据作业条件有直埋法、管沟法、架设法三种敷设方式。

【直埋法的敷设流程图】

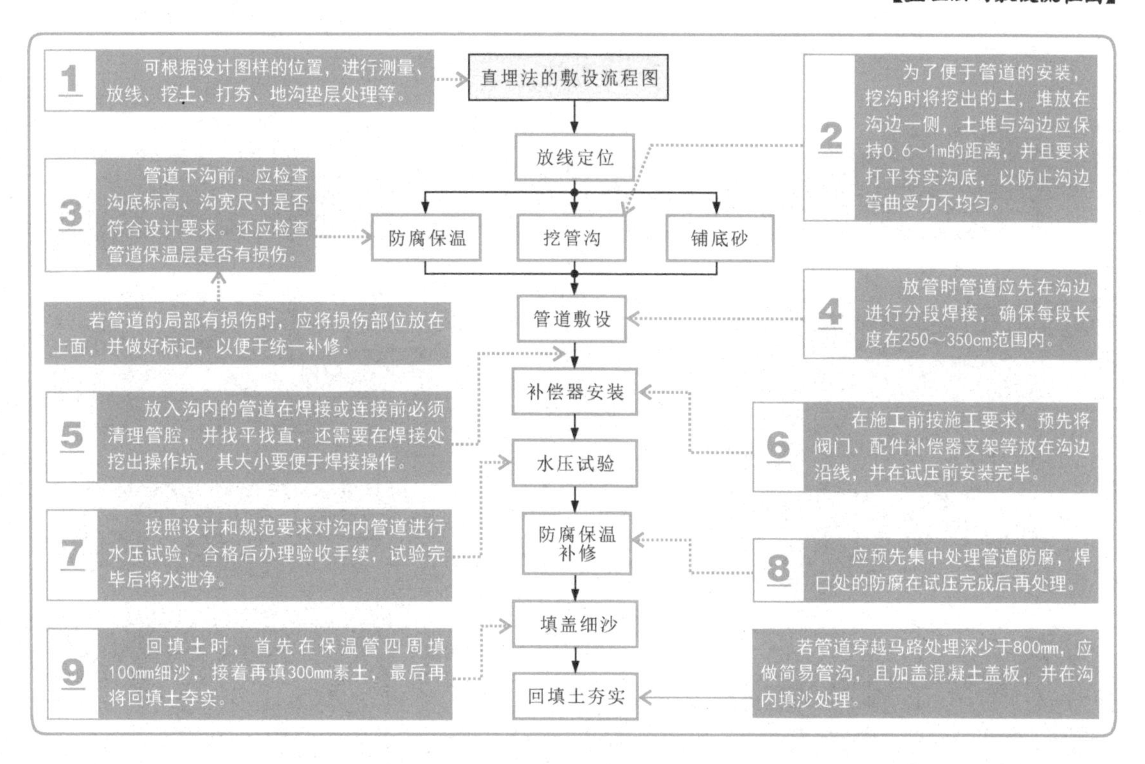

【管沟法的敷设流程图】

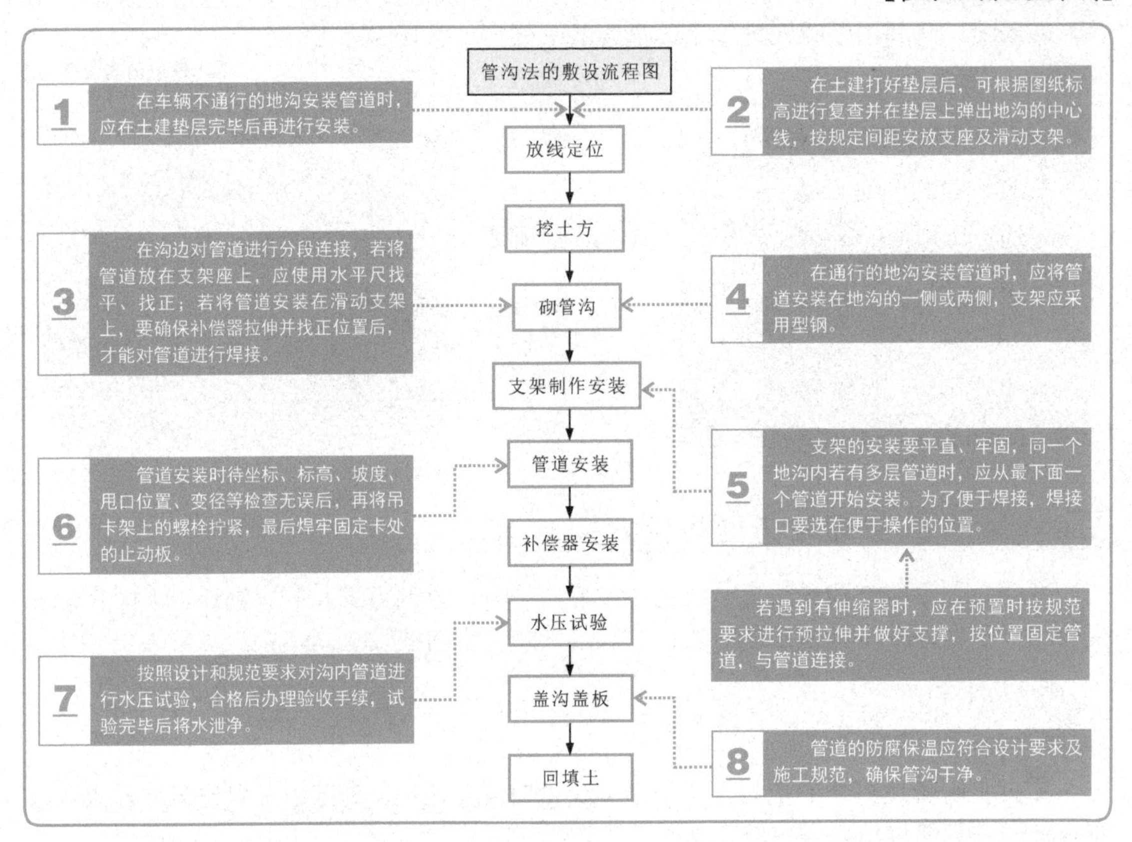

【架设法的敷设流程图】

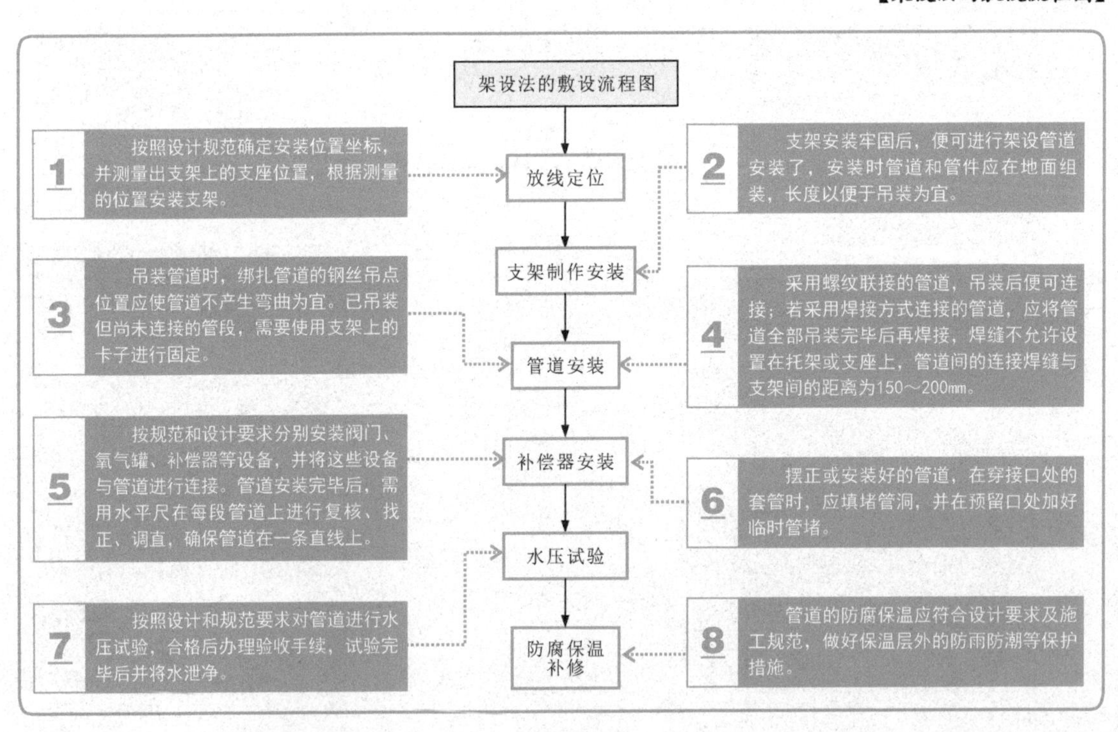

2.室内采暖管道系统的敷设方式

室内采暖管道系统的敷设方式是指采暖管道部分在室内施工中采取的布置方法和形式。

（1）室内采暖管道系统的布置方法。根据建筑物性质和卫生标准要求的不同，室内采暖管道敷设一般有明敷和暗敷两种方式。

【明敷方式和暗敷方式】

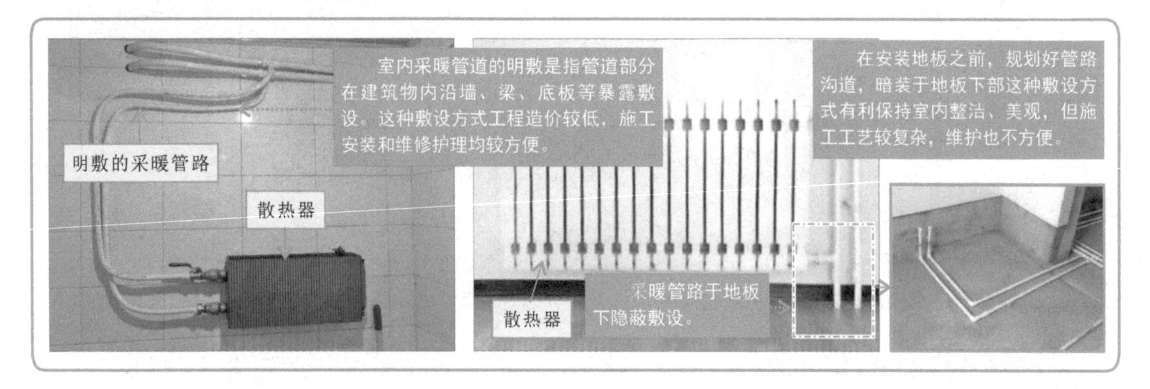

（2）室内采暖管道系统的布置形式。根据室内采暖管道的结构形式不同，室内采暖管道的布置形式分为垂直式和水平式。

① 垂直式。垂直式室内采暖管道是指不同楼层、同一位置上的散热器采用垂直安装，即由同一根垂直立管串接的系统。

【垂直式的室内采暖管道】

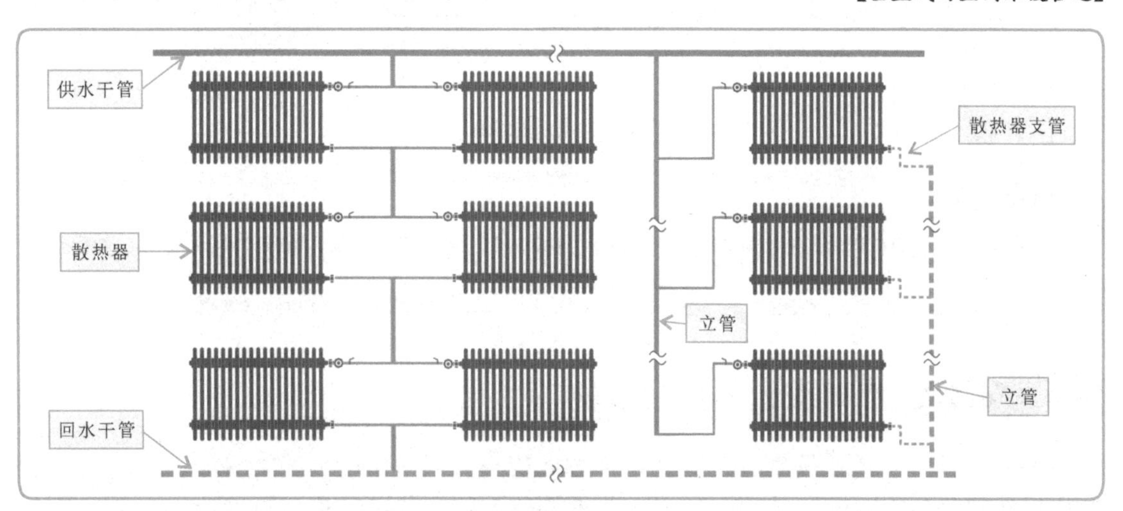

特别提醒

垂直式室内采暖管道系统具有总造价偏高，管道施工复杂（垂直立管需要穿越各层楼板），系统运行时水平性高等特点。目前，根据供、回水干管布置位置不同，垂直式室内采暖管道系统有下列几种形式：

- 上供下回式双管和单管热水采暖系统。
- 下供下回式双管热水采暖系统。
- 中供式热水采暖系统。
- 下供上回式（倒流式）热水采暖系统。
- 混合式热水采暖系统。

②水平式。水平式室内采暖系统是指同一楼层的各散热器用水平管进行平行连接的一种系统。

【水平式的室内采暖管道】

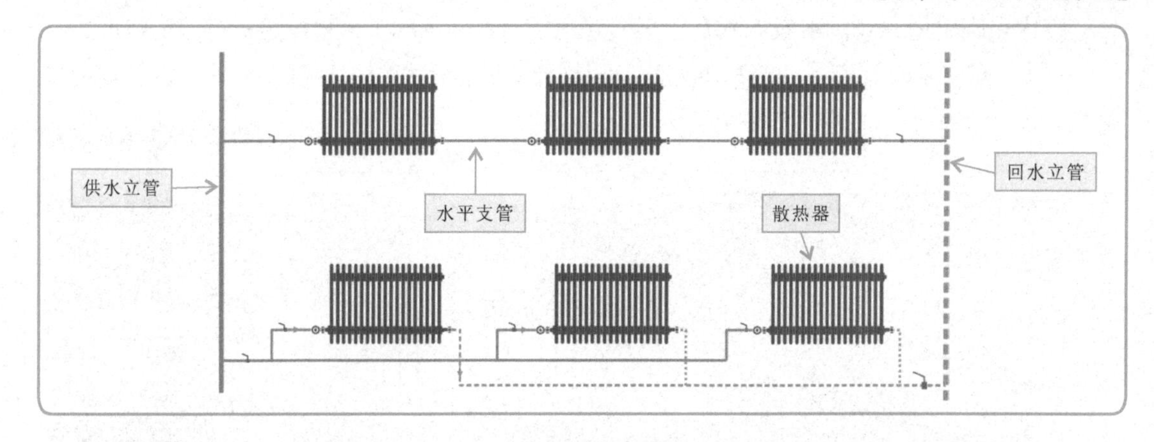

特别提醒

水平式室内采暖管道系统具有总造价低，管道简单，无穿越各层楼板的立管，施工方便，但系统运行时易出现水平失调，且尾端散热器面积较大。

目前，水平式室内采暖管道系统主要分为水平单管顺流式系统和水平单管跨越式系统。

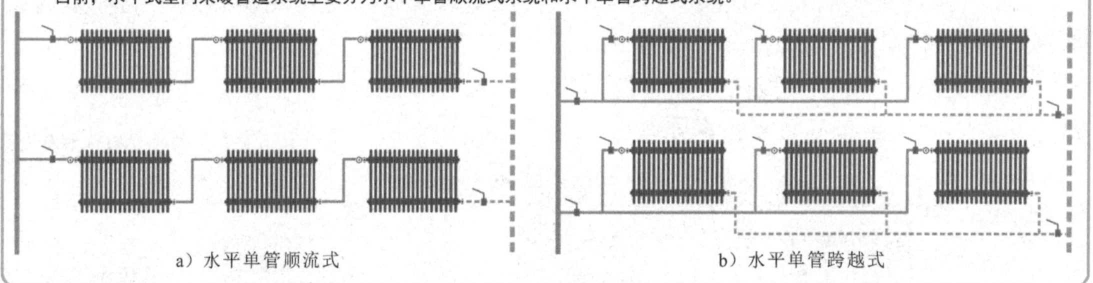

a）水平单管顺流式　　b）水平单管跨越式

特别提醒

室内采暖管道系统的安装一般从采暖系统的入口装置开始，即换安装准备→预加工→干管及入口装置安装→立管安装→散热器安装→散热器支管安装的顺序进行安装。

另外，管道及散热器安装之前需要预装管道或散热器支架（或支撑），以保持管道和散热器的相对稳定和固定。

4.1.3 采暖管道的规划设计

在进行采暖管道的规划和设计时，需要明确设计方案中所需的管材配件，其次就是要根据建筑物特点对管道的敷设方式、散热器的安装位置进行规划和设计。为采暖管道实际施工敷设、安装制定出的规划方案。

1. 采暖管道系统常用的管材配件

常用管材。在室内热水采暖管道系统中，干管一般为碳素钢管、无缝钢管。对管材的基本要求为无锈蚀，无飞刺及凹凸不平。

室内散热器支管一般为镀锌钢管、铝塑复合管、PP-R管、PB管等。

2. 采暖管道敷设方式的规划设计原则

对管道的敷设方式进行规划和设计时，需要根据建筑物的具体条件与外网连接的形式以及运行情况等因素来选择合理的敷设方案，力求系统管道走向布置合理、节省管材，便于调节和排除空气。

为了实现采暖系统的分户控制和调节功能，要求管道敷设以分户采暖为基本原则。且整个采暖系统的引入口一般应设计在建筑物热负荷对称分配的位置，一般宜在建筑物中部。

对于干管部分，若属于上供下回式，应设计在建筑物顶部的顶棚下；且应考虑到供水干管的坡度、集气罐的设置要求。回水干管一般敷设在地下室顶板之下或底层地下室之下的供暖地沟内；若属于下供下回式，则供水干管和回水干管均应敷设在建筑物地下室顶板之下或底层地下室之下的供暖地沟内，也可以沿墙明装在底层地面上。

【室内采暖系统中干管的敷设原则】

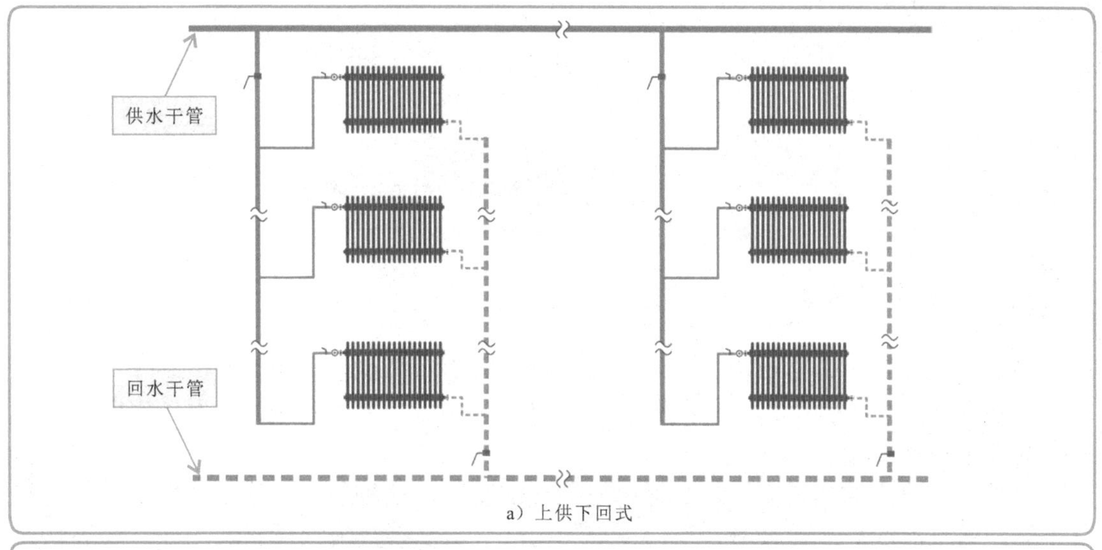

a）上供下回式

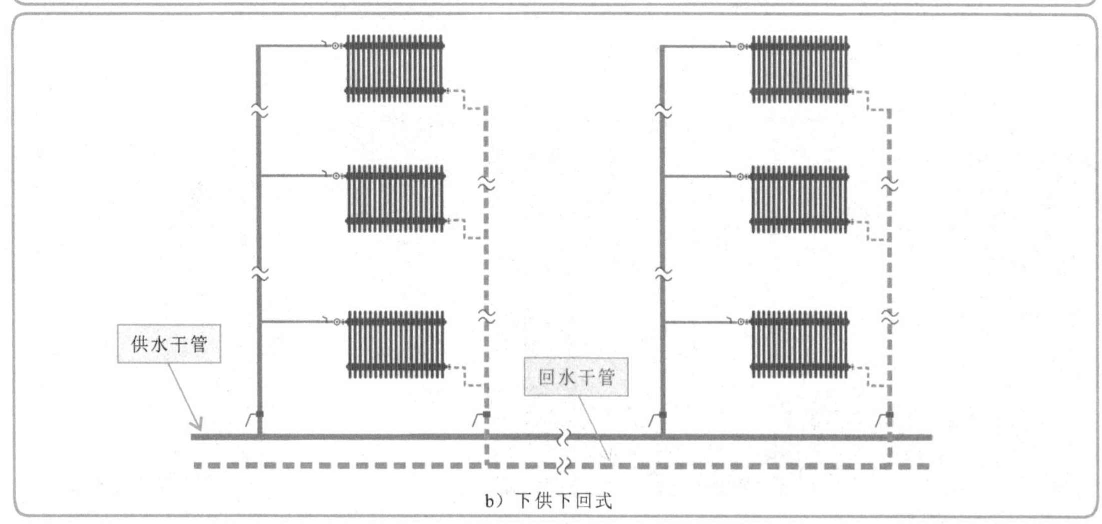

b）下供下回式

立管要求敷设在房间窗间墙或墙身转角处。对于有两面外墙的房间，立管宜设置在温度低的外墙转角处；若要求暗装，可将立管设计在墙体内预留的沟槽中，也可敷设在管道竖井内，每层用隔板隔断。

对于支管部分，考虑到室内布局的美观性，散热器支管一般设计为下进下出方式，可沿墙面或踢脚板明敷，也可暗敷在地面预留沟槽内。

【室内采暖系统中立管和支管的敷设原则】

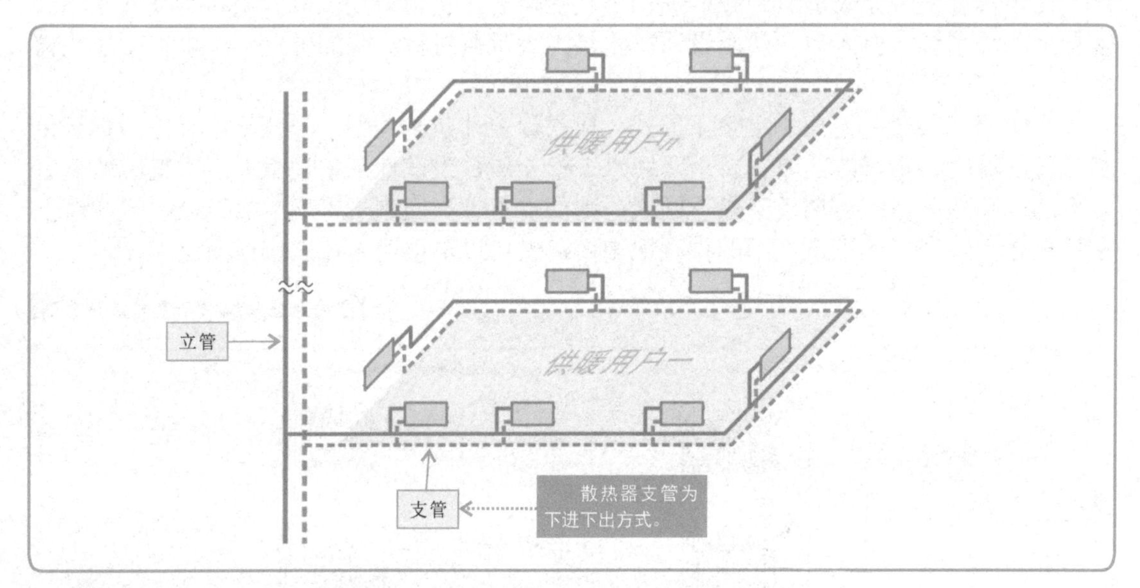

3. 散热器安装位置的规划设计原则

散热器的安装位置是室内采暖系统规划设计时重点考虑的因素之一。

一般情况下，对散热器的安装位置，应以管道最短、便于管理，并且不影响房间的美观为基本设计原则。

另外，从室内布局来看，散热器可安装在飘窗下，这种情况一般不会影响室内的布置格局；从气流的对流效果看，室内窗户和门部分属于换热最为频繁的部分，散热器安装于窗户或门附近有利于实现热气对流循环。

【散热器安装在窗户和门附近的效果图】

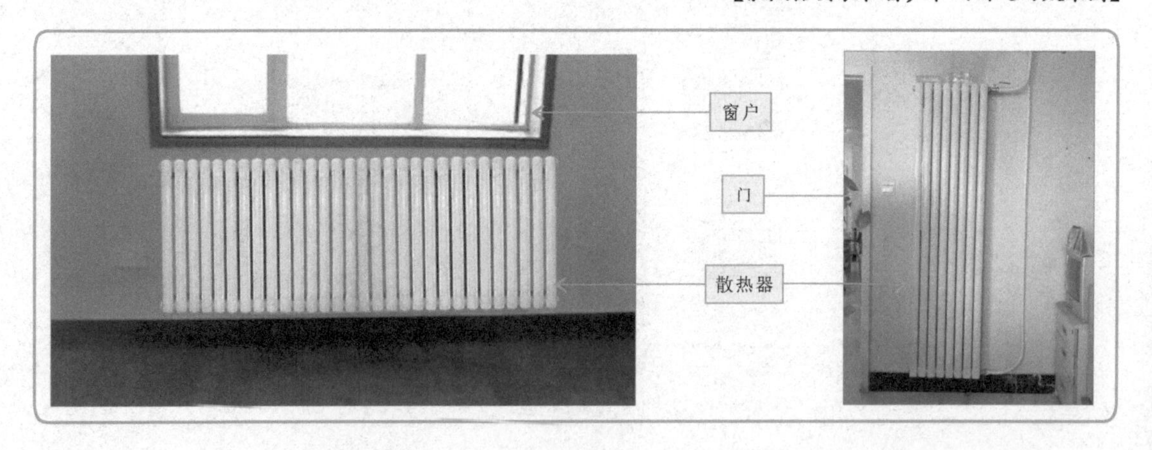

需要注意的是，窗户的墙面属于建筑物外墙，当墙体吸热后，会有部分热量损失到室外，若将散热器放置在内墙位置，则不存在热量损失问题。综合来说，散热器的安装位置主要以室内布局美观、协调为基本原则，散热效果差别并不很明显。

4. 采暖管道系统的规划方案

在基本了解了室内采暖管道的类型、敷设及安装的方式和顺序、管材配件的类型以及规划设计的原则后，下面我们以一个典型的办公用写字楼为例，制定一个简单的室内采暖管道系统规划方案，我们在后面的学习任务中，将以此方案为主线进行具体的管道敷设和安装操作。

【典型办公用写字楼室内采暖管道系统的规划方案示意图】

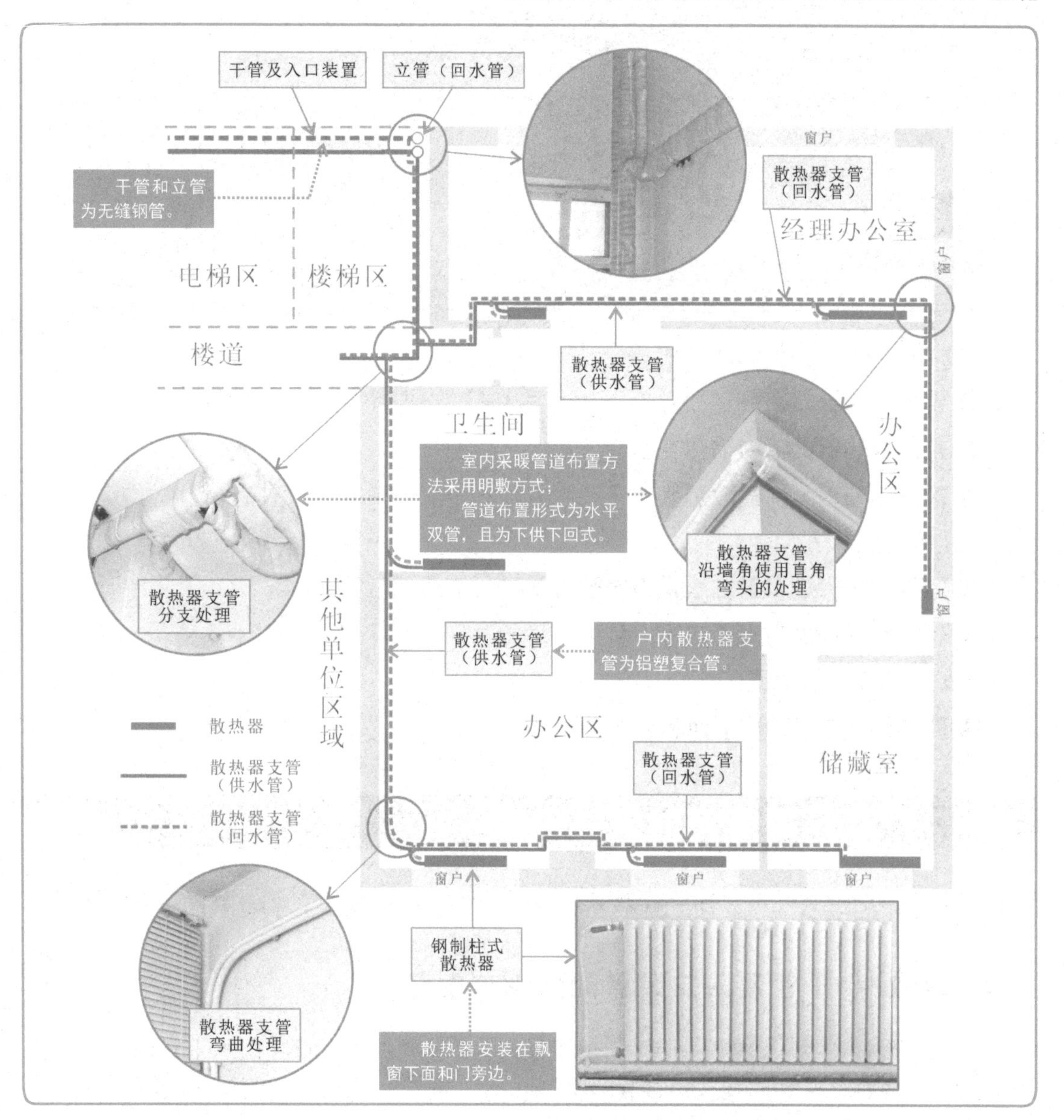

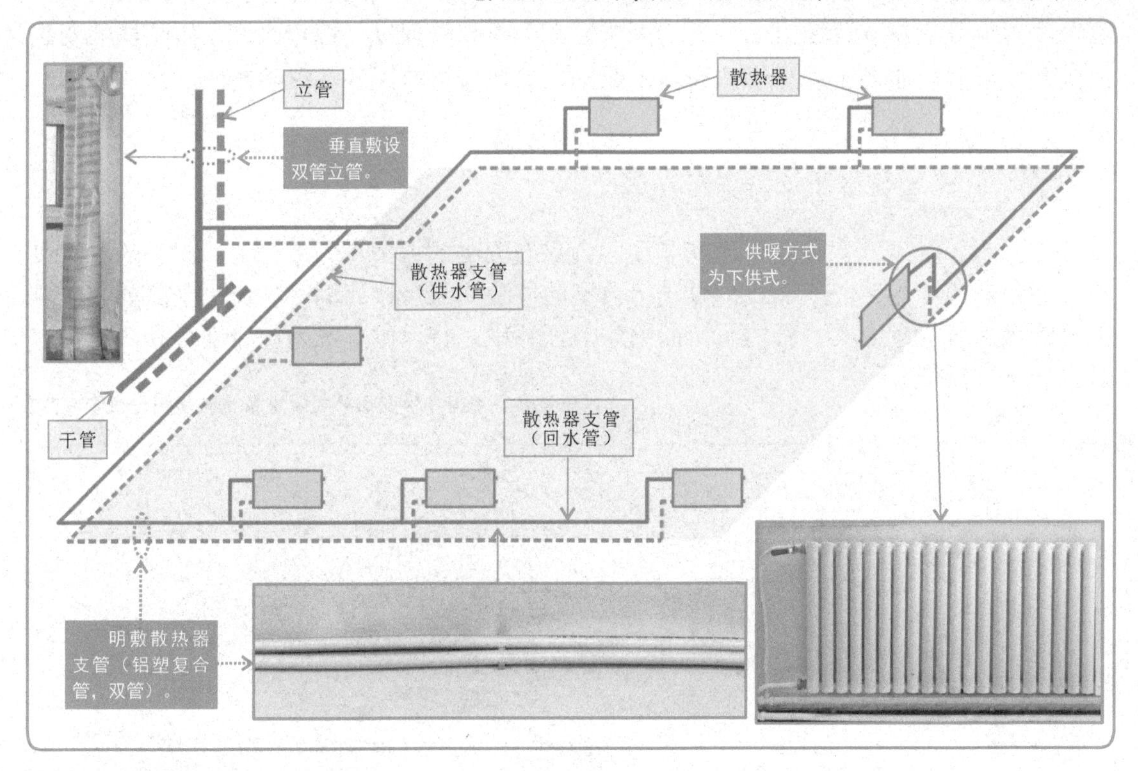

（1）管材及设备选择：

● 干管和立管为无缝钢管。

● 户内散热器支管为铝塑复合管。

● 散热器为钢制柱式散热器。

（2）敷设方式：

● 室内采暖管道布置方法采用明敷方式。

● 管道布置形式为水平双管，且为下供式。

（3）散热器安装位置：

● 散热器安装在窗户下面和门旁边。

4.2 采暖管道的安装连接

采暖管道的安装连接包括干管及入口装置的敷设与安装和立管的敷设与安装两步。

4.2.1 干管及入口装置的敷设与安装

热水采暖管道经入口阀后连接室内采暖干管，包括供水干管和回水干管两部分，在干管部分连接有总控制阀或入口装置（如减压阀，调压阀，输水、测温等装置）。

1. 干管的敷设与安装

热水采暖管道系统中干管部分用于向各单元立管输送热媒。根据热水采暖管道系统规划与设计方案要求，系统采用下供下回式，则供水干管和回水干管一般敷设在底层地下室下面的供暖地沟内，也可沿墙明敷在底层地面上。

【室内采暖管道系统中干管的敷设与安装】

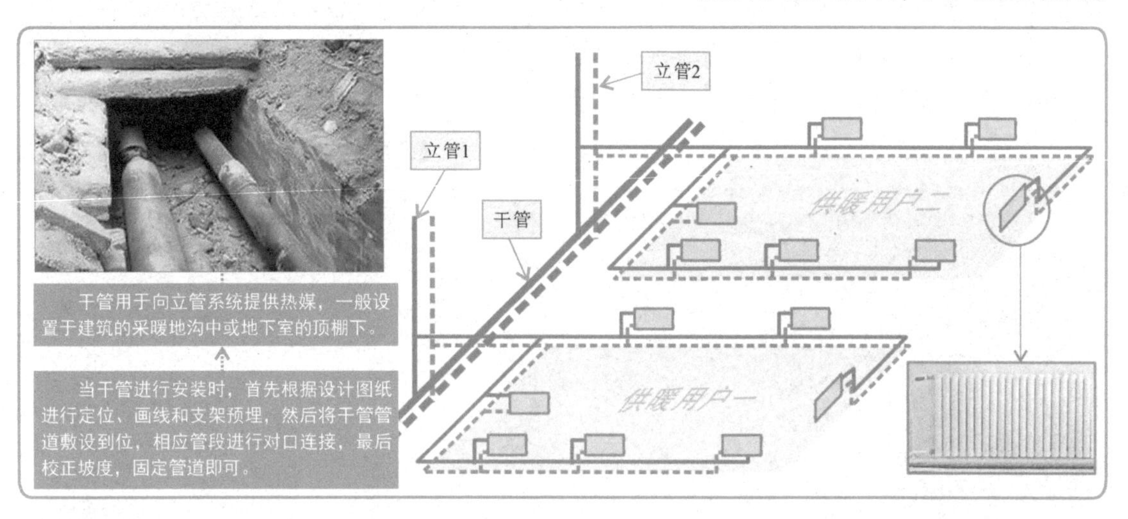

2. 入口装置安装

室内采暖干管入口装置一般敷设在各单元楼梯间的底层或地沟内，用于对采暖系统进行起闭、调节和计量。具体安装时，应根据规划设计方案敷设管道、安装连接配件。

【室内采暖管道系统中总管及其入口装置的敷设与安装】

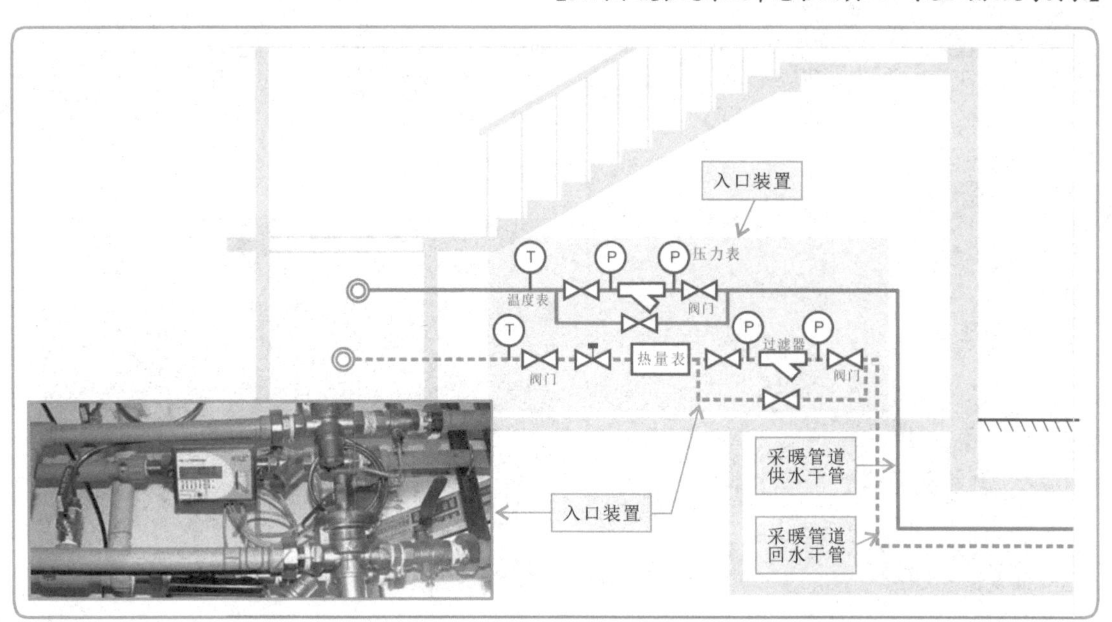

4.2.2 立管的敷设与安装

热水采暖管道系统中立管部分用于向户内采暖管道输送热媒，一般敷设在楼梯间的供暖管井或明敷于墙角部分，需要穿越楼层，再在每个楼层中进行分支，向每个住宅单元供暖。

对热水采暖管道系统立管进行敷设与安装时，同样需要根据热水采暖管道系统规划与设计方案要求进行，首先在建筑物每层楼板中预留孔洞、预埋固定支架（角钢、U形管卡或立管卡等），然后将立管以管段的形式分段安装到位，并进行管段连接（螺纹联接或法兰连接），接着将连接好的管段进行穿越楼板、校直，调整预留分支口的高度、方向等，最后将管道卡入支架进行固定，填堵孔洞，完成安装。

【室内采暖管道系统中立管的敷设与安装】

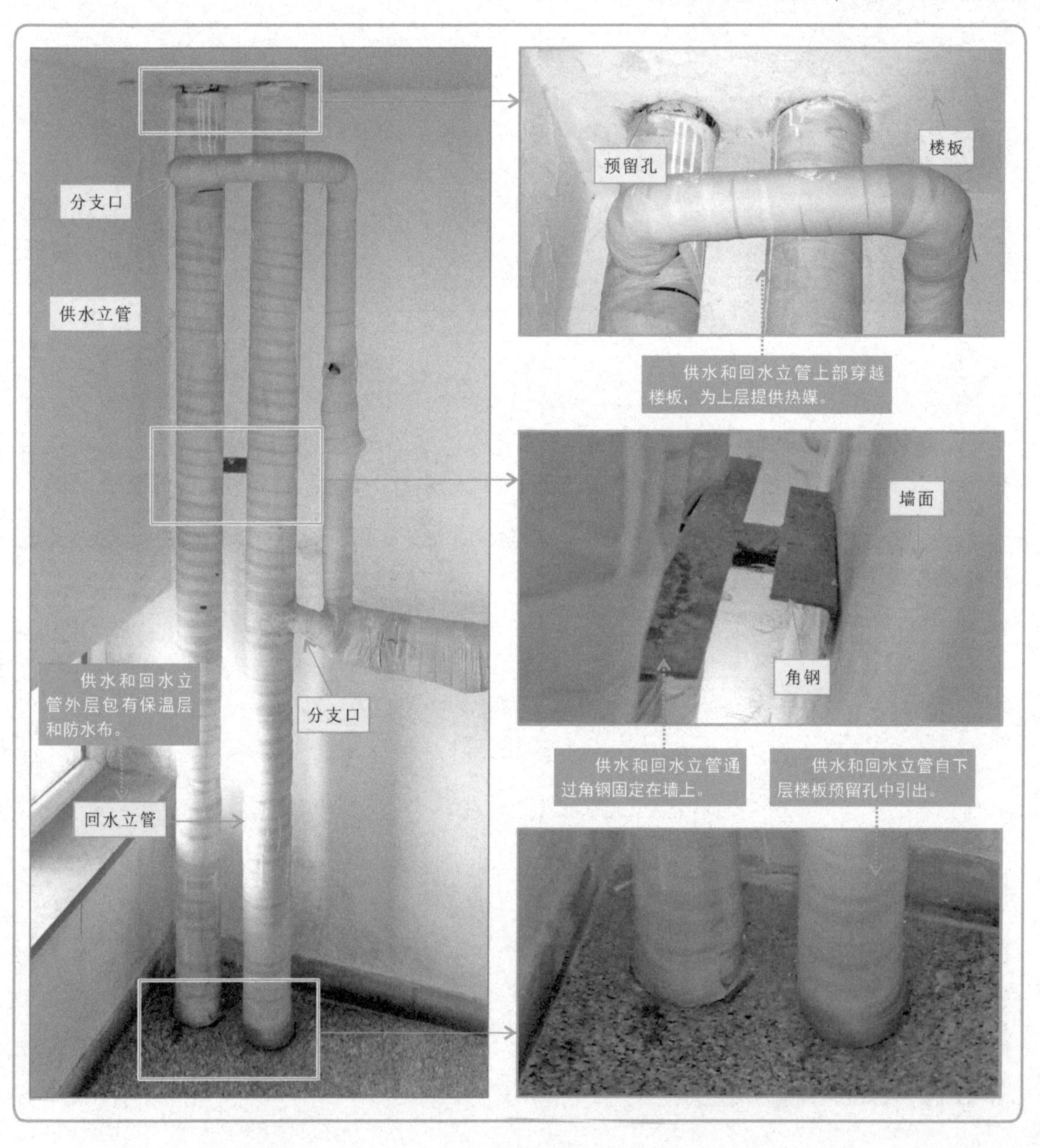

4.3 散热器的安装技能

散热器的安装技能包括散热器的安装规则及尺寸、散热器的安装固定及散热器支管的敷设与连接3步。

4.3.1 散热器的安装规则及尺寸

散热器的安装需要遵循一定的规则和尺寸，这样安装好的散热器既能符合标准，又能满足用户需求。比如散热器的安装高度，散热器距窗户、门的距离等。

不同大小的散热器其安装尺寸不同，根据安装环境以及串、并联方式，具体安装尺寸也会略有差异，这里将以典型散热器的安装规则及尺寸为例进行介绍。

【散热器的安装尺寸】

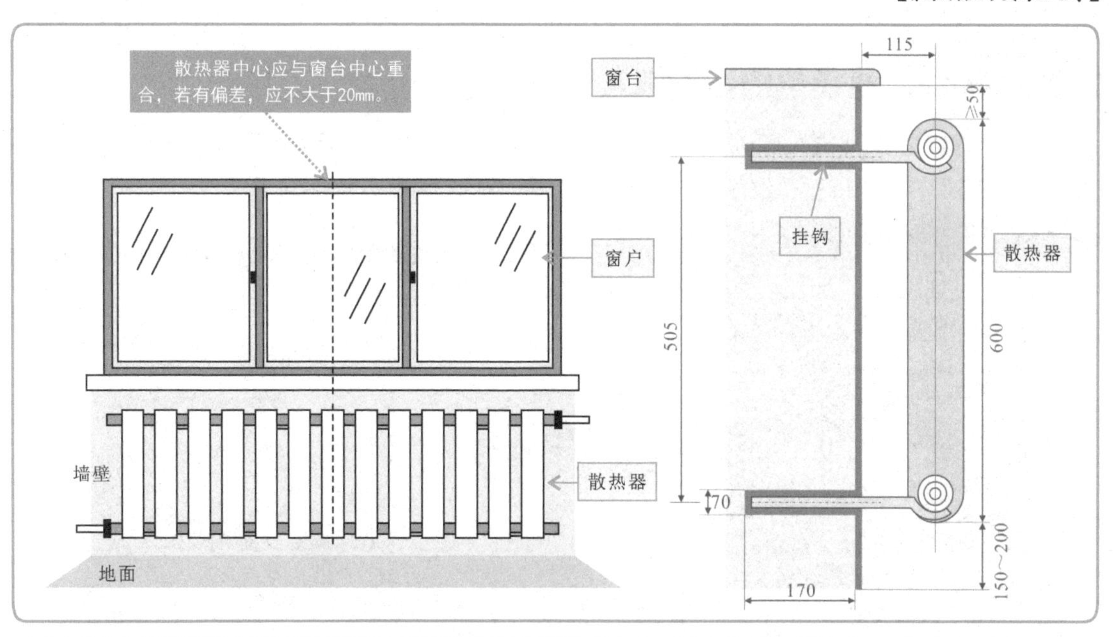

特别提醒

值得注意的是，散热器安装时顶端应保持水平，各组散热器应在同一水平线上且垂直于地面。挂钩数量及位置应根据散热器的片数进行设置。

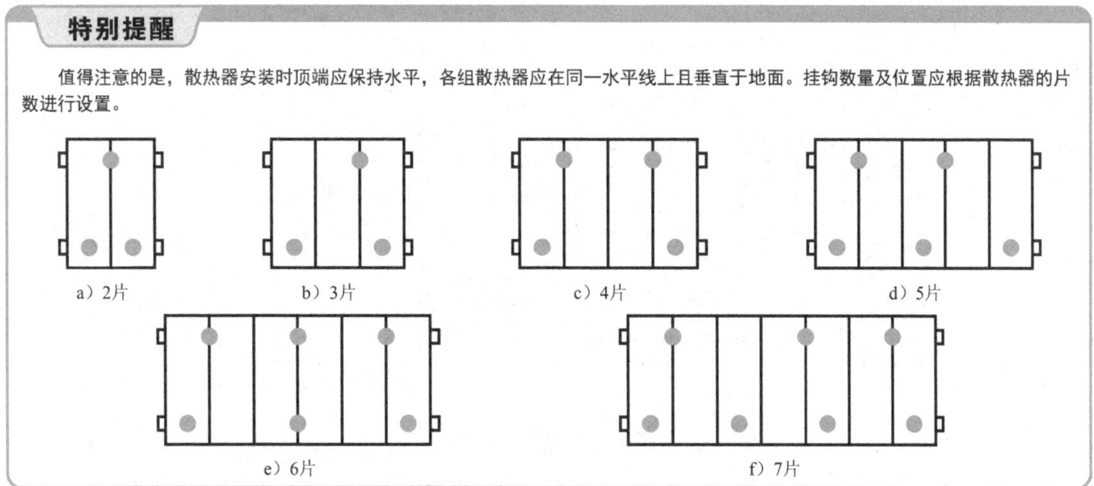

a）2片　b）3片　c）4片　d）5片　e）6片　f）7片

类　型	每组片数/片	上部挂钩数/个	下部挂钩数/个	总计/个
柱型	3～8	1	2	3
	9～12	1	3	4
	13～16	2	4	6
	17～20	2	5	7
	21～24	2	6	8
扁管、板式	1	2	2	4
串片型	每根长度小于1.4 m			2
	长度为1.6～2.4 m，多根串联时挂钩间距不大于1 m			3

4.3.2 散热器的安装固定

了解了散热器的安装规则及尺寸后，接下来可以对实际的散热器进行固定安装，根据散热器的尺寸规划出安装位置，再按步骤逐一对散热器及管道进行安装、连接，最终完成散热器的安装。

【室内采暖管道系统中散热器的安装固定位置】

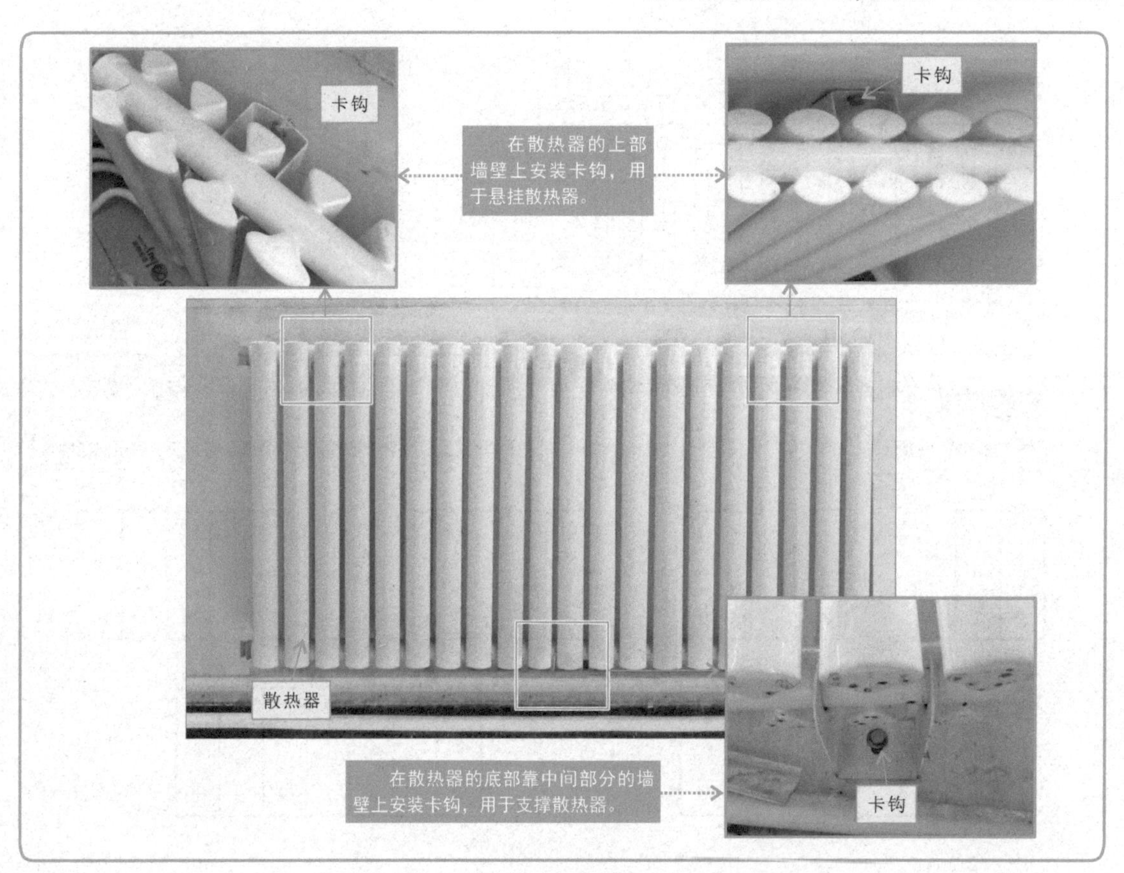

一般情况下，散热器的安装在墙面抹灰之后进行，且安装操作比较简单。首先根据前期的规划设计图纸，确认了散热器的安装位置后，接下来需用在墙面上安装散热器固定挂钩（一般可安装3个，呈三角形），最后将散热器悬挂固定在挂钩上即可。

【散热器的安装固定】

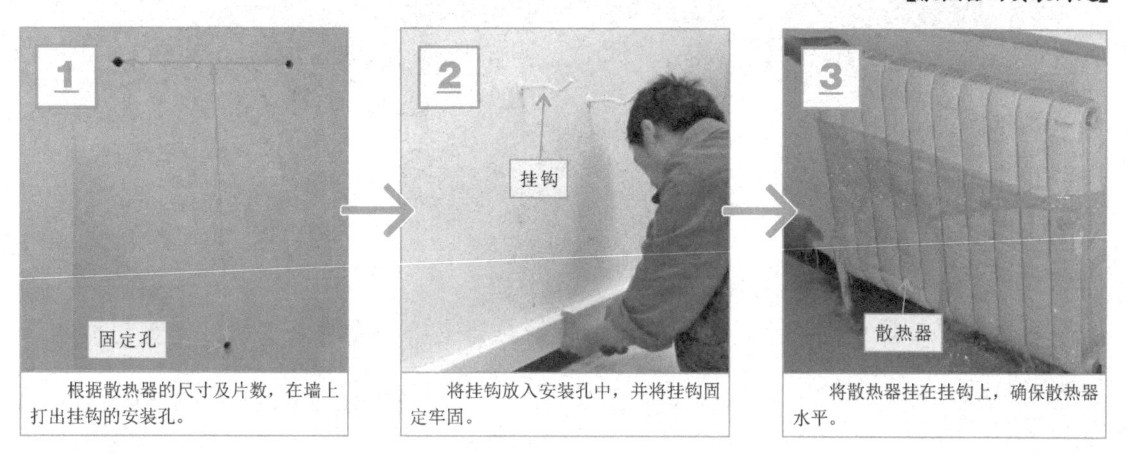

根据散热器的尺寸及片数，在墙上打出挂钩的安装孔。

将挂钩放入安装孔中，并将挂钩固定牢固。

将散热器挂在挂钩上，确保散热器水平。

特别提醒

打孔时需用先在墙上画好线，确定好安装孔的位置后再进行打孔操作。

4.3.3 散热器支管的敷设与连接

散热器支管的敷设与连接操作一般在散热器安装固定完成后进行，根据设计规划方案，支管采用明敷方式。

敷设前，首先检查散热器的安装位置以及立管预留分支口是否符合设计要求，然后测量出立管预留分支口到散热器管口的长度，测量时需要注意支管过墙角的弯曲度和弯头的连接情况，接着根据测量尺寸切割支管，沿室内踢脚板或上部墙壁进行敷设，并用支架进行支撑和固定。

【室内采暖管道系统中散热器支管的敷设】

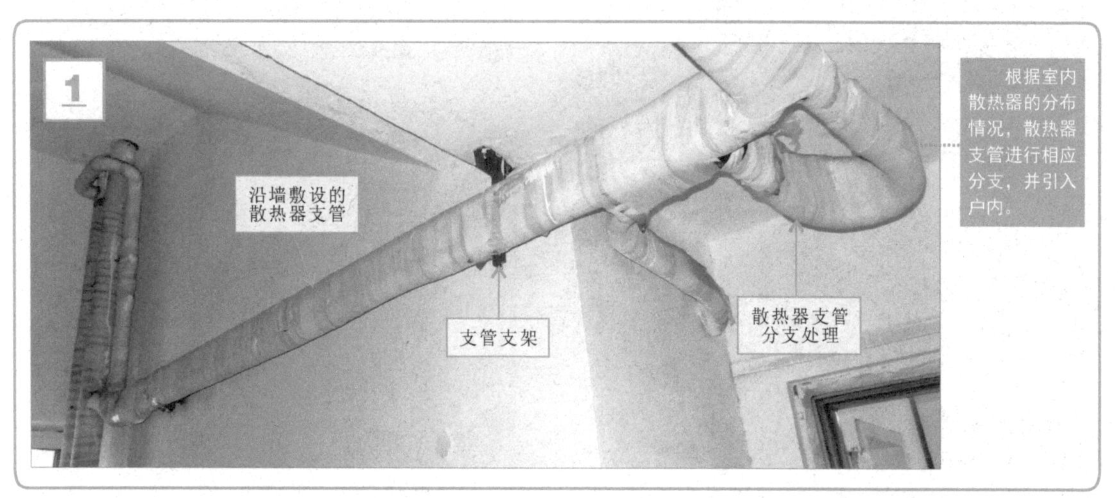

根据室内散热器的分布情况，散热器支管进行相应分支，并引入户内。

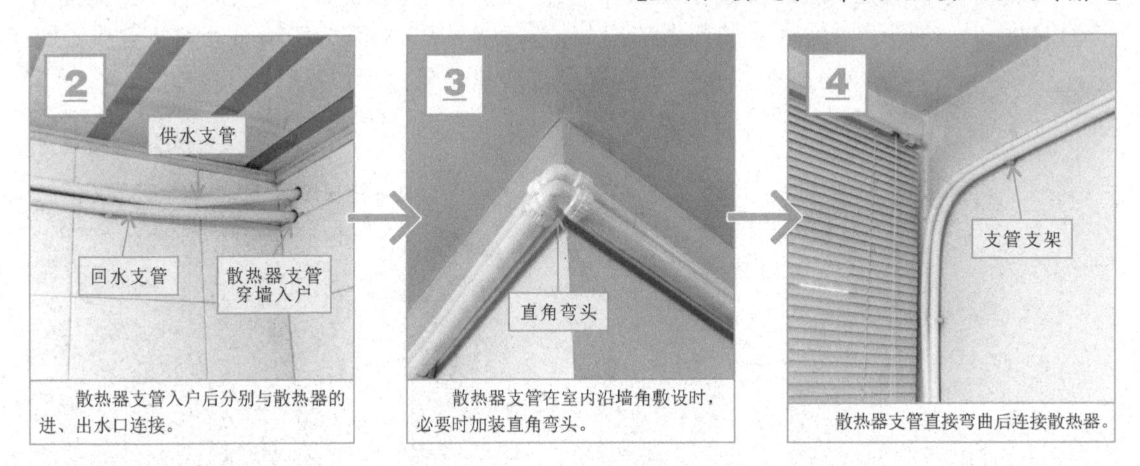

散热器支管入户后分别与散热器的进、出水口连接。

散热器支管在室内沿墙角敷设时，必要时加装直角弯头。

散热器支管直接弯曲后连接散热器。

散热器支管敷设到位后，接下来便可将散热器支管与立管分支口、支管与散热器进、出水口进行连接。

【散热器支管与立管分支口的连接方法】

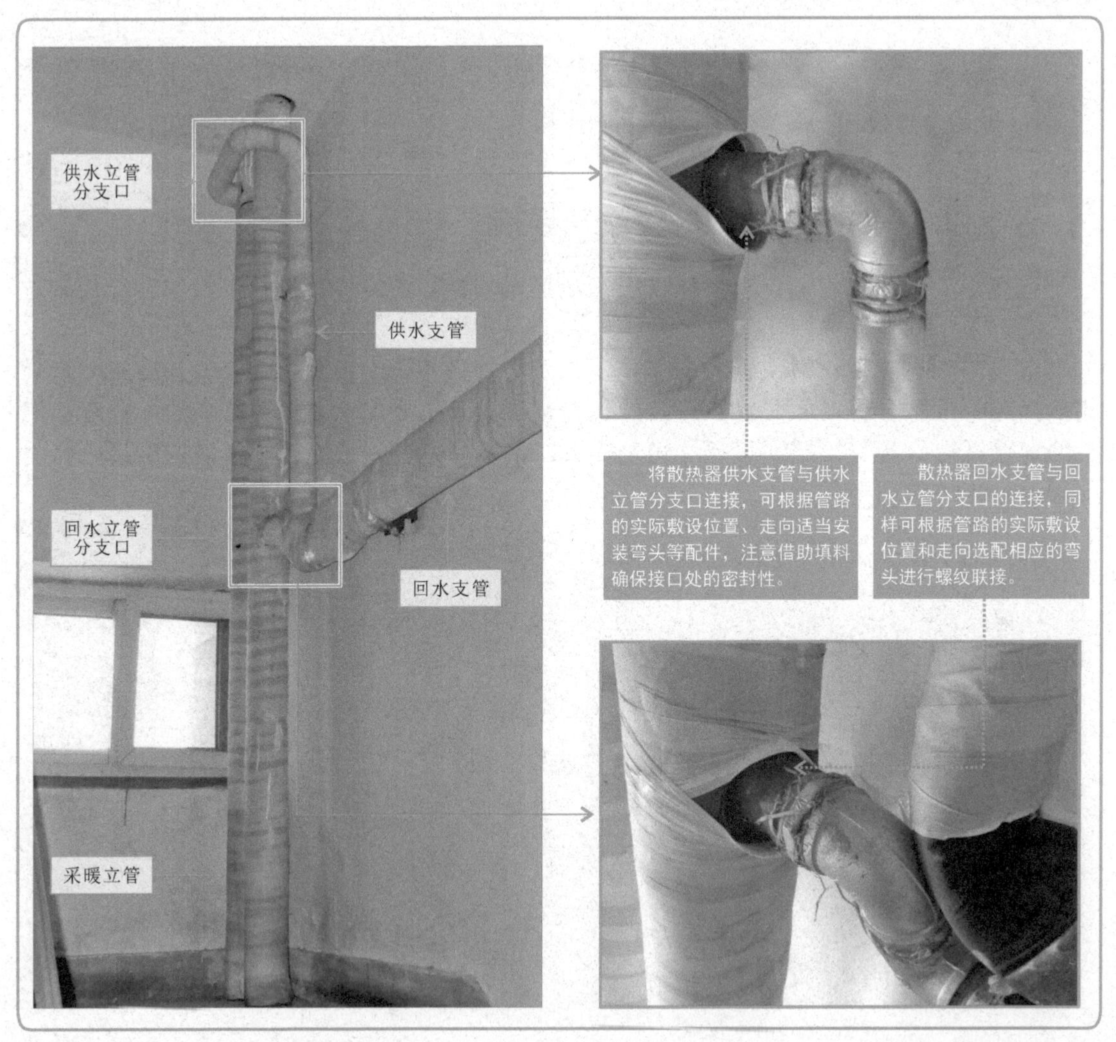

将散热器供水支管与供水立管分支口连接，可根据管路的实际敷设位置、走向适当安装弯头等配件，注意借助填料确保接口处的密封性。

散热器回水支管与回水立管分支口的连接，同样可根据管路的实际敷设位置和走向选配相应的弯头进行螺纹联接。

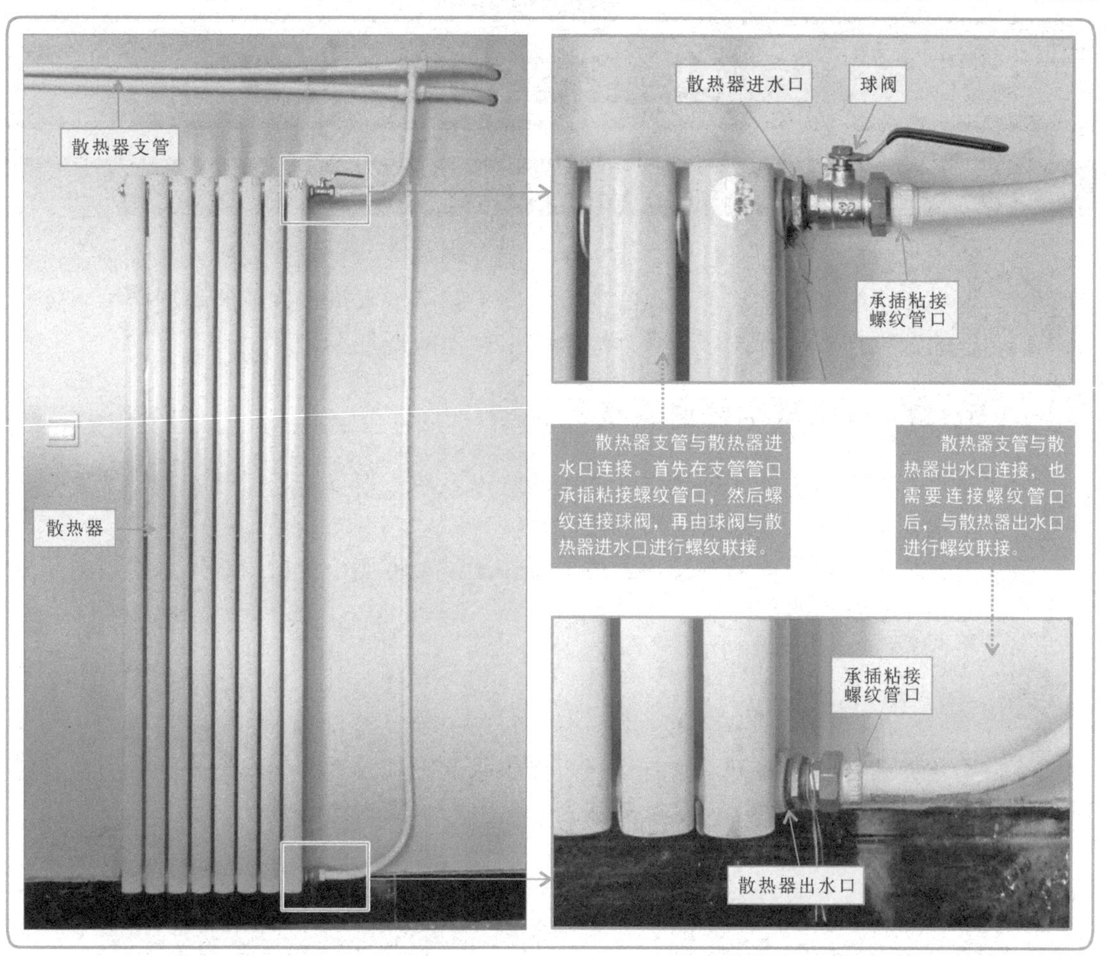

特别提醒

在散热器支管与散热器进行连接时，若散热器支管管径与散热器进、出水口直径不匹配，需要进行变径操作，一般可采用变径管箍或变径三通等进行变径后再进行连接。

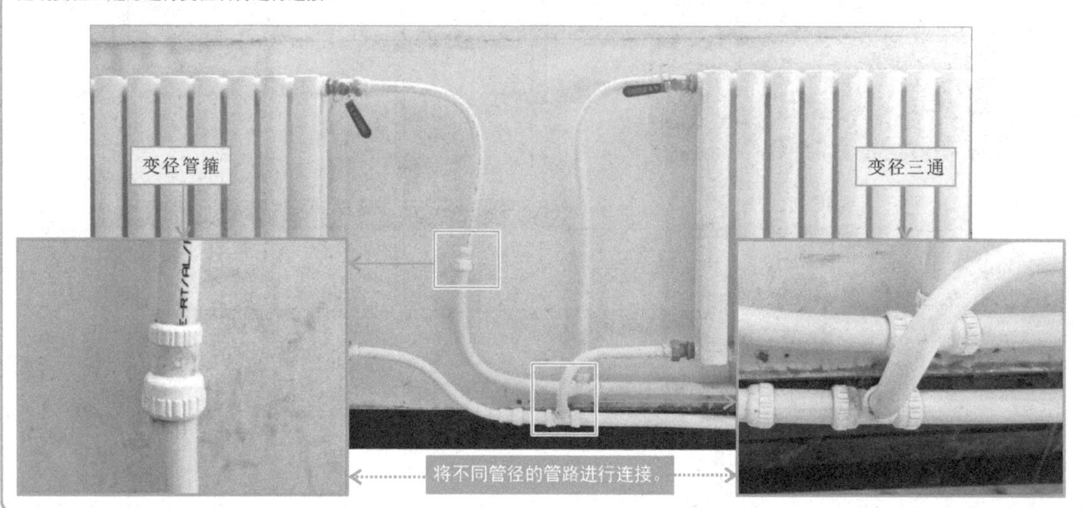

第5章

给水排水系统的安装技能

5.1 室内给水排水管道的敷设

室内给水排水管道的敷设技能是水电工必须掌握的一项技能，对给水排水管道进行敷设时，首先要了解给水排水管道系统的类型，了解了给水排水管道的类型后再了解给水排水管道的敷设与安装方式，最后是给水排水管道的规划设计。

5.1.1 给水排水管道系统的类型

给水排水管道系统是指实现供水和排水的管道系统。根据所处位置不同，主要分为室外给水排水管道系统和室内给水排水管道系统。

接下来我们主要以室内给水排水管道系统作为学习重点，室内给水排水管道系统分为给水管道和排水管道两部分。

1. 直接给水方式

直接给水方式是指由室外水系统进行直接供水的方式。这种供水方式比较简单、经济，适用于室外水系统的水压、水量能够满足室内用水需求的场所。

【直接给水方式结构示意图】

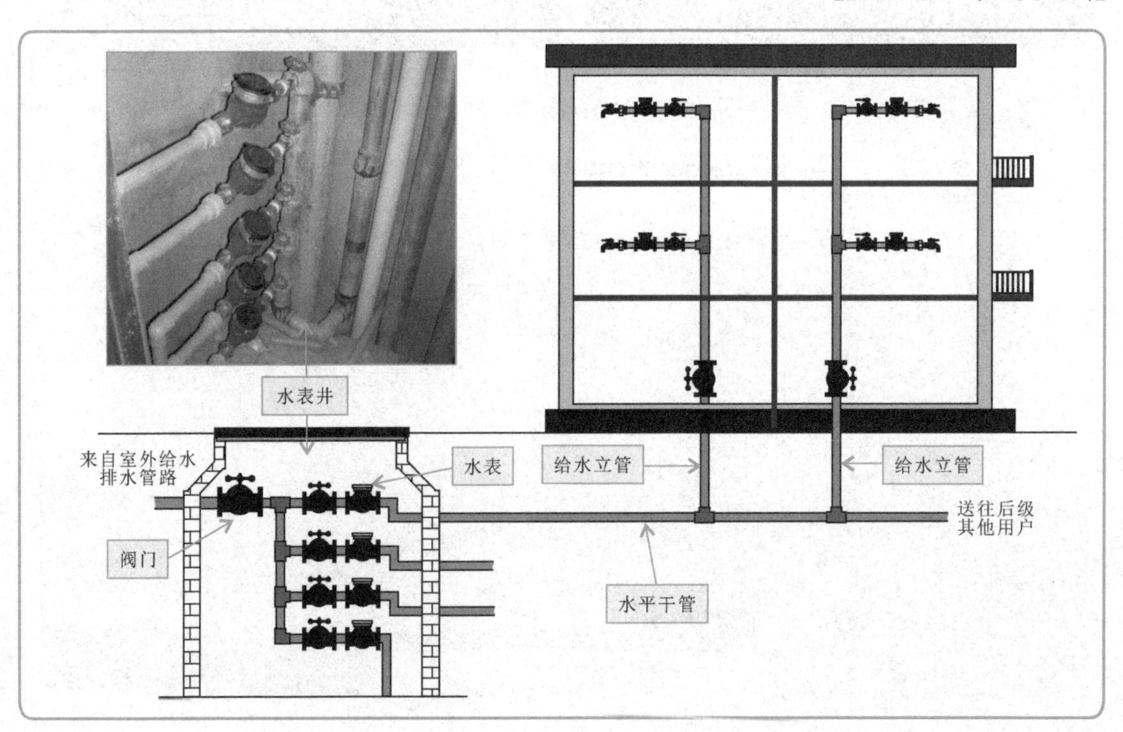

2. 设有水箱的给水方式

设有水箱的给水方式是指在系统高位点设有水箱。这种给水方式具有供水可靠、结构简单等特点，适用于供水水压、水量周期性不足的场所，如集中用水高峰时段内，直接供水的水量、水压无法满足室内用水需求时，通过水箱供水。

【设有水箱的给水方式结构示意图】

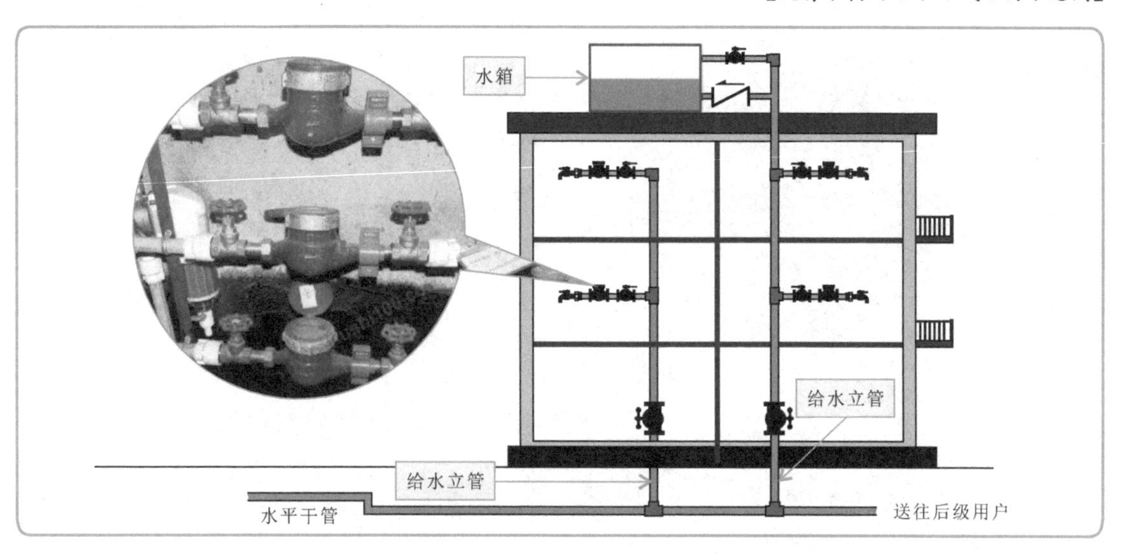

3. 设有水泵的给水方式

设有水泵的给水方式是指在给水系统中设有水泵装置，一般适用于室外给水系统压力不足时，需设置水泵局部增加压力的场合。

【设有水泵的给水方式结构示意图】

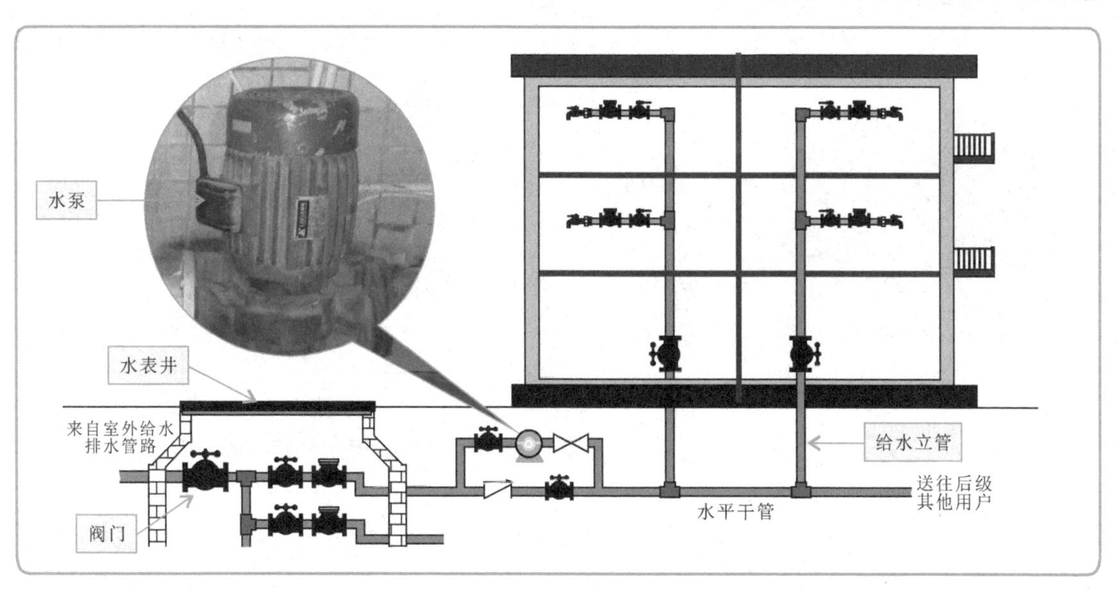

4. 设有蓄水池、水泵和水箱的给水方式

设有蓄水池、水泵和水箱的给水方式是指给水系统中由蓄水池、水泵和水箱配合工作实现给水的方式。适用于室外给水系统水压经常低于建筑物室内水压需求的场合。

【设有蓄水池、水泵和水箱的给水方式结构示意图】

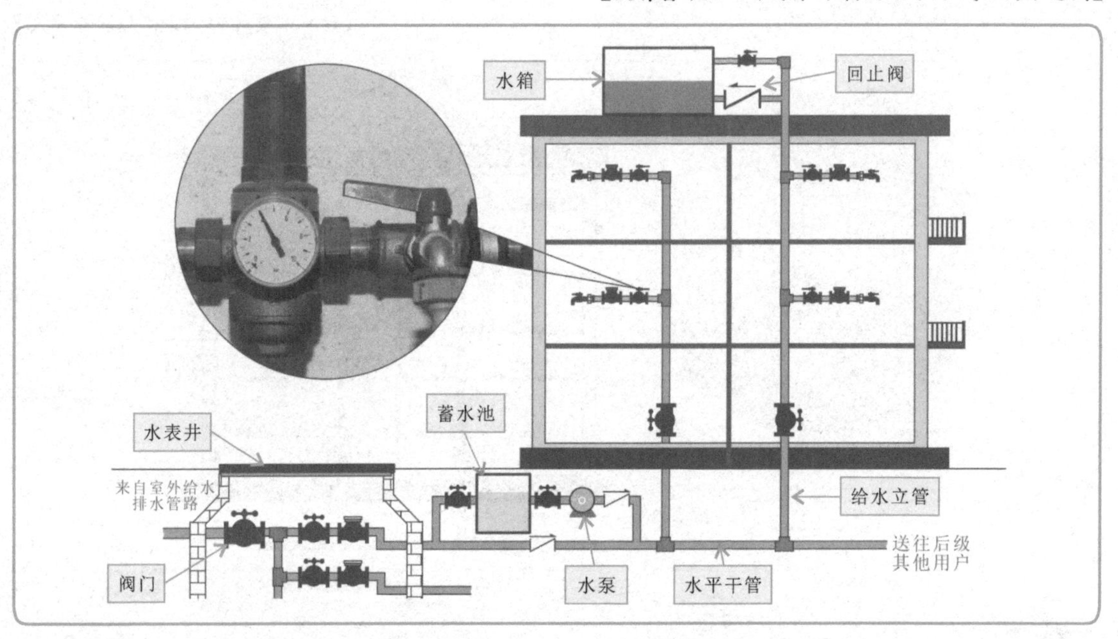

5. 气压给水方式

气压给水方式是指在给水管道系统中设置气压水罐进行供水的方式，一般适用于室外给水系统压力不足、室内用水不均匀或不易设置水箱的场合。

【气压给水方式结构示意图】

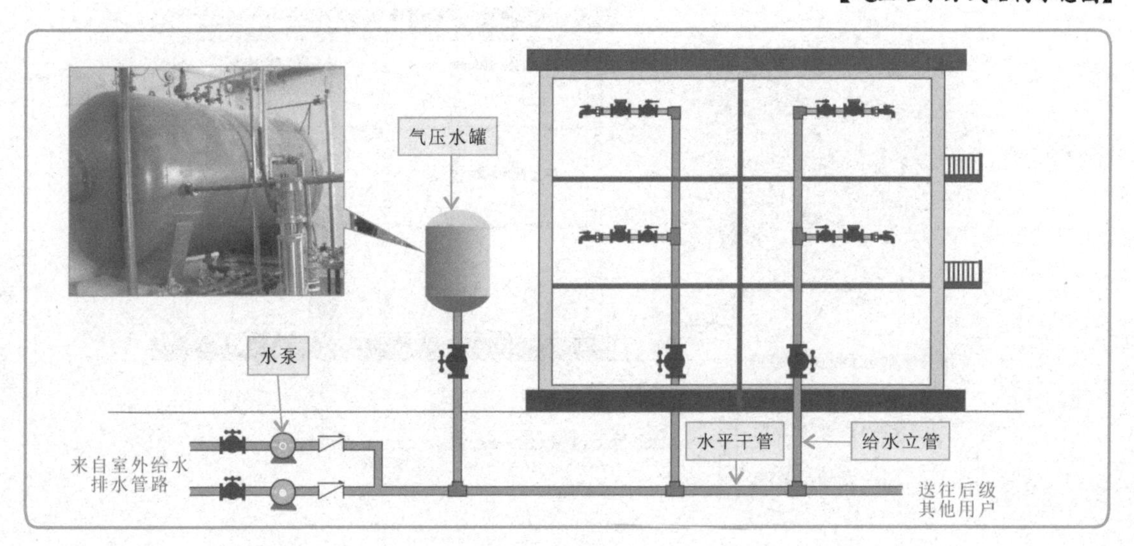

特别提醒

在一些高层住宅建筑物中，一般室外给水管道系统水压只能满足较低几层用水，而高层部分水压会出现严重不足，这种情况下，可采用两种给水方式结合的方式，即低区几层采用直接给水方式，高层区采用加压水泵或蓄水池、水泵、水箱结合的方式进行供水。

5.1.2 给水排水管道系统的结构

1. 室内给水管道

室内给水管道一般由引入管、干管、立管、支管、配水设备（水龙头等）、控制部件（截止阀、止回阀等）、水表等部分构成。

【室内给水管道的结构组成示意图】

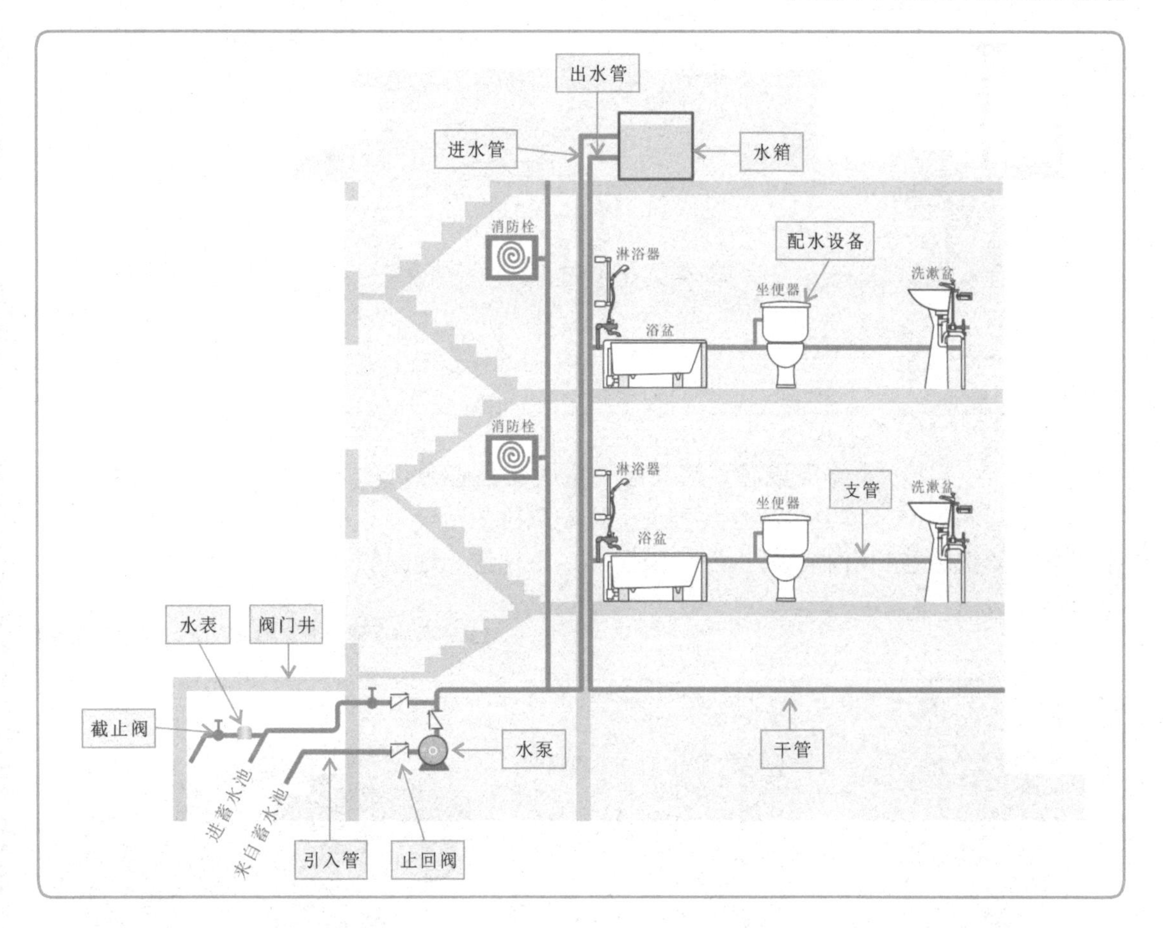

2. 室内排水管道

室内排水管道用于将生活或生产中产生的污（废）水排出到室外排水系统中。通常情况下，室内排水管道系统主要由污（废）水收集设备、排水管道、通气管道、清通设备、污水局部处理设备等部分构成。

【室内排水管道的结构组成示意图】

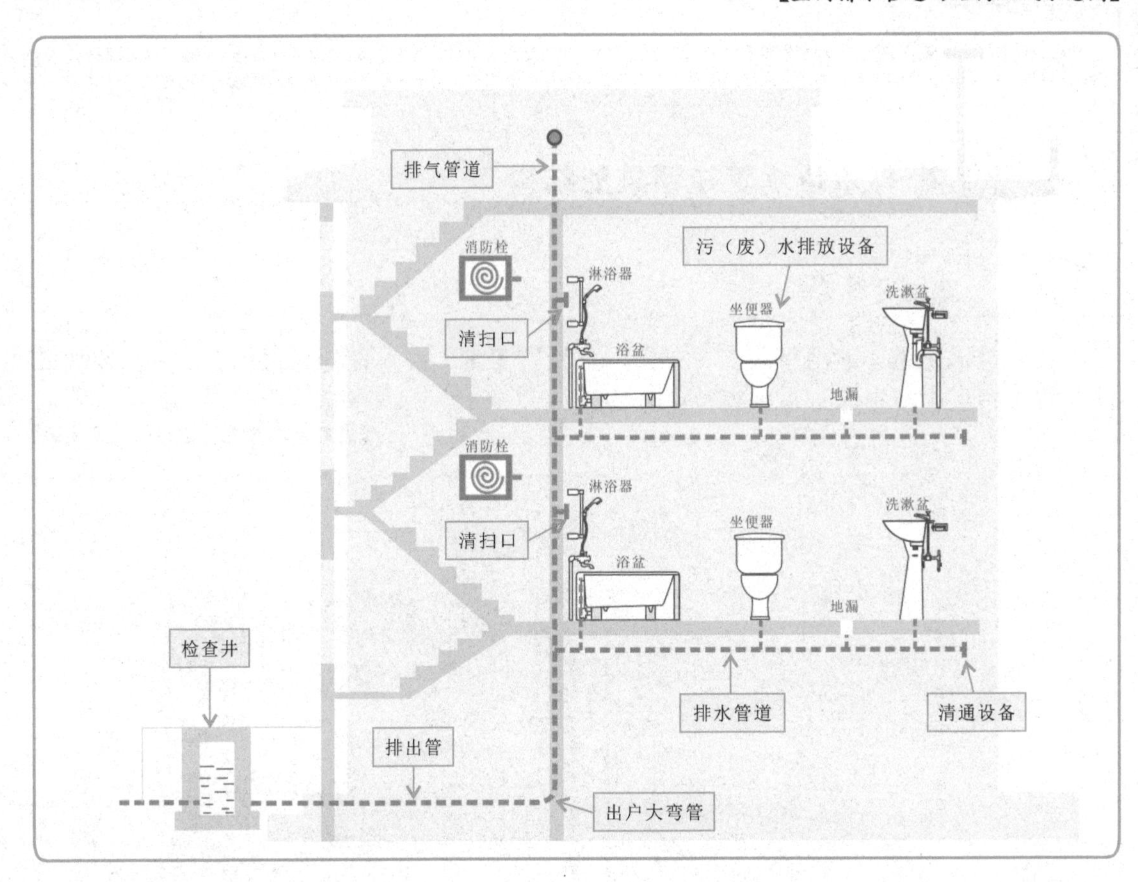

（1）污（废）水排放设备。污（废）水收集设备也可称为配水设备，是指用来满足日常生活和生产过程中各种卫生要求、收集和排放污（废）水的设备，主要指各种卫浴器具，如洗脸盆、浴盆、污水池、坐便器、小便器、地漏等。

【室内排水管道中常见的污（废）水排放设备】

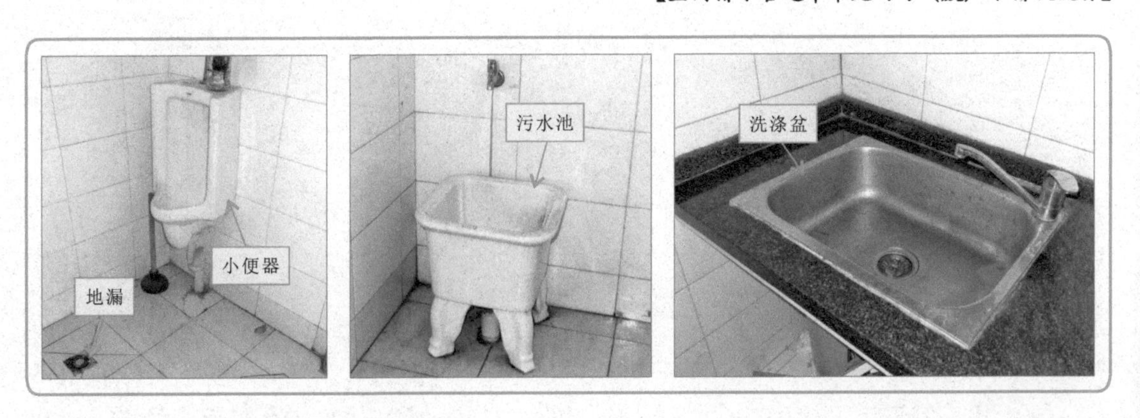

（2）排水管道。排水管道是指污（废）水的输送和排出管道，主要包括器具排水管、横管、立管、排出管等部分。

（3）通气管道。通气管道用于将排水管道中污（废）水等可能产生的臭气或有害气体排出系统，同时还能够向排水立管中补充空气，减少污水及废气对管道的腐蚀，稳定管道内气压。另外，还可有效避免压力波动对卫生器具水封造成破坏。

通气管道有多种类型，包括排水立管延伸部分的伸顶通气管（多层建筑物）、独立通气立管等。

（4）清通设备。清通设备用于清理、疏通排水管道，确保管道内部畅通。常见的清通设备主要包括清扫口、检查口和检查井等。

【室内排水管道中的清通设备】

（5）污水局部处理设备。污水局部处理设备主要用于处理不允许直接排入市政排水系统的污（废）水，主要包括隔油井、化粪池、降温池、沉淀池等。

5.1.3 给水排水管道系统的设计规划

在进行室内给水排水管道的规划和设计时，首先需要明确设计方案中所需的管材、配件，其次就是要根据建筑物特点对给水排水管道的敷设方式进行规划和设计，为实际施工敷设、安装制定出给水排水管道的规划方案。

1. 室内给水管道管材的应用与连接方式

室内给水管道根据管材不同，常用的连接方式主要有螺纹联接、承插口连接、法兰连接、粘接、热熔连接等。

【常用室内给水管道管材的应用及连接方式】

管材类型		连接方式	应　用
镀锌钢管		螺纹联接	管径小于或等于150 mm的生活给水管及热水管
铜管		螺纹联接、法兰连接、焊接	热水管道
铸铁管		承插口联接、法兰连接	大管径的铸铁管多用在埋地的给水主干管
塑料管	三型聚丙烯（PP-R）管	热熔连接、螺纹联接、法兰连接	水压2.0 MPa、水温95℃以下的生活给水管、热水管、纯净饮用水管
	硬聚氯乙烯（PVC-U）管	粘接、橡胶圈连接	室内外给排水管，水压1.6 MPa、水温45℃以下，一般用于饮用水输送
	聚乙烯（PE）管	卡套（环）连接、压力连接、热熔连接	水压1.0 MPa、水温45℃以下的埋地给水管
复合管	铝塑复合（PAP）管	专用管件螺纹联接、压力连接	管径较小的生活给水管、热水管、煤气管
	钢塑复合（SP）管	螺纹联接、卡箍连接、法兰连接	管径较小的生活给水管、热水管

室内给水管道中常用配件包括水龙头、水表、截止阀、闸阀、升降式止回阀、旋启式止回阀、浮球阀等，根据实际需求安装于室内给水管道系统中。

2. 室内排水管道管材的应用与连接方式

室内排水管道一般采用铸铁排水管或硬聚氯乙烯（PVC-U）塑料排水管，不同类型管材的连接方式不同，通常铸铁排水管采用承插口连接；硬聚氯乙烯（PVC-U）塑料排水管多采用粘接法连接。

【常用室内排水管道管材的应用及连接方式】

管材类型	连接方式	应　用	特　点
铸铁管	承插口连接、法兰连接	生活污水、雨水、工业废水排水管	造价低、耐蚀性强、质脆，可承受高压差
硬聚氯乙烯（PVC-U）塑料管	粘接、橡胶圈连接	室内外排水管，酸碱性生产污（废）水管	耐腐蚀、安装方便、质轻、价廉，但耐热性较差、强度较低

室内排水管道中常用配件包括卫生器具、存水弯、清通设备等，根据实际需求安装于室内排水管道系统中。

特别提醒

目前，在新建、改建室内给水管道、热水管道和采暖管道中优先选用铝塑复合管等新型管材，淘汰镀锌钢管；新建或改建建筑物的排水管道系统中多采用硬聚氯乙烯（PVC-U）塑料排水管。

3. 给水排水管道的规划方案

在基本了解了室内给水排水管道的类型、敷设及安装的方式和顺序、管材配件的类型以及进行规划设计的原则后，下面我们以一个典型民用住宅楼为例，对其进行给水排水规划设计，确定其给水排水管道系统结构。

给水排水管道系统的相关因素要考虑全面。给水排水管道系统的规划设计要根据具体建筑物内的情况，对各用水设备、楼层用水实际情况、水压、水量、配水设备的安装位置以及数量等进行规划，规划时要充分从实用的角度出发，尽可能地做到科学、合理、安全以及全面。

【典型民用住宅楼给水排水系统结构示意图】

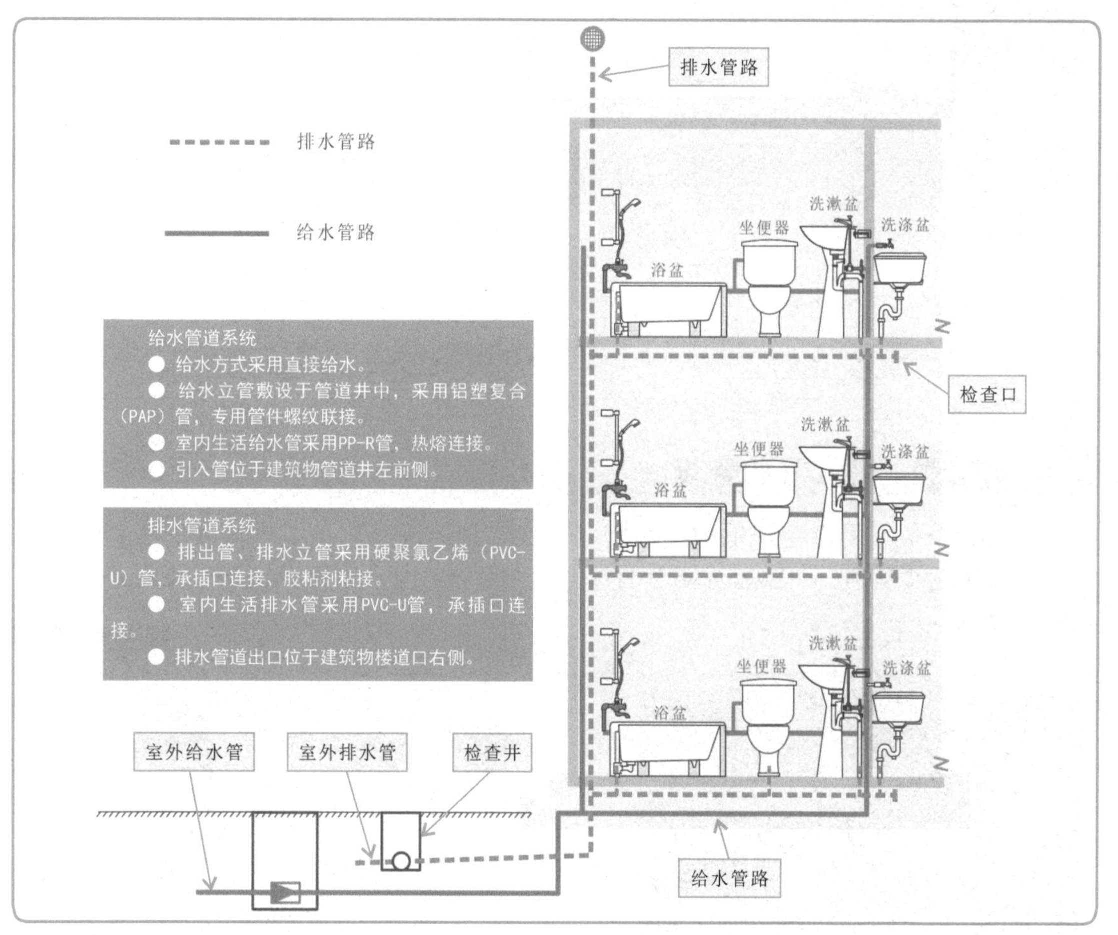

给水排水管道的布局要注重科学。在进行给水排水管道的布局时，要首先考虑其科学性，遵循一定的科学规划原则，采用适当的管道布置形式，使给水排水管道更加合理、高效。

5.2 室内给水管道的安装技能

进行室内给水管道的敷设时，应按照设计方案中的施工图样、设计要求，将给水管道系统中的引入管、水表、控制部件、干管、立管和支管等，敷设到建筑物相应的位置。

【典型民用住宅楼给水管道的敷设示意图】

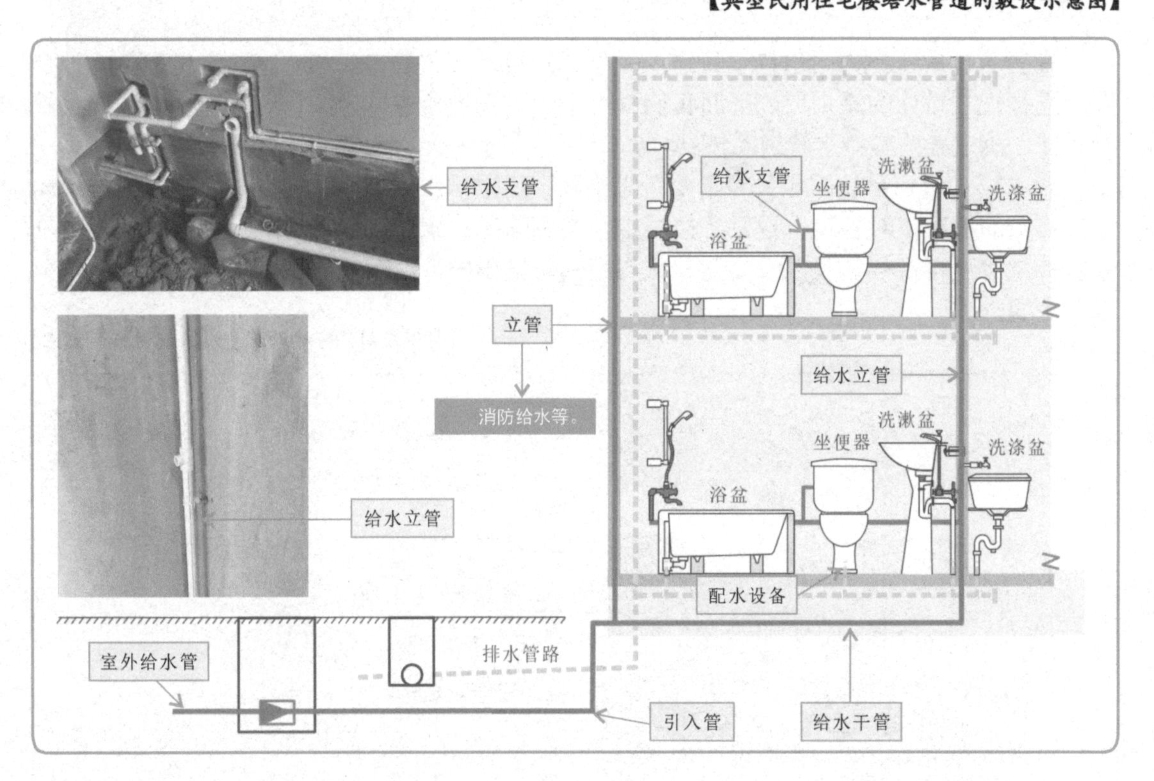

5.2.1 引入管的敷设

引入管一般采用直接埋地敷设，即埋深在当地冰冻线以下。当需要引入建筑物内时，需要穿越墙基础，一般通过墙上的预留孔洞穿过，管顶上部预留净空不得小于建筑物的沉降量。

【引入管的敷设】

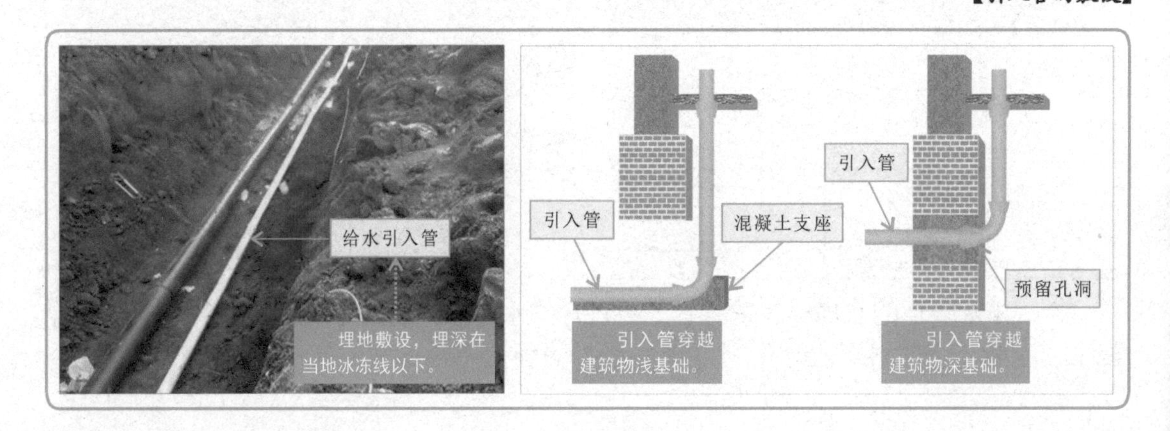

5.2.2 给水干管的敷设

引入管敷设完成后，根据设计图样确定给水干管的敷设位置、坡度（一般不宜小于0.3%）、管径等，按要求先预埋好给水干管的支架再进行敷设和固定。

【给水干管的敷设】

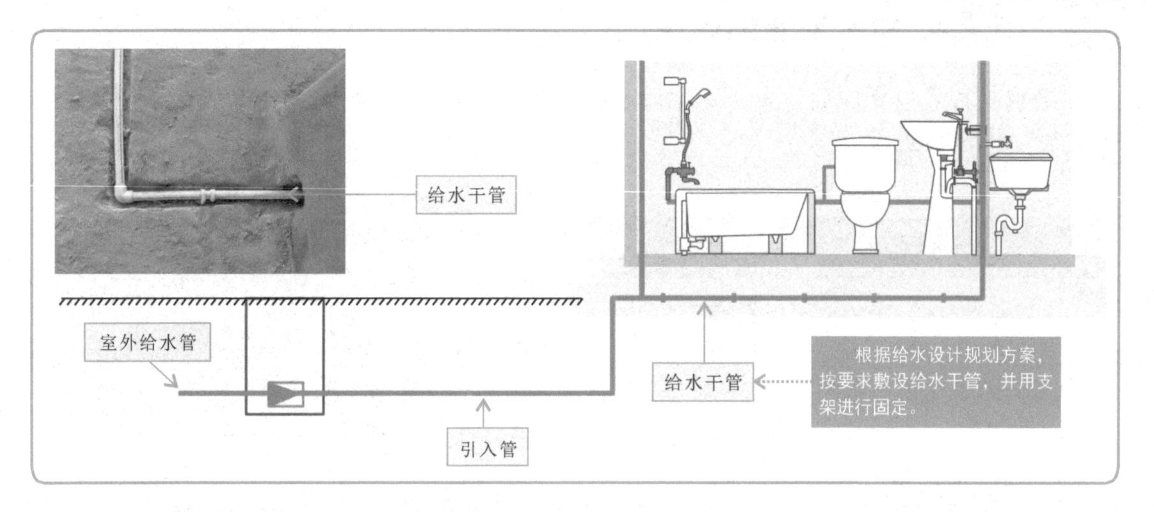

5.2.3 给水立管的敷设

给水干管敷设完成后，即可敷设给水立管。首先可用线垂吊挂在立管的位置上，在墙面上弹出立管敷设的垂直中心线，这个垂直中心线就是立管的敷设线路。

在给水立管敷设前，先根据垂直中心线位置预先埋好立管卡，然后根据设计图样上所确定的给水立管长度，进行给水立管的预组装，确定给水立管管段符合实际敷设需求后，将给水立管分段敷设到位，并用管卡卡紧固定。

【给水立管的敷设】

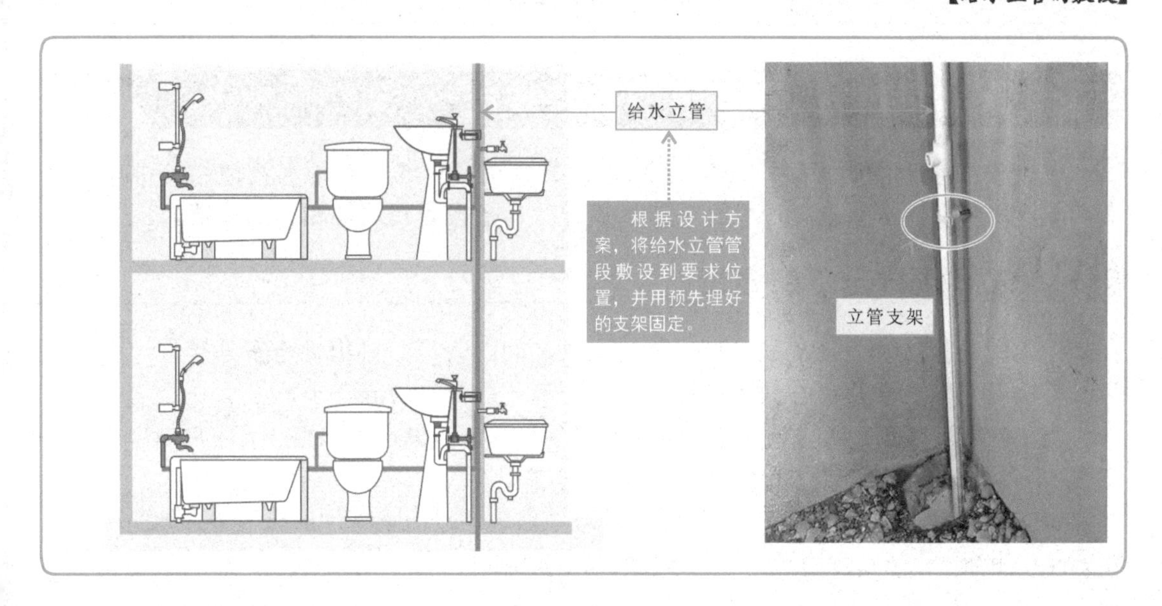

特别提醒

给水立管敷设应配合土建施工，按照施工方案设计要求，在建筑物中逐层预留立管穿墙孔洞或埋设套管。敷设过程中，不可在钢筋混凝土楼板上凿洞。

当给水立管穿越楼板预留孔洞时，需要设置金属或塑料套管。套管底部与楼板底面齐平，套管顶部应高出装饰地面20mm；敷设在厨房及卫生间内的套管，需要高出装饰地面50mm。套管内部不允许设置管道接口。

5.2.4 给水支管的敷设

给水立管敷设完成后，接下来敷设给水支管。给水支管需要在所接卫浴器具预先定位之后，再进行敷设。

【给水支管的敷设操作】

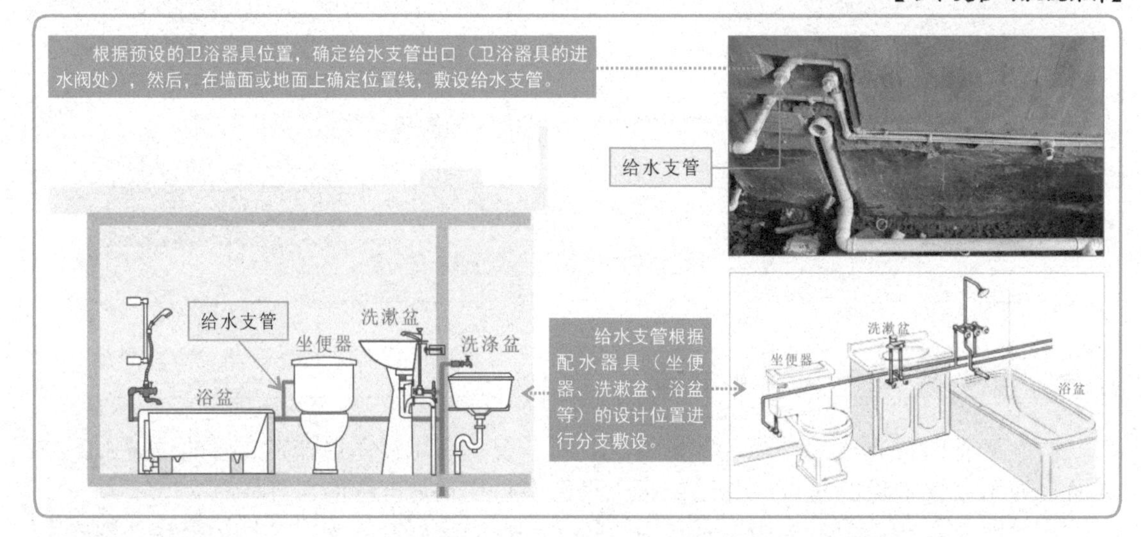

特别提醒

给水支管一般应设置≥0.2%的坡度坡向立管，以便维修时放水。另外，若室内给水管与排水管平行敷设时，两管间的最小水平净间距为500mm；交叉敷设时，垂直净间距为150mm。另外，给水管应敷设在排水管上方。

5.3 室内排水管道的安装技能

进行排水管道的敷设，即按照设计方案中的施工图纸，将排水管道系统中排水管道，即排出管、排水立管、通气管、排水横管等，敷设到建筑物相应的位置。

5.3.1 排出管的敷设

排出管是指从室内排水立管到室外排水管之间的管道，排出管与室外排水管连接处应设置检查井，检查井中心到建筑物外墙的距离一般为3～7m。

为了确保污（废）水排放通畅，要求敷设的排出管距离尽可能短，且不要出现转弯、变坡等，否则需要在管道中间设置清扫口或检查口。

室内排水管道系统的排出管一般采用地埋法敷设，排出管管顶部分与室外地面距离≥700mm，生活污水排水管的管底可在冰冻线以上150mm。

排出管与室内排水立管连接需要穿越墙、基础等，因此需要配合土建施工，预留孔洞，排出管穿越孔洞时，管顶部净空应不小于建筑物的沉降量（一般不小于15 mm）。

【排出管的敷设】

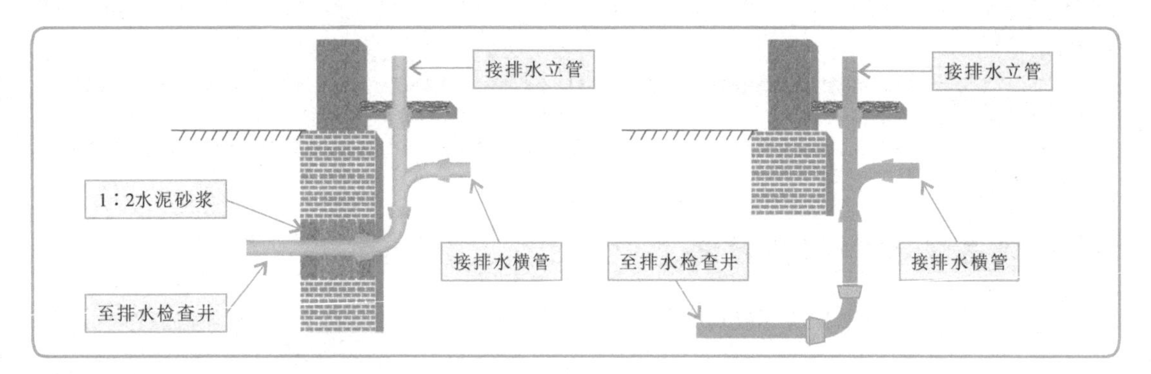

5.3.2 排水立管的敷设

排水立管是排水管道系统中用来排泄所连接水平排水横管中污（废）水的管道。通常，排水立管敷设在靠近大排水量设备（如卫浴器具）的外墙墙角中。管子与墙壁之间保留至少20 mm净空，并根据每层横管（连接卫浴器具）的位置、长度、坡度来决定排水立管分支口的高度（三通口或四通口）；且在每两层、最底层和最高层都需要设置检查口。

【排水立管的敷设】

提前在排水立管敷设线路中预埋好排水立管支架，用于对立管进行固定。

排水立管支架

排水立管上的分支三通口（接排水横管）

在敷设排水立管过程中，根据规划方案，设置立管的分支三通口或四通口，用于连接排水横管。

排水立管上的分支四通口（接排水横管）

洗漱盆 坐便器 洗涤盆 浴盆

敷设排水立管时，应从下向上敷设，一般至少需要两人上下配合，一人在上层楼板向上拉管子，另一人在下向上托，使管子对准预留孔洞（或下层已敷设好的立管管口），并穿越下层楼板。下层的人把立管分支口的方向进行调整，使其符合排水横管连接需求，然后吊直，并将立管固定在支架中，最后由上层的人将立管进行临时固定，堵好立管洞口。

特别提醒

在敷设排水立管时，需要将立管固定在预埋好的支架内。通常，立管支架应埋设在承重墙上，支架间距不大于3m。立管底部弯管处需要设置支墩进行支撑。

5.3.3 通气管的敷设

通气管应高出屋顶至少300mm，且应大于最大积雪厚度，在通气管口设置网罩或风帽，防止杂物落入。

【通气管的敷设】

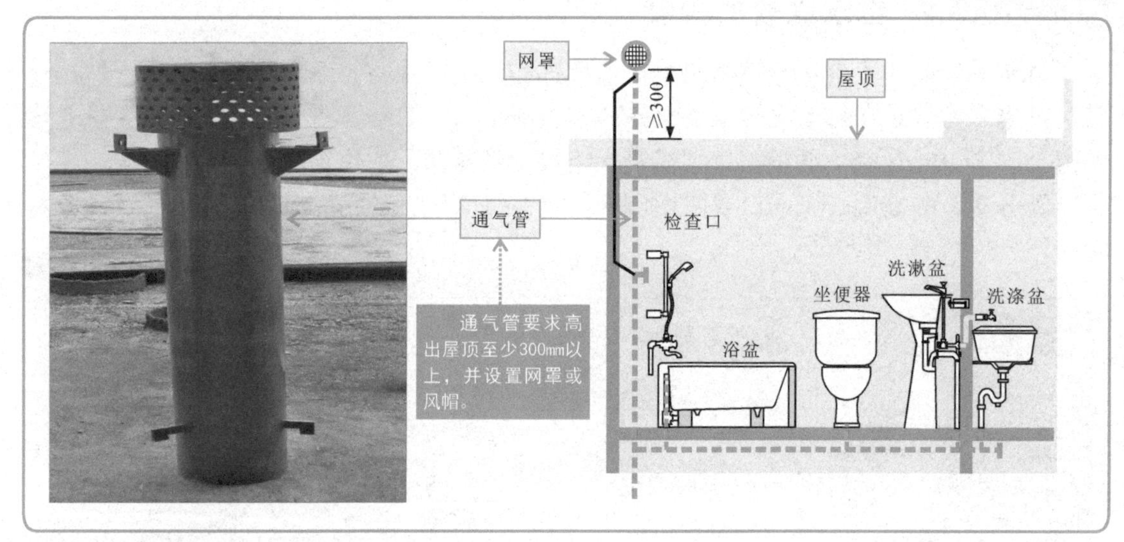

特别提醒

一般来说，通气管高出屋顶不可小于300mm。若建筑物属于可能会经常有人停留的平屋顶，则通气管应高出屋顶2.0m，并设置防雷装置；若通气管出口在4m以内有门、窗，应把通气管引向无门、窗一侧，或高出门窗最高处0.6m。

5.3.4 排水横管的敷设

在排水管道系统中，横管也多称为横支管，其作用是将卫浴器具排水管排除的污（废）水送至排水立管中。

敷设横管时，需要预先搭好支架或吊卡，然后将预制好的横管托到支架上，再将横管的一侧管口与立管的分支口（三通口或四通口）连接，且有一定坡度，坡向立管，有利于排水；横管的另一侧管口为与卫浴器具连接的预留口，在安装卫浴器具前，需要临时堵好预留口（丝堵），以防杂物落入，堵塞管道；最后，配合土建将楼板孔洞堵严，完成敷设。

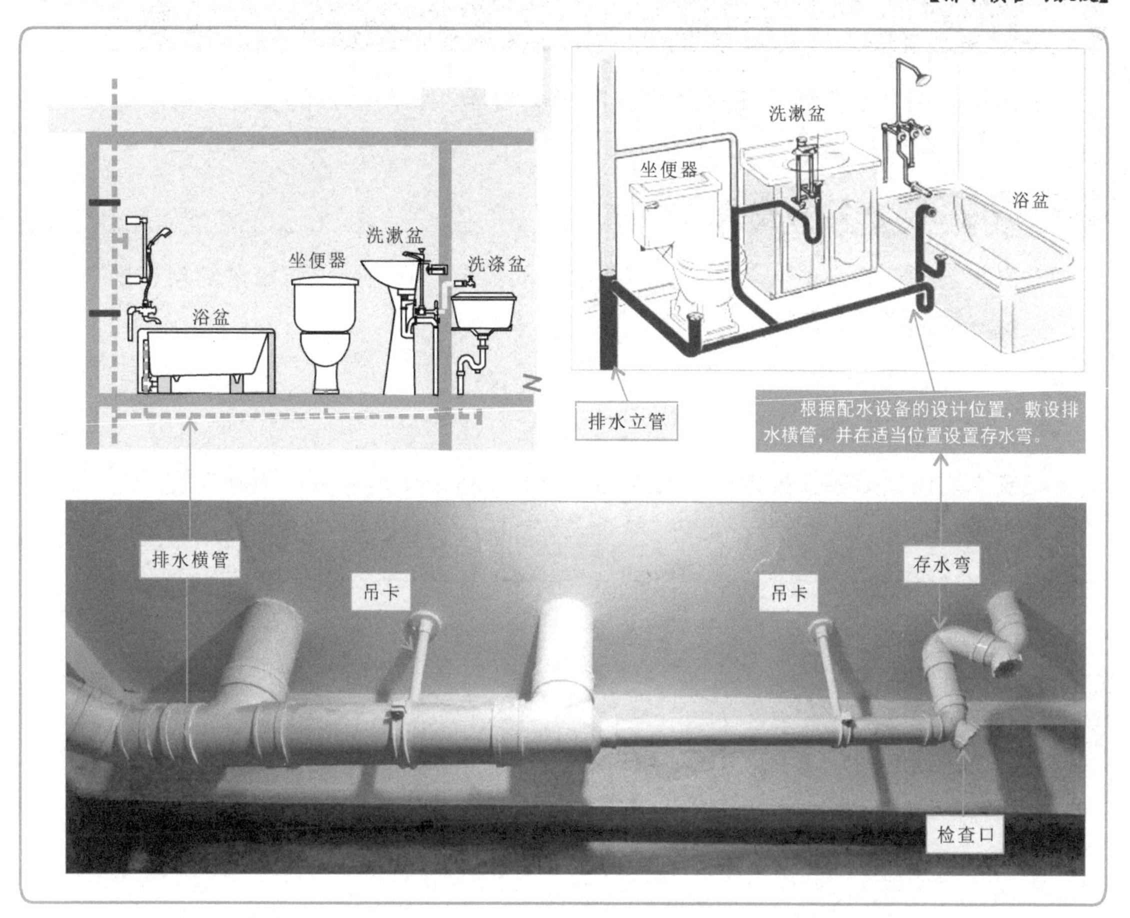

特别提醒

一般情况下，建筑物中最底层的排水横管采用埋地敷设，二层及以上多沿墙壁通过吊卡吊挂在楼板下。敷设横管时要求横管不宜太长，且应尽量减少转弯；一根横管上连接的卫浴器具不宜太多，且在敷设中，应根据预设卫浴器具适当安装存水弯（回水弯）；横管与楼板和墙壁之间应留有一定距离，便于施工和维修。

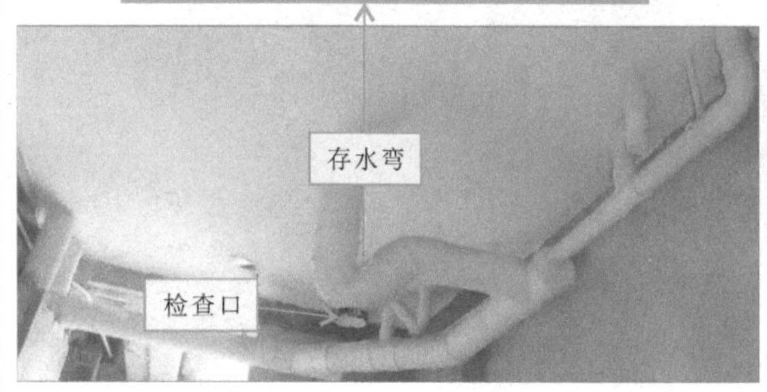

由于排水管道系统属于重力流系统，因此，排水横管在敷设时，应有一定的坡度，不同管材、管径对坡度要求不同，一般硬聚氯乙烯（PVC-U）排水横管的标准坡度为2.6%。

另外，敷设横管时，要求横管不可穿过建筑物沉降缝、烟道、风道以及有特殊要求的生产厂房、食品或贵重商品仓库，也不可敷设在遇水易引起燃烧、爆炸或损坏的原料、产品等的上面。

5.4 卫浴器具的安装技能

卫浴器具的安装是水电工必须掌握的一项技能，卫浴器具的安装包括水盆、坐便器、小便器、浴缸、整体卫浴、热水器等的安装。

5.4.1 水盆的安装

对水盆进行安装之前，首先需要明确水盆的类型，其次是了解水盆的安装规则和尺寸，在此基础上在对水盆进行安装。

1. 挂式水盆的安装

挂式水盆的安装需要根据水盆的大小、安装环境及用户需求，明确安装尺寸。

【挂式水盆的安装尺寸】

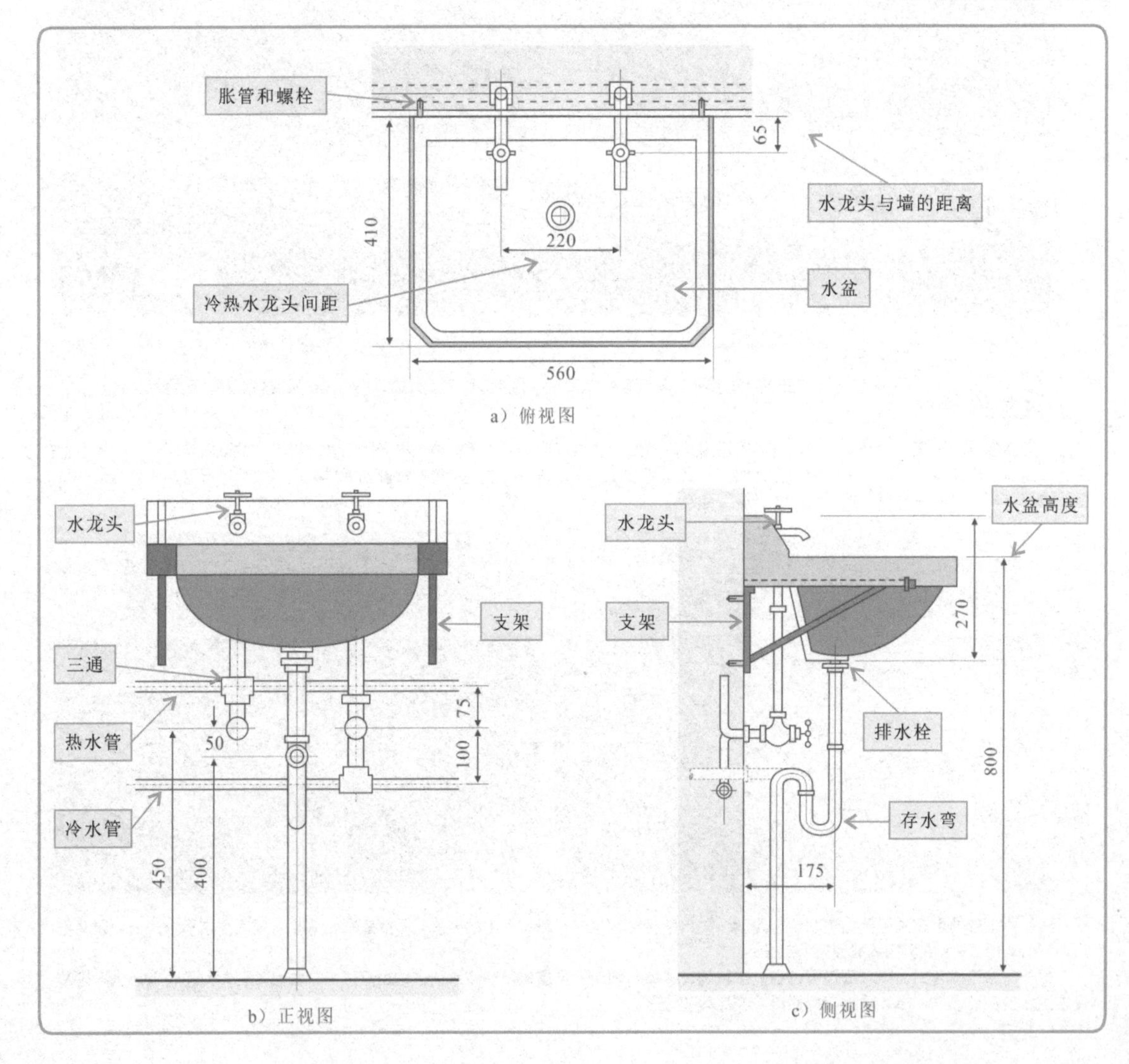

了解挂式水盆的安装规则及尺寸后，接下来可以对实际的水盆进行安装，根据水盆的尺寸规划出安装位置，然后安装固定水盆，最后再连接给水管、排水管、回水弯，安装水龙头、排水栓等。

【挂式水盆的安装操作】

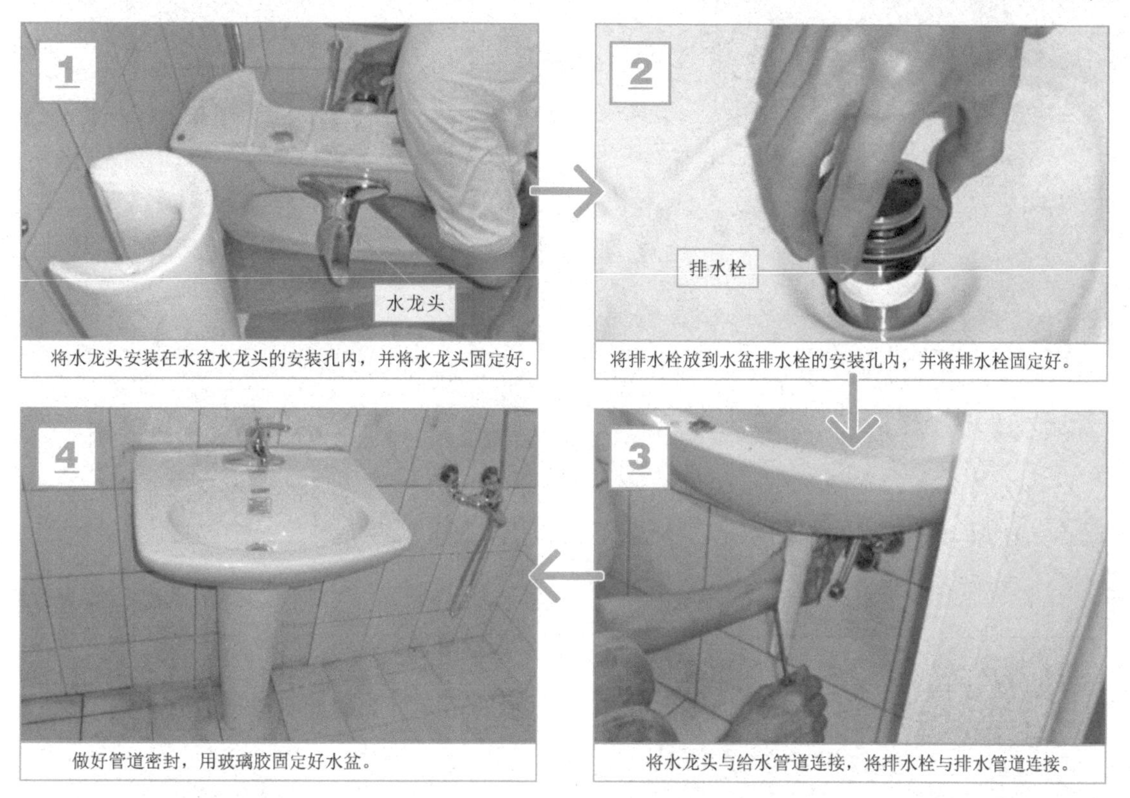

2. 嵌入式水盆的安装

嵌入式水盆的安装需要根据水盆的大小、安装环境及用户需求，明确安装尺寸。

【嵌入式水盆的安装尺寸】

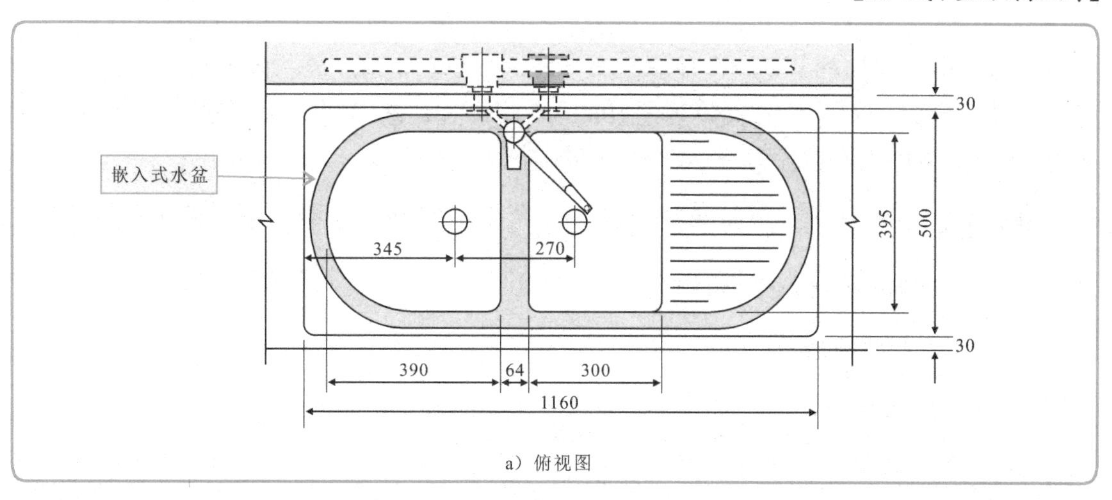

a）俯视图

【嵌入式水盆的安装尺寸】（续）

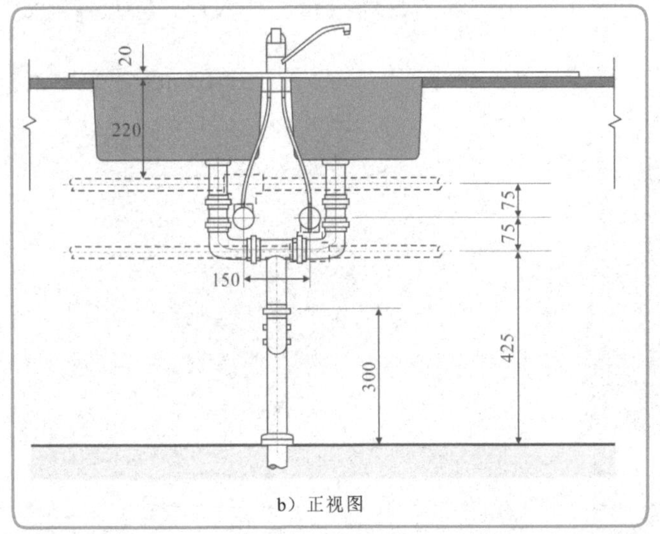

b）正视图

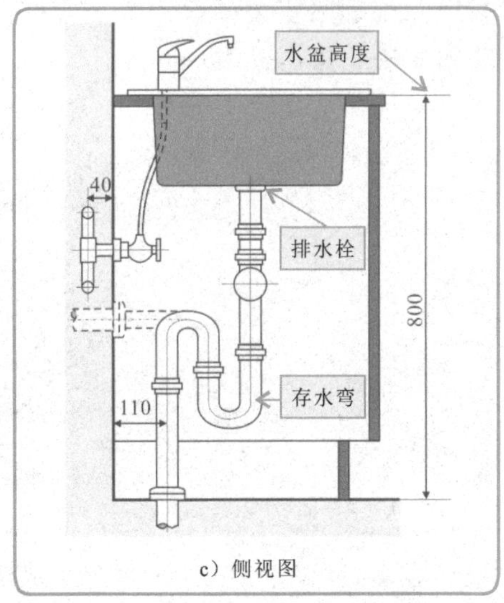

c）侧视图

嵌入式水盆通常固定在橱柜平台预留的孔中，划定好尺寸后，将水盆固定在橱柜横梁上，然后再对排水管、回水弯、水龙头、排水栓、进水管等进行安装连接。

【嵌入式水盆的安装操作】

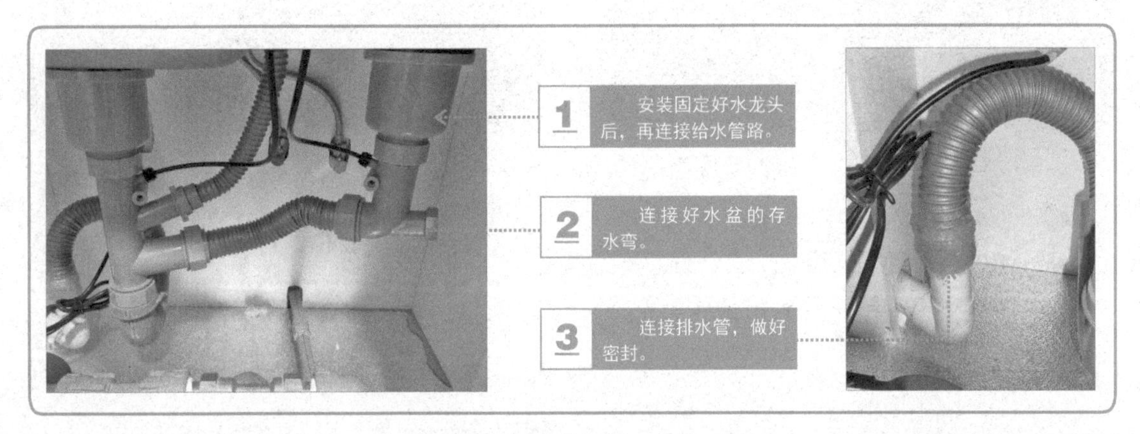

水盆安装验收标准：支架、托架防腐良好，与器具接触紧密，埋设平整牢固，器具放置平稳。器具的水平位置允许偏差10mm，水平度允许偏差2°，垂直高度允许偏差±15mm，垂直度允许偏差3°。

特别提醒

卫浴器具的安装标准：

（1）同一房间同种器具上边缘要保持水平。

（2）器具安装好后应无晃动情况。

（3）安装牢固，无脱落松动情况。

（4）器具安装位置和平面尺寸准确。

（5）器具的给水管、排水管接口连接严密，不渗漏。

（6）操作方便，布局合理，阀门和手柄的位置和拨动朝向合理。

（7）性能良好，出水顺畅，排水管设有存水弯。

5.4.2 坐便器的安装

坐便器的安装需要遵循一定的规则和尺寸。不同坐便器的安装高度、排水管管径、管道最小斜度等都有明确的规定。

【坐便器的安装规则】

卫浴器具	安装高度/mm	排水管管径/mm	管道最小坡度（%）	给水配件高度/mm
外露排出管式坐便器	510	100	1.2	250
虹吸喷射式坐便器	470	100	1.2	250

根据坐便器的安装规则及尺寸规划实际安装位置，再按步骤逐一对坐便器配件及管道进行安装、连接，最终完成坐便器的安装。

【坐便器的安装尺寸】

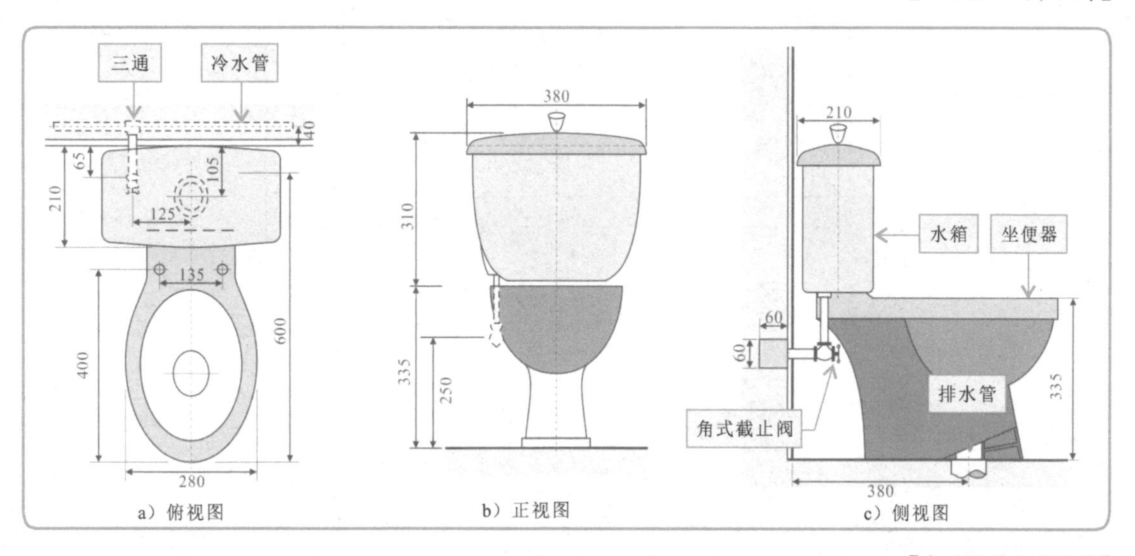

a）俯视图　b）正视图　c）侧视图

【坐便器的安装操作】

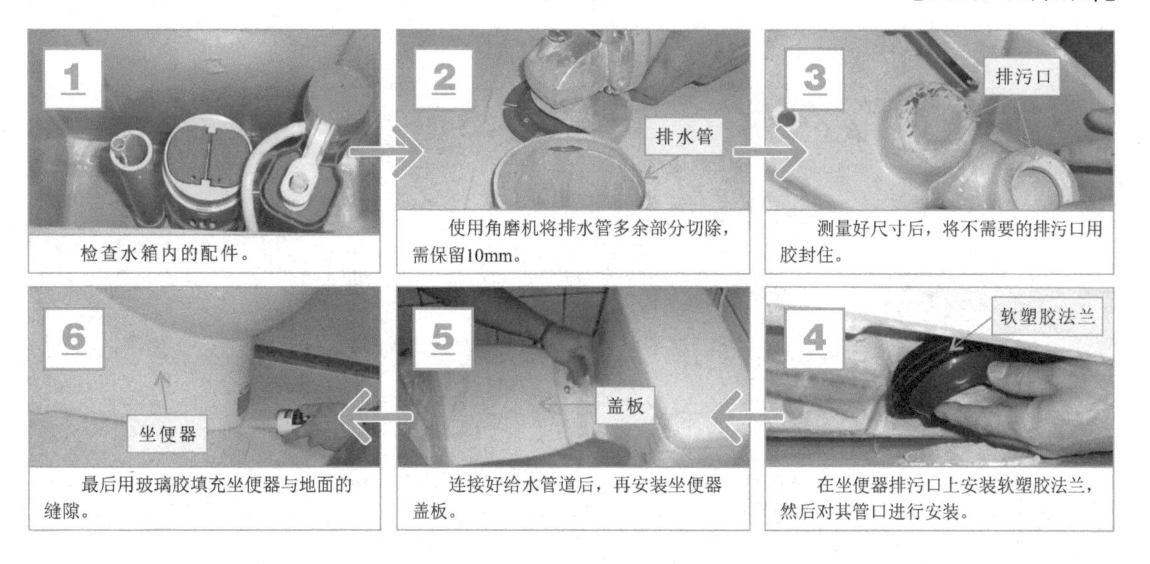

1. 检查水箱内的配件。
2. 使用角磨机将排水管多余部分切除，需保留10mm。
3. 测量好尺寸后，将不需要的排污口用胶封住。
4. 在坐便器排污口上安装软塑胶法兰，然后对其管口进行安装。
5. 连接好给水管道后，再安装坐便器盖板。
6. 最后用玻璃胶填充坐便器与地面的缝隙。

5.4.3 浴缸的安装

浴缸的安装需要遵循一定的规则和尺寸。例如浴缸的安装高度、排水管管径、管道最小坡度等都有明确的规定。

【浴缸的安装标准】

卫浴器具	安装高度/mm	排水管管径/mm	管道最小坡度/%	给水配件高度/mm	冷热水龙头距离/mm
浴缸	520	50	2	670	150

根据浴缸的安装规则及尺寸确定安装位置，然后固定浴缸，调整倾斜角度，再连接给水管、排水管、水龙头、淋浴喷头等其他配件。

【浴缸的安装尺寸】

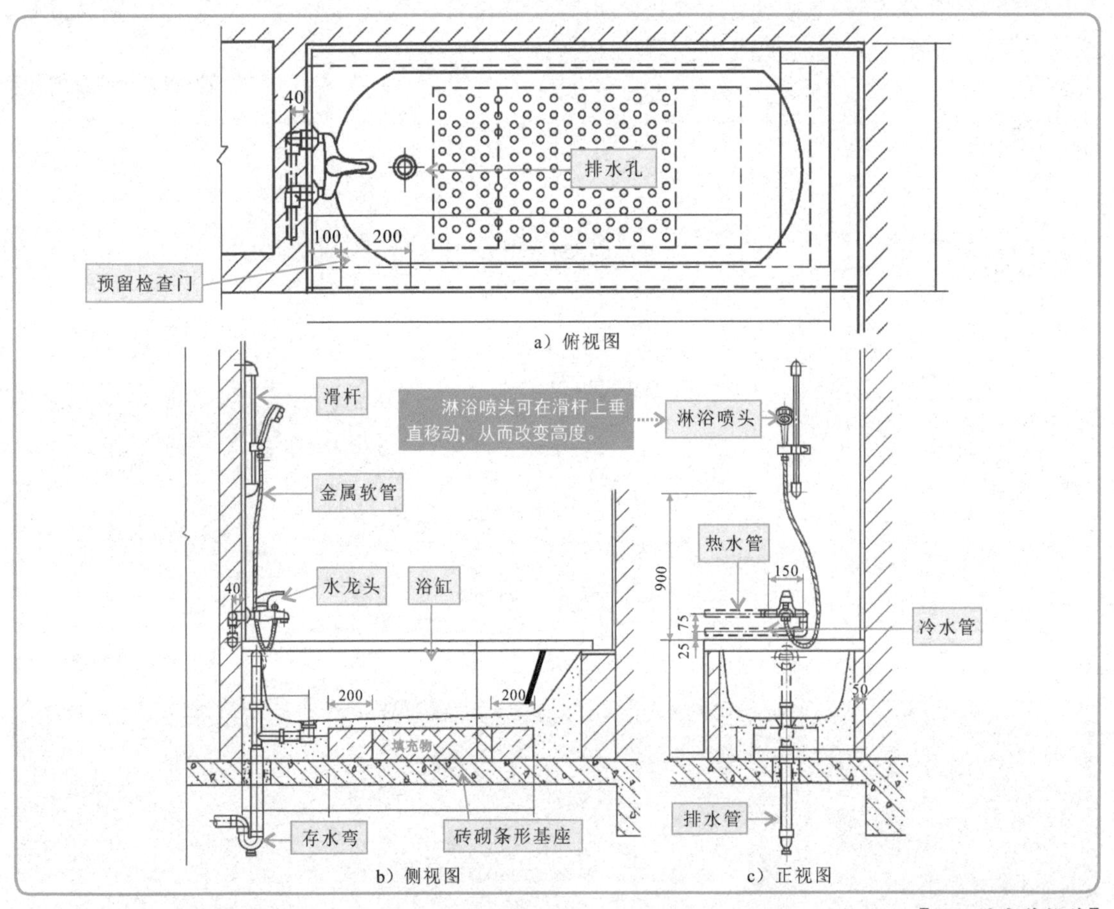

【浴缸的安装操作】

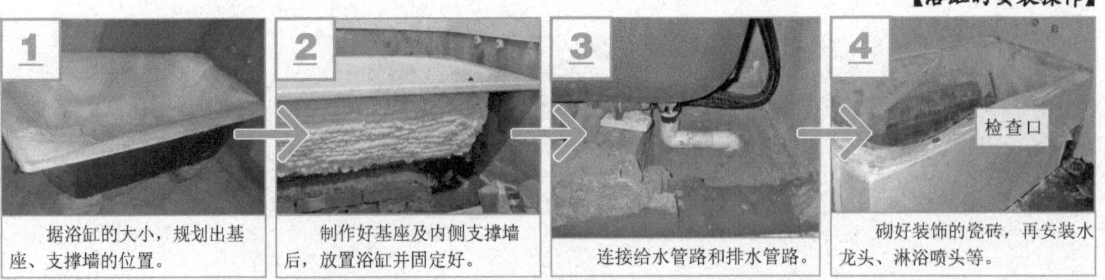

5.4.4 小便器的安装

小便器根据种类的不同有多种安装方式，不同安装方式有各自的安装标准。

【壁挂式小便器（感应冲洗）的安装尺寸】

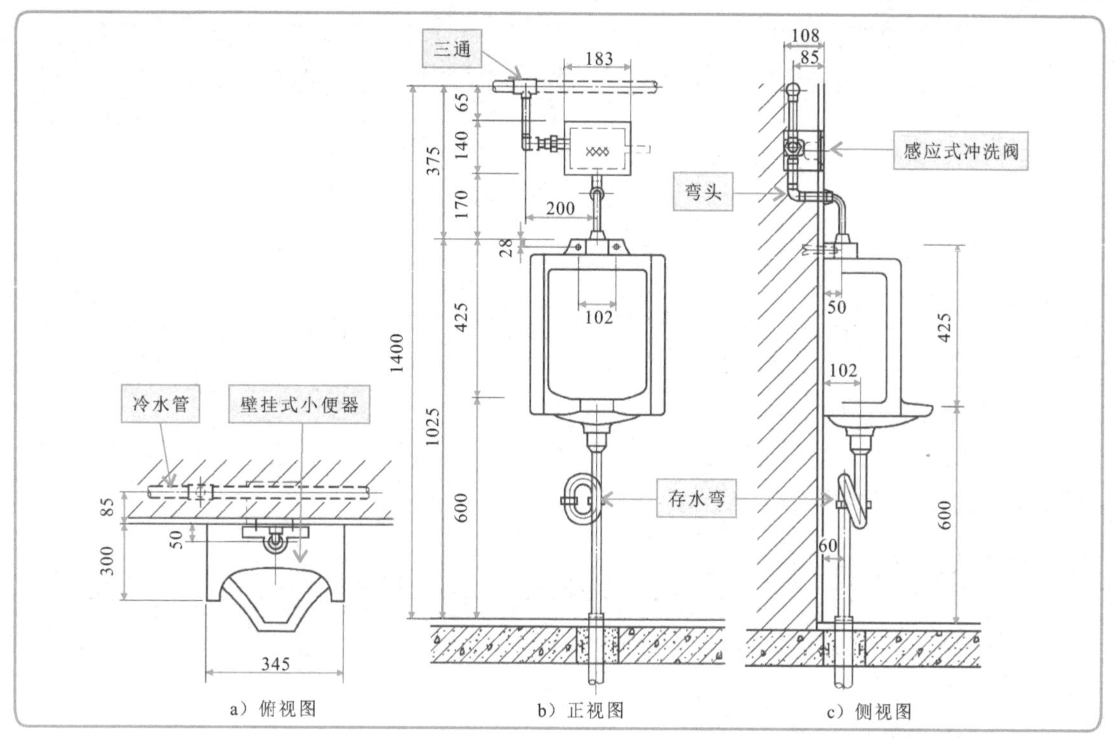

a）俯视图 b）正视图 c）侧视图

【落地式小便器（手动冲洗）的安装尺寸】

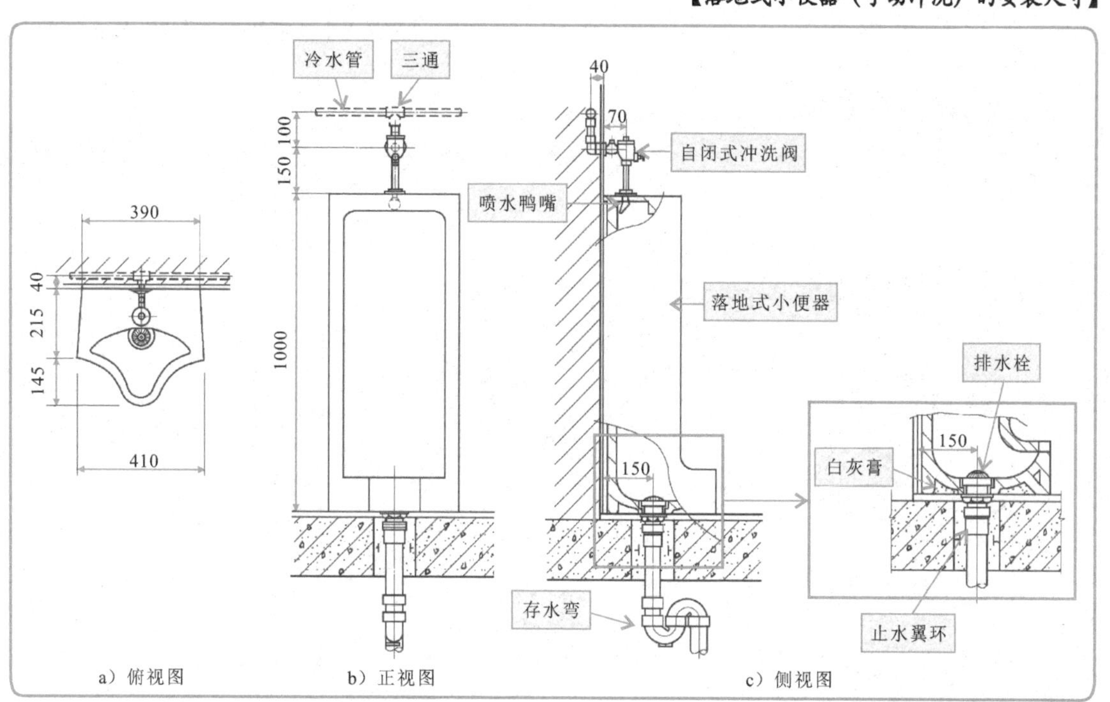

a）俯视图 b）正视图 c）侧视图

【斗式小便器（手动冲洗）的安装尺寸】

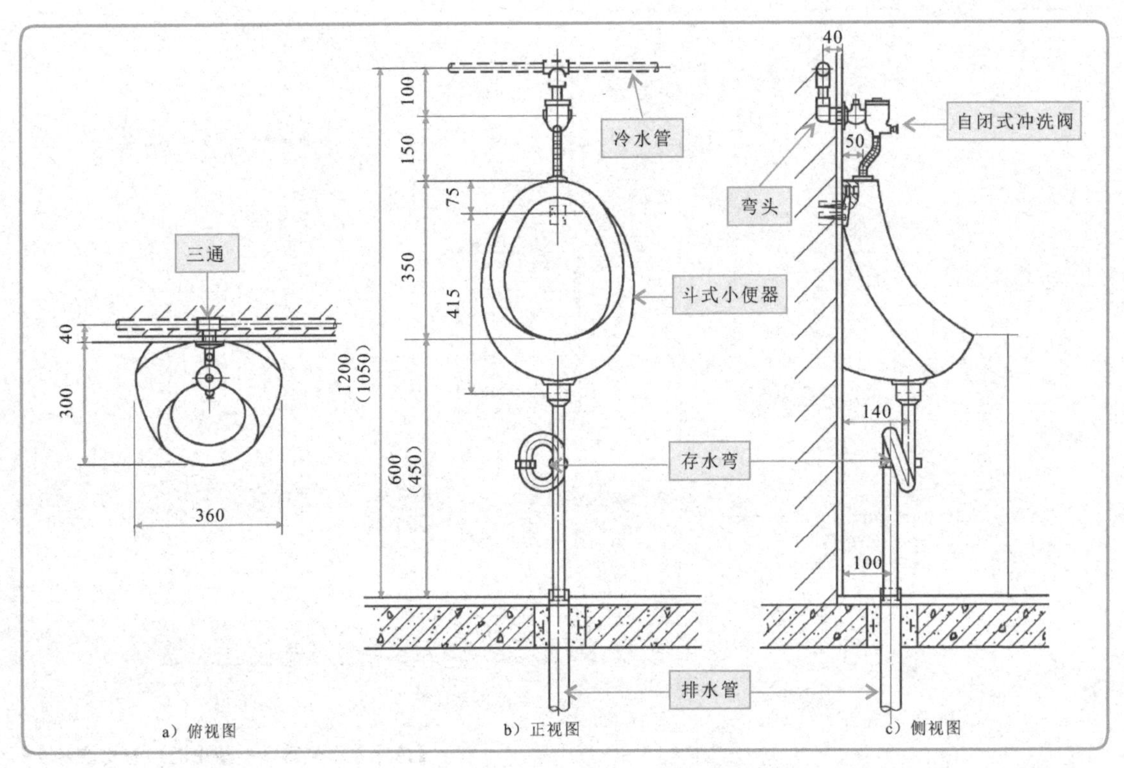

a）俯视图　b）正视图　c）侧视图

【壁挂式小便器（手动冲洗）的安装尺寸】

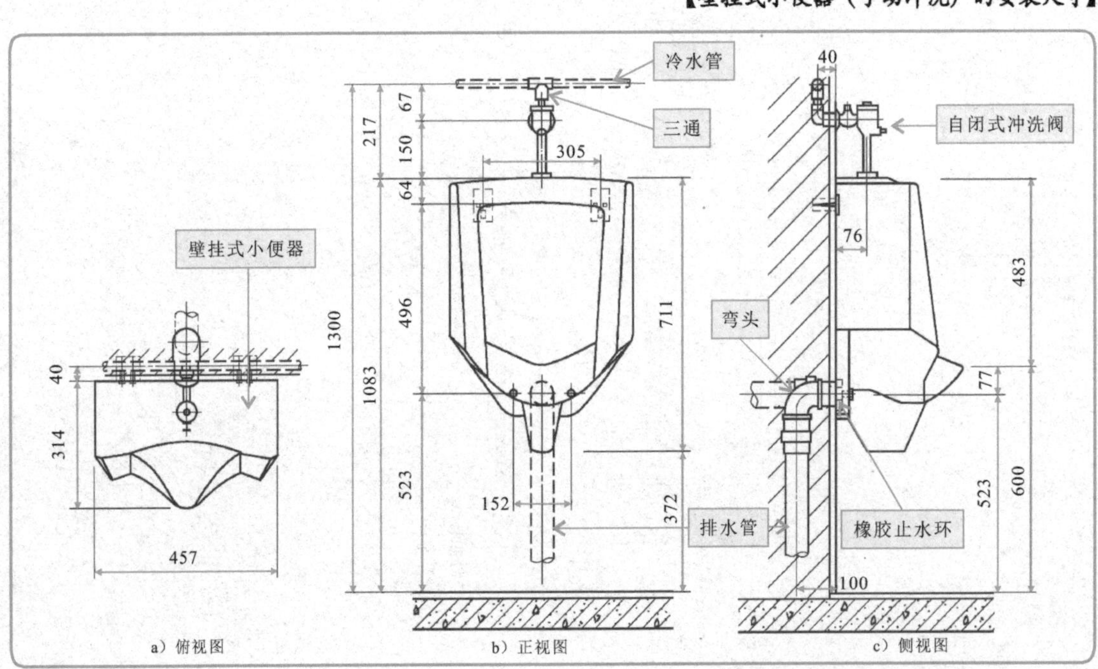

a）俯视图　b）正视图　c）侧视图

5.4.5 整体卫浴的安装

整体卫浴的内外框架是通过“搭积木”的方式拼装起来的，其底盘、墙板、顶棚、浴缸、洗面台等大都采用相同的复合材料制成，结构牢固可靠，防水防漏性能优越，安装简便，但价格昂贵。

【整体卫浴的实物外形】

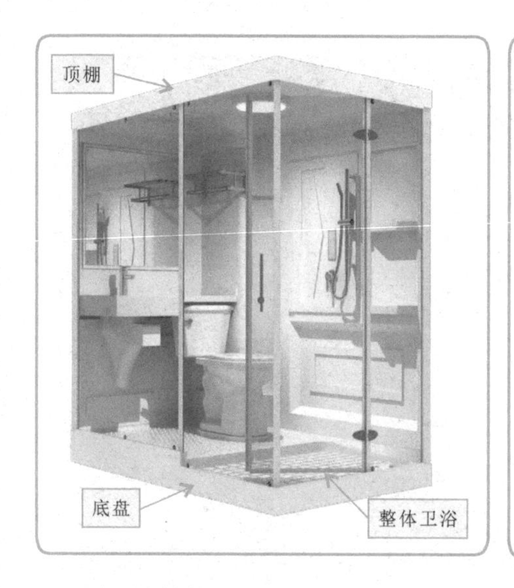

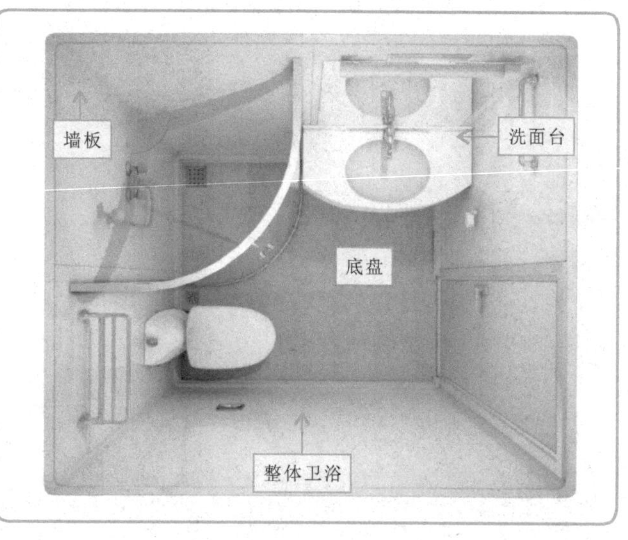

根据整体卫浴的结构特点和实际安装环境，按照安装标准调整安装位置和安装高度。然后使用螺钉、粘合剂对各部分材料进行拼装、固定，最后再安装其他卫浴器具及配件、连接给水和排水管道，即可完成整体卫浴的安装。

【整体卫浴的安装操作】

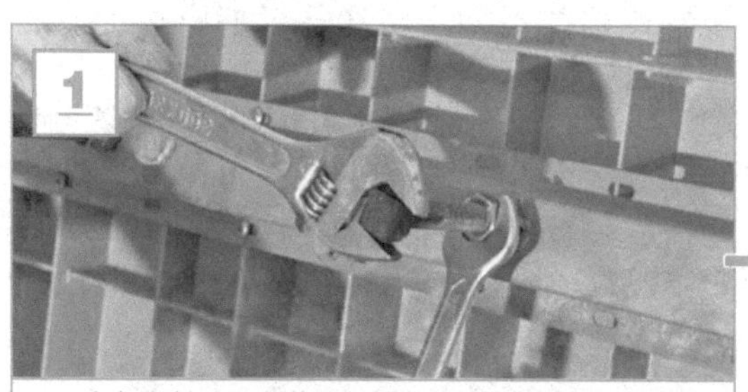

底盘通过钢板、螺栓固定支撑，调节地脚螺栓，可调整底盘的水平度。

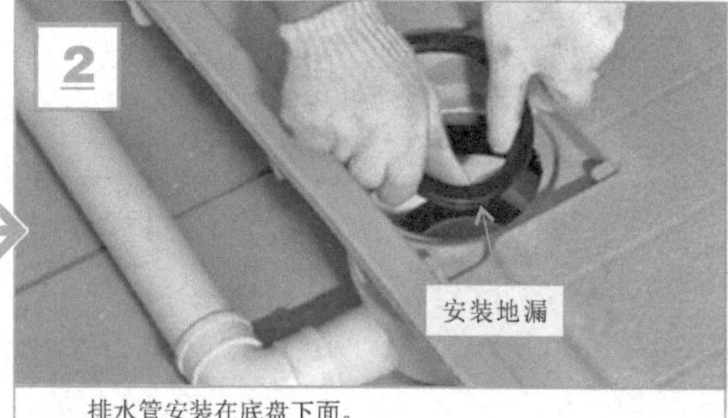

排水管安装在底盘下面。

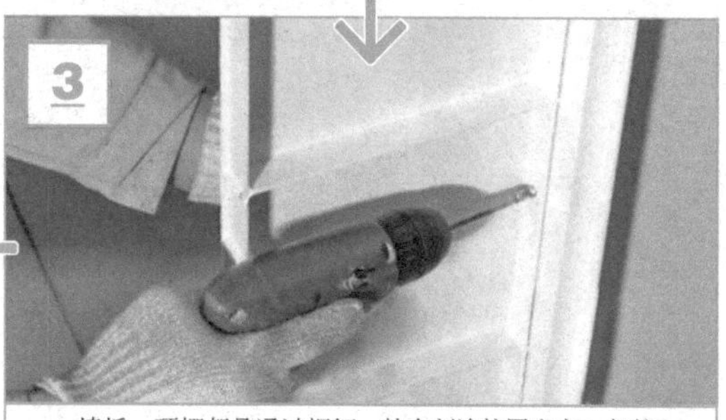

墙板、顶棚都是通过螺钉、粘合剂连接固定在一起的。

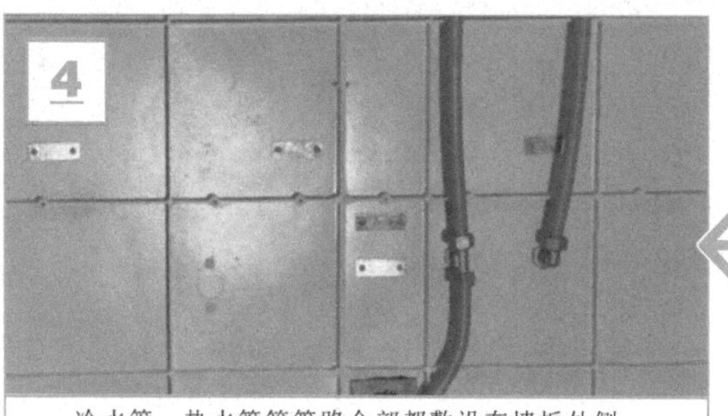

冷水管、热水管等管路全部都敷设在墙板外侧。

5.4.6 电热水器的安装

电热水器按照使用方式可分为储水式和即热式两种，其中储水式电热水器具有很大的水箱，可定时对水箱内的水进行加热和保温；而即热式电热水器体积较小，使用时可迅速对内部流经的冷水进行加热，起到即用即热的目的。

【电热水器的实物外形】

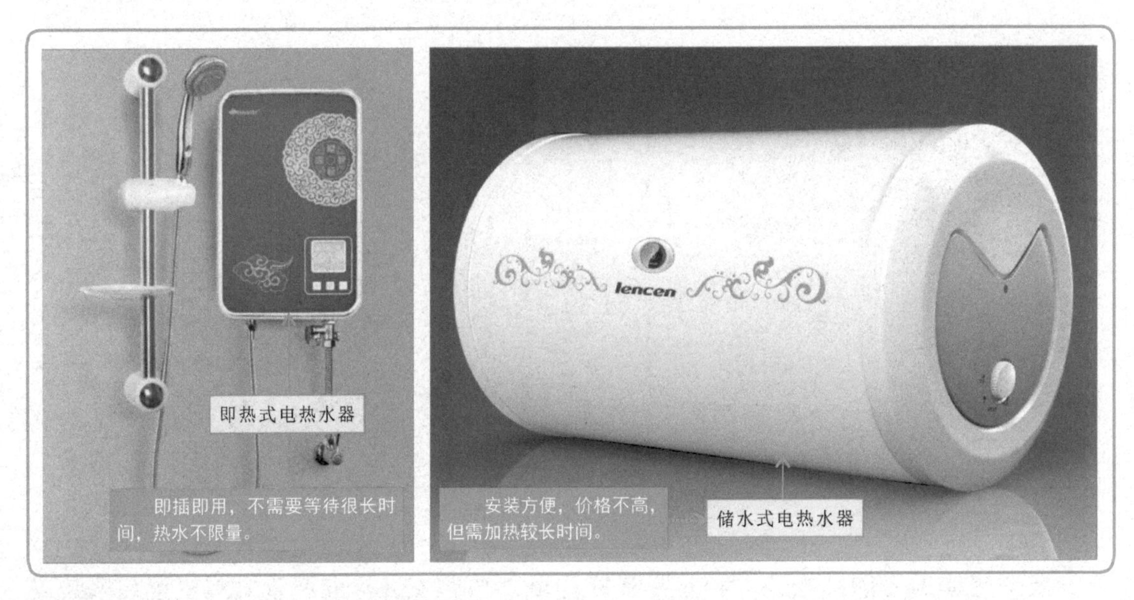

1. 电热水器的安装规则及尺寸

对电热水器进行安装之前，首先需要明确电热水器的类型，其次是了解电热水器的安装规则和尺寸，在此基础上在对电热水器进行安装。

【储水式电热水器的安装尺寸】

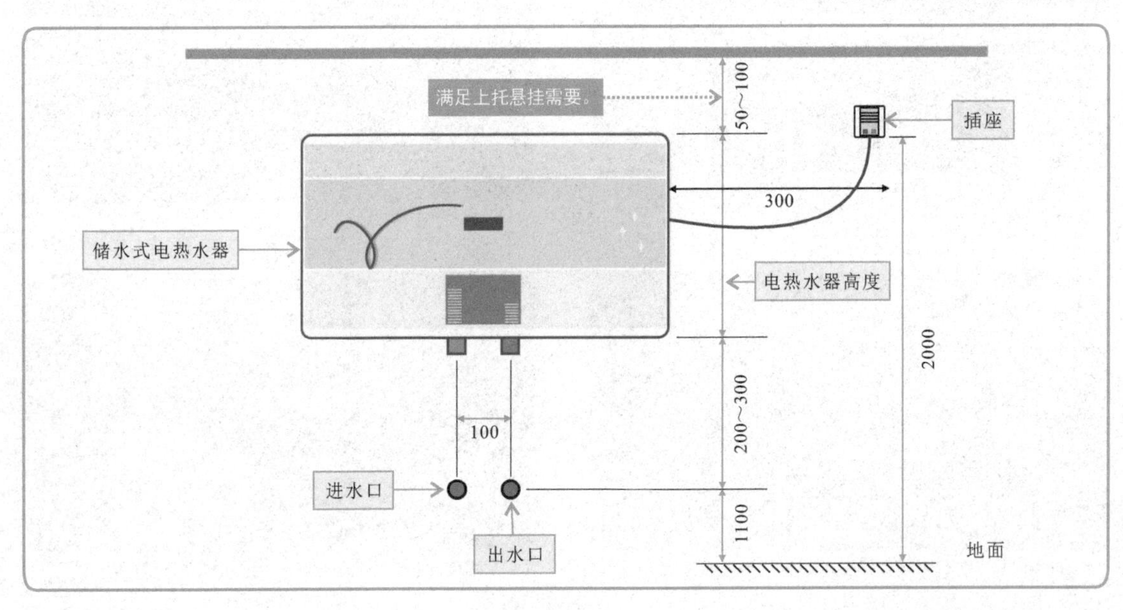

【即热式电热水器的安装尺寸】

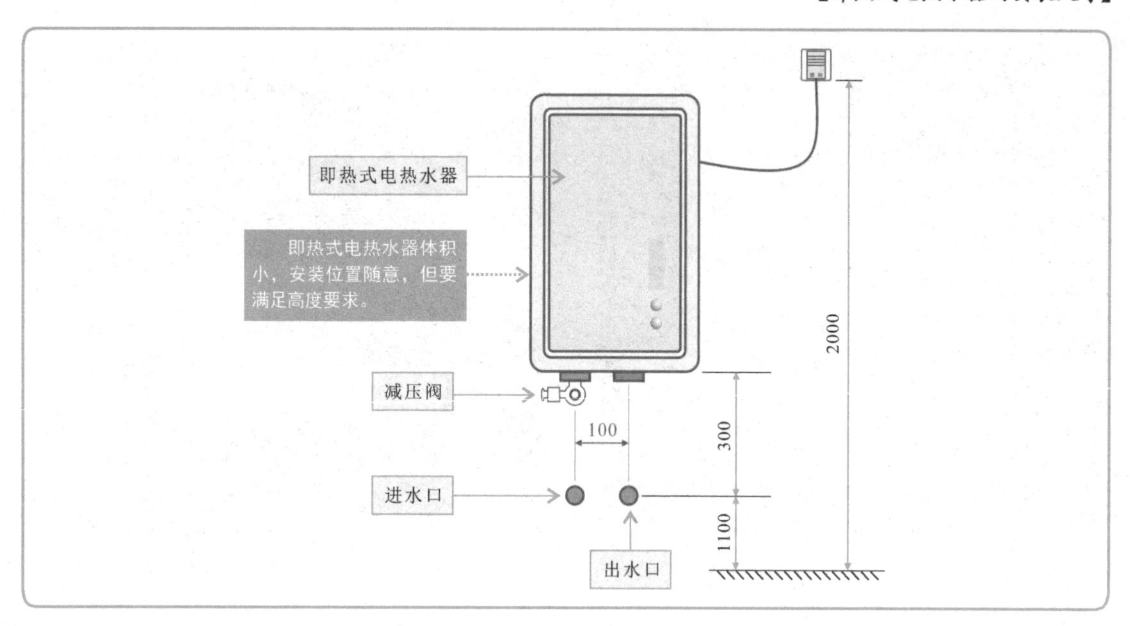

2. 电热水器的安装操作

了解电热水器的安装规则及尺寸后，接下来可以对实际的电热水器进行安装。根据电热水器的尺寸规划出安装位置，再按步骤逐一对电热水器配件及管道进行安装、连接，最终完成电热水器的安装。

【电热水器的安装操作】

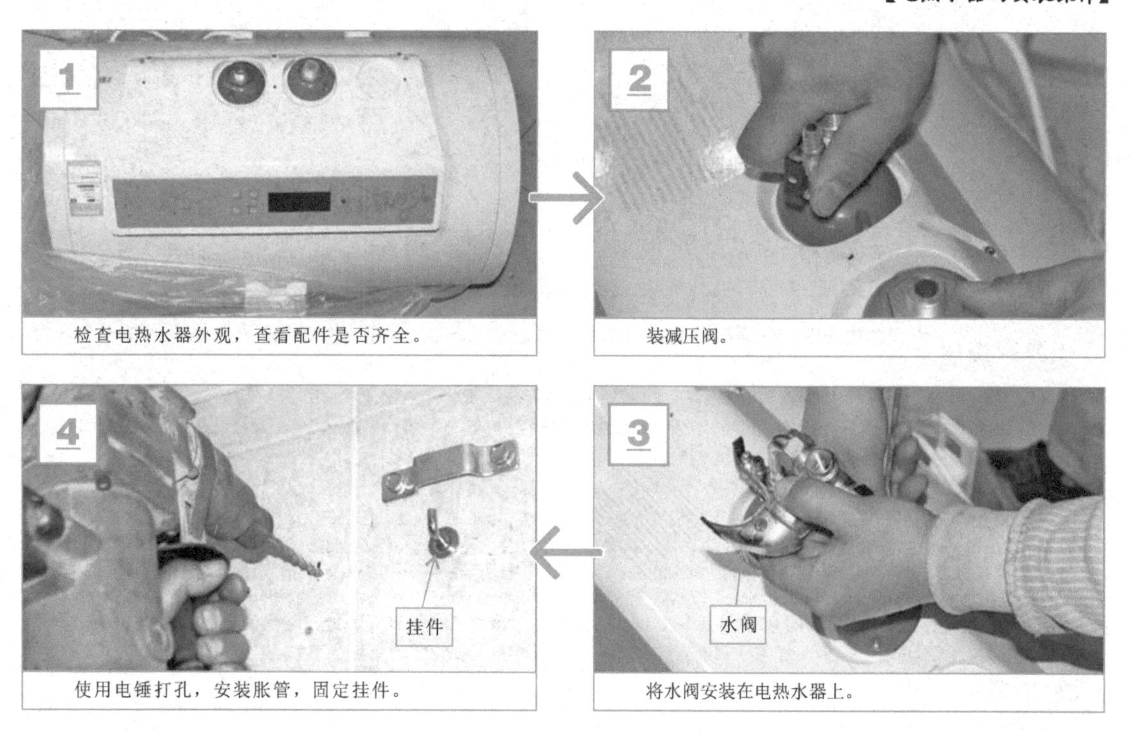

挂好电热水器后，连接进水管（冷水管）。

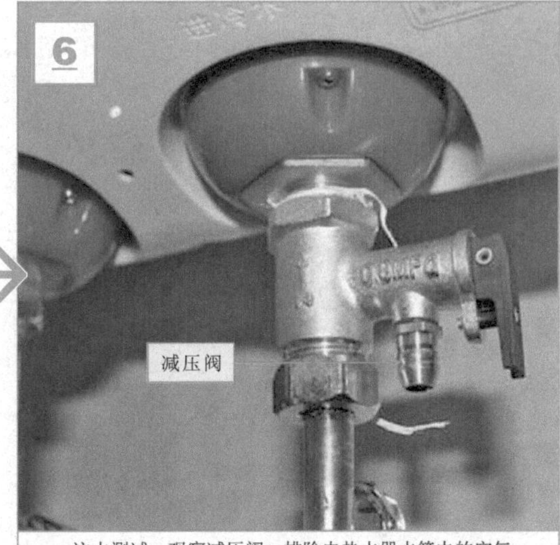

注水测试，观察减压阀，排除电热水器水箱内的空气。

插上电热水器的电源，查看供电线路和底线是否正常。

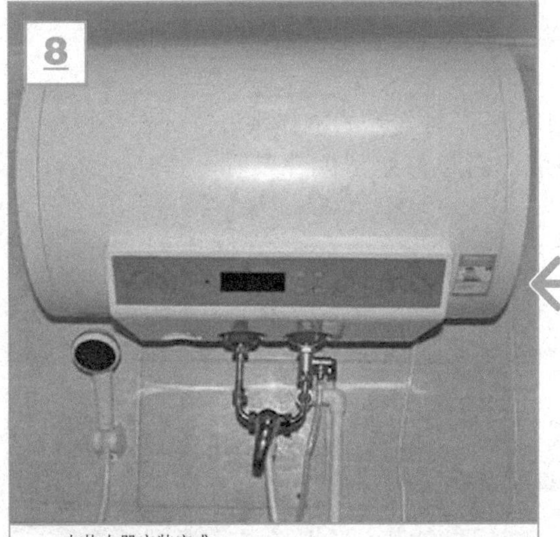

电热水器安装完成。

特别提醒

（1）确保墙体能承受两倍于灌满水的电热水器重量，固定件安装牢固；确保电热水器有检修空间。

（2）在电热水器进水口处连接一个减压阀；在管道接口处都要使用生料带，防止漏水；减压阀不能安装太紧，以防损坏；如果进水管的水压与减压阀的泄压值相近，应在远离电热水器的进水管道上再安装一个减压阀。

（3）确保电热水器可靠接地，使用的插座必须可靠接地。

（4）所有管道连接好之后，打开进水阀门，然后打开热水阀，对电热水器进行注水，排出空气直到热水从喷头中流出，表明水已加满。关闭热水阀，检查所有的连接处，是否有漏水。如果有漏水，排空水箱，修好漏水连接处，然后重新给电热水器注水。

（5）配有剩余电流断路器的电热水器也要注意洗浴安全。电源线中的相线和零线通过剩余电流断路器进入电热水器，电热水器在工作状态中，一旦内部某一电器件发生漏电，产生剩余动作电流，剩余电流断路器就可以在0.1s的时间内切断电源，防止电流继续进入电热水器内部。但是，电热水器的电源线中还包含一根地线，理论上地线也是为保证用电安全而设置的，但万一出现接地不可靠、相线地线接反或线路老化等情况时，由于剩余电流断路器不能切断地线，这时电流就有可能通过地线进入到电热水器内部，触电事故依然可能发生。

第6章

室内供配电线路的敷设与安装技能

6.1 室内线路的敷设

线路的敷设是家庭实施装修的首要工作之一，线路的敷设形式和线路的连接质量将直接影响装修进程、装修效果和装修质量。

因此当装修的线路规划设计好以后，首先就是根据设计要求，结合实际情况，确定线路敷设的形式。

通常，线路的敷设可分为明敷和暗敷两种形式。

6.1.1 室内线路的明敷

室内线路的明敷操作就是将贯穿好的线路线槽按照敷设标准安装在墙体表面，用户直接就可以观察到线路的走向。这种敷设操作施工难度小、易于执行，而且后期的线路维护、检修、调整和修改都非常方便。但由于线槽直接在墙体表面安装，会影响装修的美观程度。

因此，这种敷设形式常用于装修投资小、线路维护率高或二次改造的装修环境。

【采用明敷形式的线路敷设效果】

室内线路的明敷操作大致可分为线路明敷操作和明敷检验两个环节。

【室内线路的明敷操作流程】

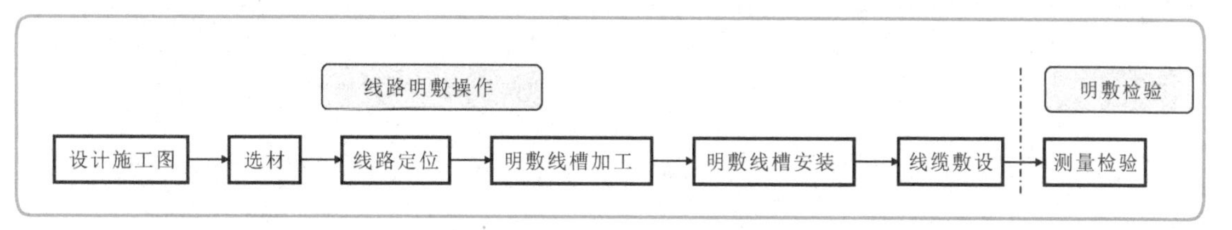

1. 线路明敷操作

在线缆敷设之前，首先就是要将线槽经过加工处理后安装在墙体上。

【室内明敷线槽的实物外形】

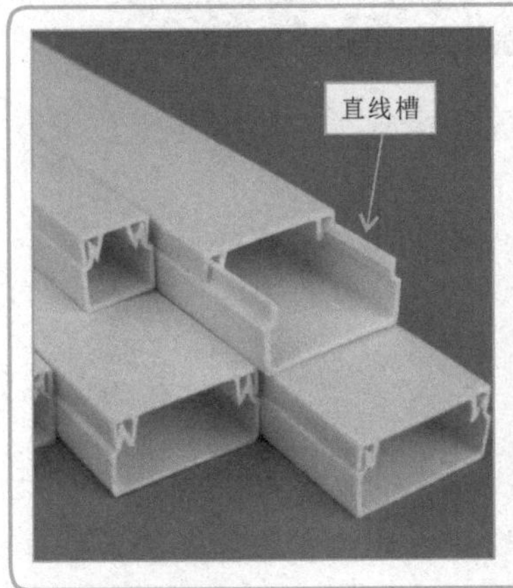

特别提醒

线槽由线槽板和盖板构成，盖板可卡在线槽板上。线缆放置于线槽内，外面盖上盖板，既增强美观，又对内部线路起到保护作用。

为了安装美观，明敷线路应尽量沿房屋线脚、横梁、墙角等处实施敷设，由于线路是由线槽连接组合而成的，当遇到转角、分路等情况时，就需要对线槽进行加工，使得线路符合安装走向。

【直转角处的加工操作】

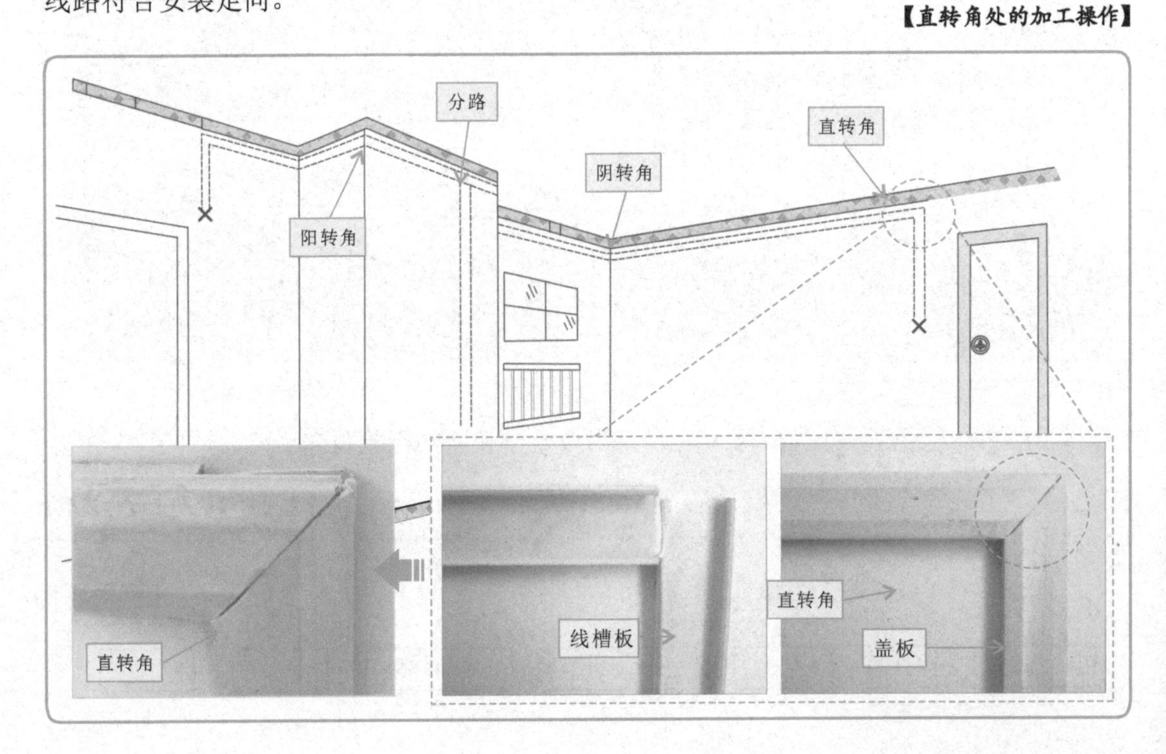

【阳转角处的加工】

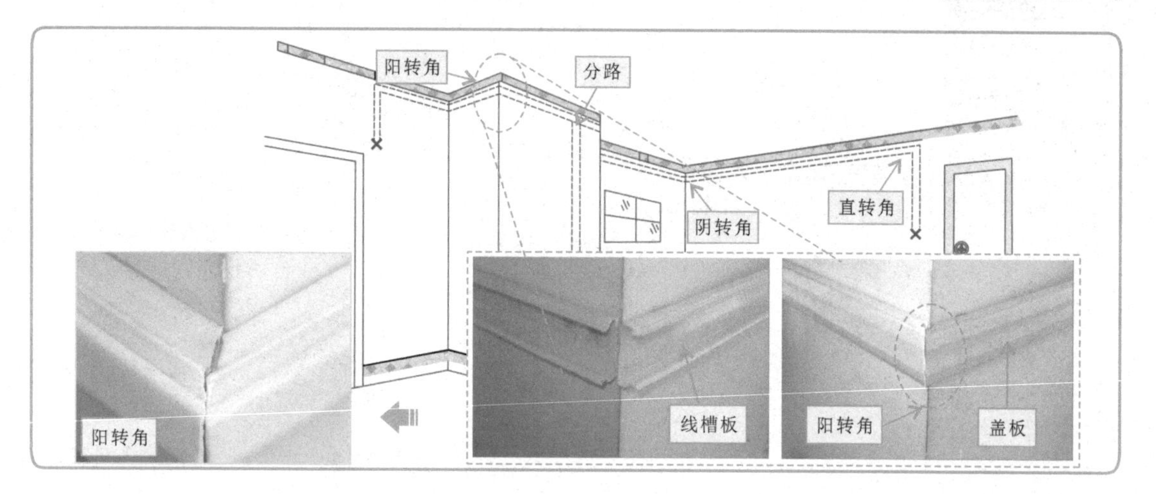

【阴转角处的加工】

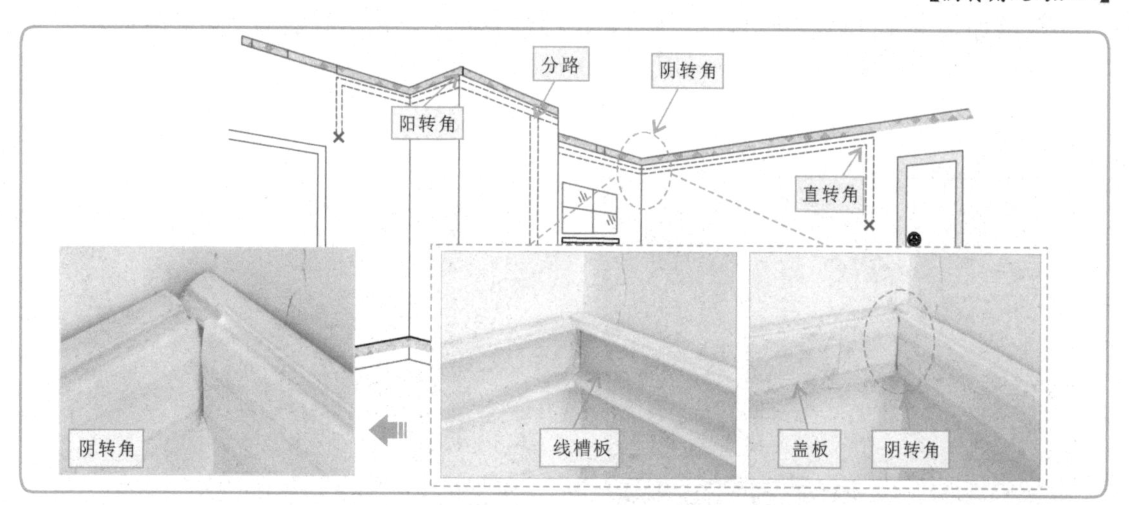

【分路处的加工】

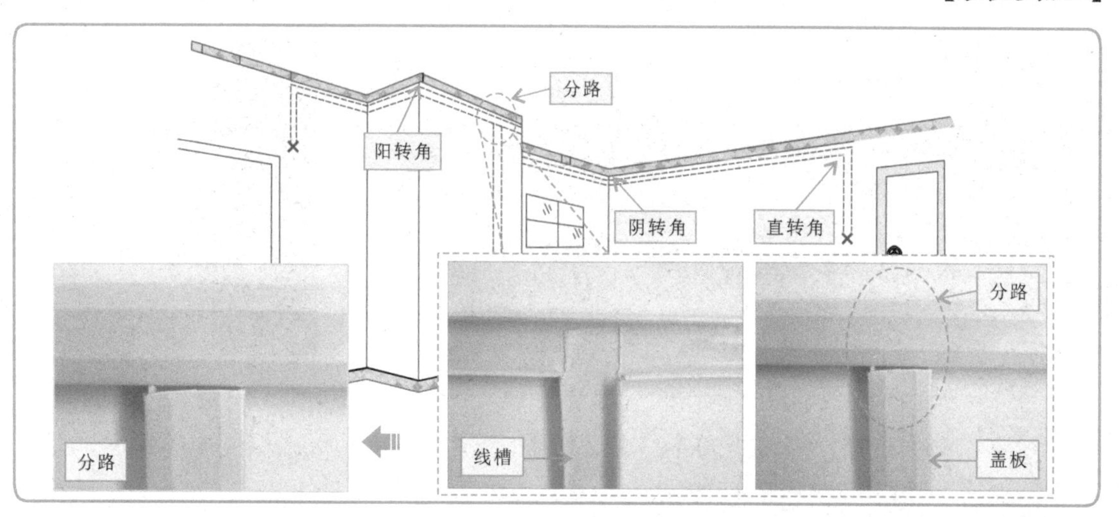

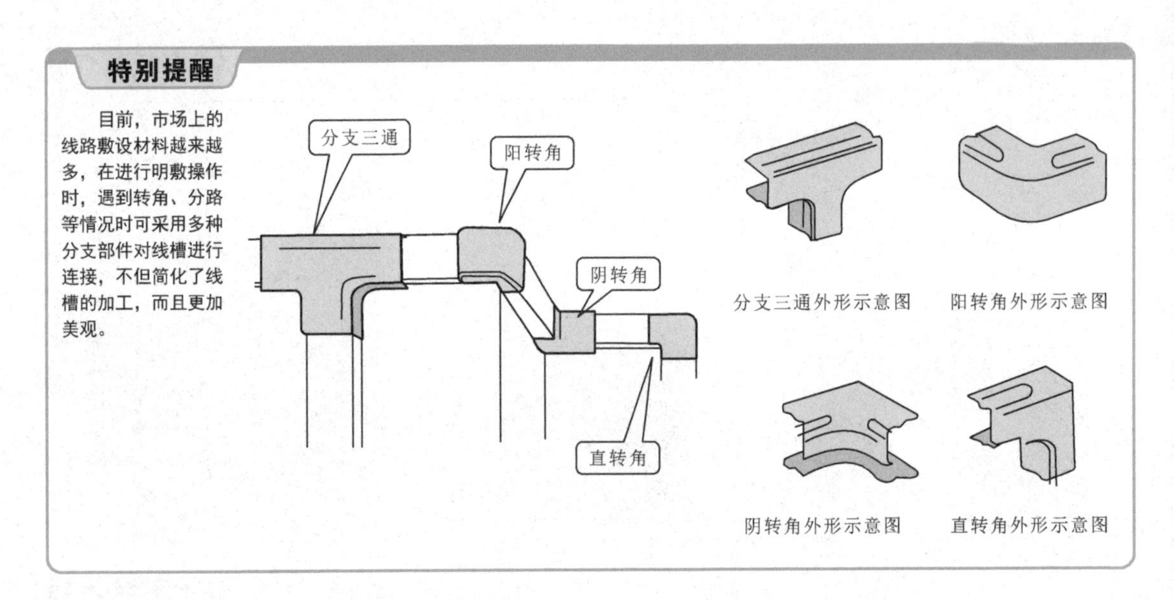

线槽加工完成以后，就可以将其固定在墙体表面了。在画好的固定点处用电钻或冲击钻打孔，然后将胀管敲入孔中，用固定螺钉固定。

【固定点的加工】

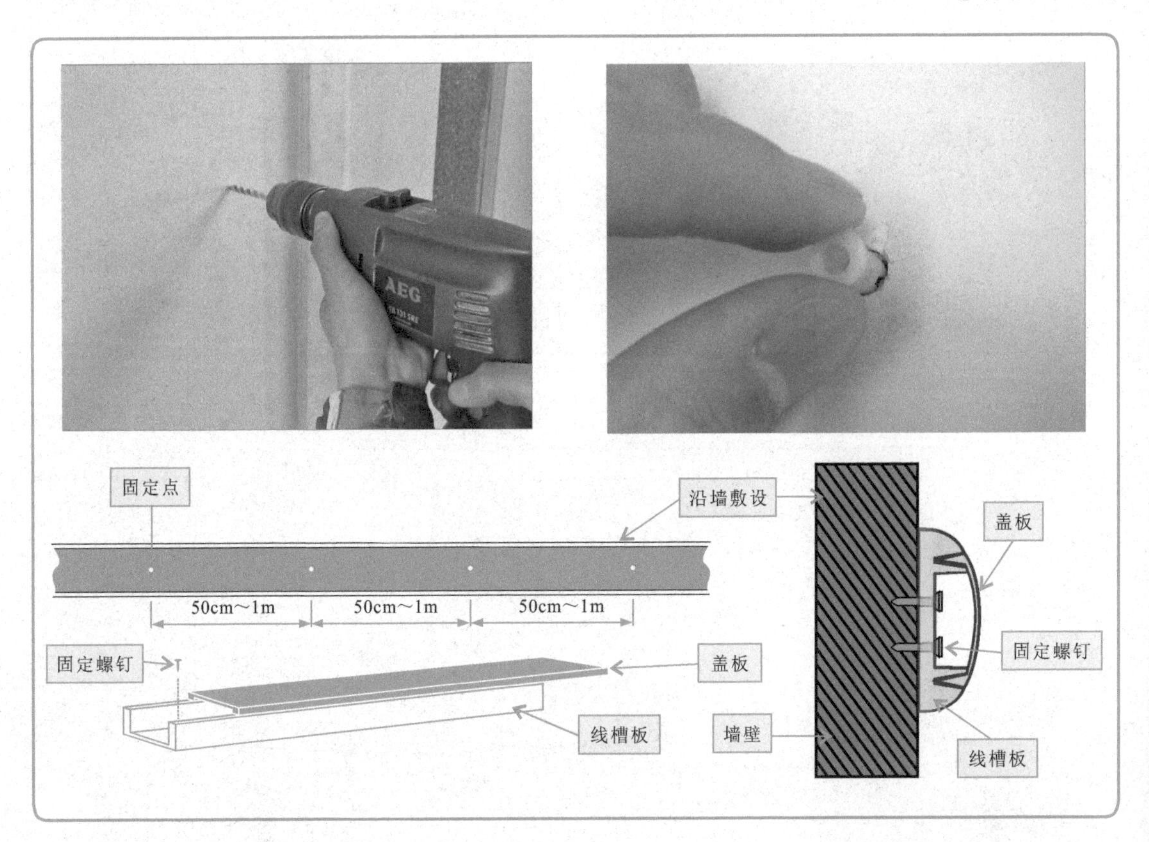

通常，根据规定，应每隔50cm～1m设置一个固定点位，以确保线槽的稳固，并且用以确保横平竖直，以保证敷设美观。

线槽敷设完成后，就可以将线缆敷设在线槽内部了。

【线缆在线槽内的敷设】

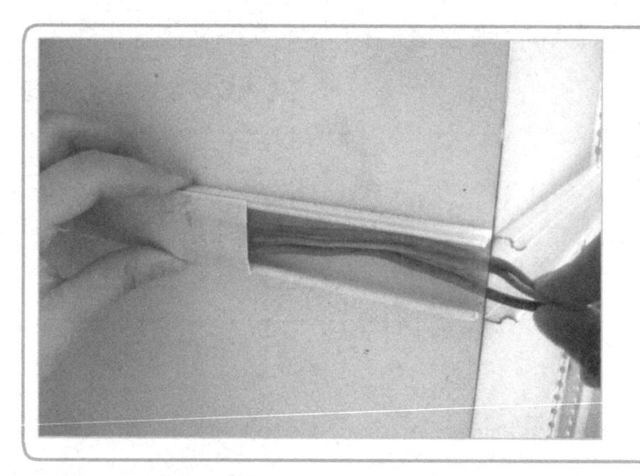
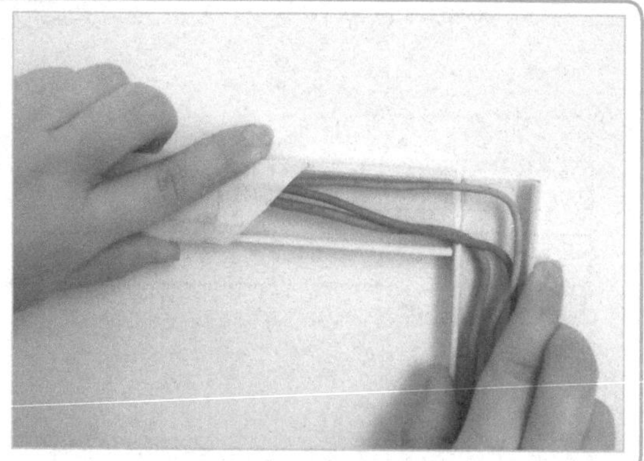

特别提醒

在线槽内部敷设的线缆不能出现接头，如果线缆的长度不够，则将不够的线缆拉出，重新使用足够长的线缆进行敷设。

2. 明敷检验

线路明敷操作完成后，应对线槽的安装质量、线槽内的走线情况及线缆绝缘性等几个方面进行检验。根据规定，线槽的安装要牢固、美观，不能出现松动、歪斜等情况。线槽内的布线应理顺放置，不能乱放，不能有接头。若出现接头或打结情况，需换线重布。

另外，每种线槽内的线缆数量都是有规定的，在使用前一定要看清楚，在布线的时候，不要超过设计允许的数量（一般来说，线槽内线缆线径的综合不应超过线槽总容量的70%）。

【明敷检验】

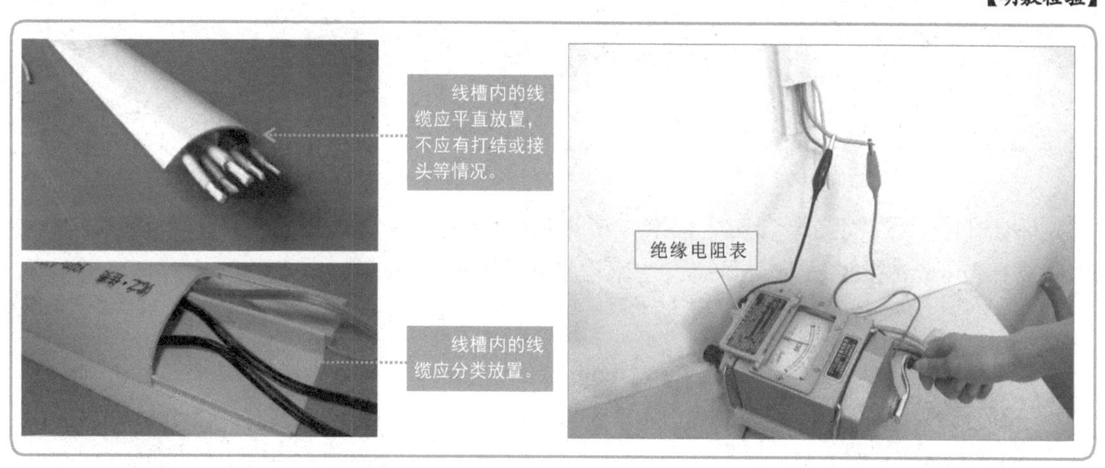

特别提醒

切断电源，用绝缘电阻表对各回路进行绝缘电阻测试。220V回路，相线、零线与地线之间绝缘电阻应达到5MΩ以上；380V回路，各相线、零线与地线之间绝缘电阻应达到5MΩ以上；单根线缆，线芯和绝缘层之间绝缘阻值应为无穷大。

6.1.2 室内线路的暗敷

室内线路的暗敷操作大致可分为线路暗敷操作和暗敷检验两个环节。

【室内线路暗敷操作流程】

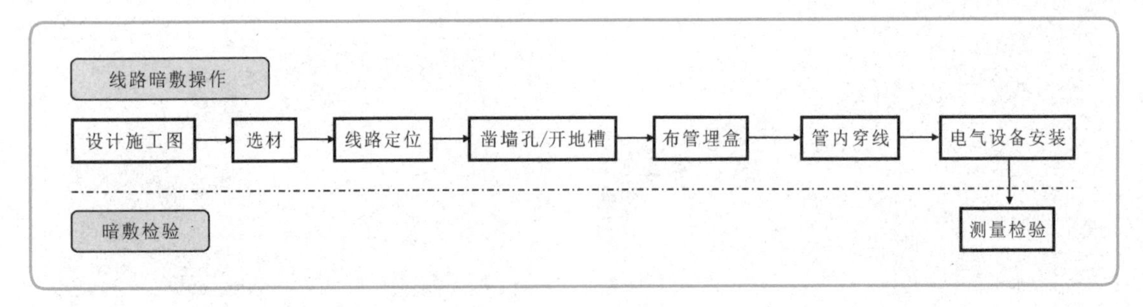

暗敷是指先将线管埋设于地板、墙体或顶棚内，然后将线缆穿于线管（多为PVC-U型管材）内，再经装修处理和修饰后从表面看不出任何的走线痕迹。

【室内暗敷线管】

暗敷的强电线缆要符合安全标准，多采用硬铜线（也可采用软铜线）。通常，照明用线需1. 5mm²铜芯线。空调器等大功率电器需用4mm²铜芯线。

【暗敷用线缆】

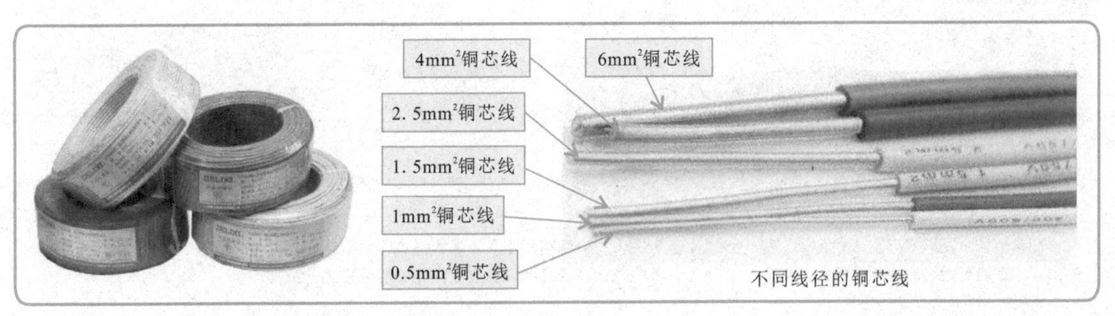

不同线径的铜芯线

暗敷操作对线管管径、线管质量、线管敷设长度等都有明确的要求。

线管管径的要求：管内绝缘导线或电缆的总截面积（包括绝缘层），不应超过管内径截面积的40 %，线管管径的选用，通常由设计确定或者参照选择表进行选择。

【暗敷操作对线管管径的要求】

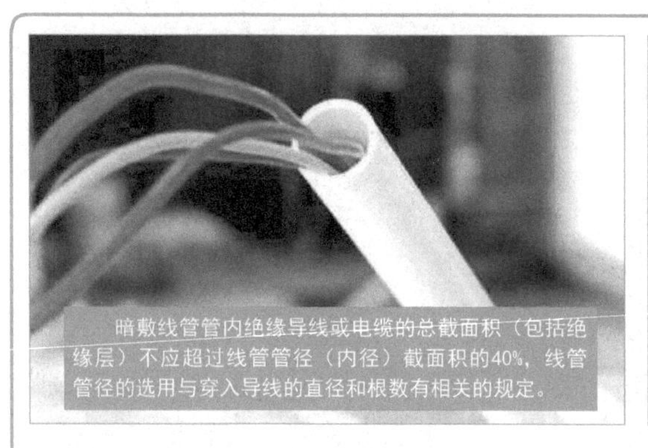

暗敷线管管内绝缘导线或电缆的总截面积（包括绝缘层）不应超过线管管径（内径）截面积的40%，线管管径的选用与穿入导线的直径和根数有相关的规定。

不同类型或电压规格的线缆可采用分隔穿线的方式。

单芯绝缘导线穿管选择表

导线截面积/mm^2	线管管径/mm										
	水煤气钢管穿入导线根数/根				导线管穿入导线根数/根				硬塑料管穿入导线根数/根		
	2	3	4	5	2	3	4	5	2	3	4
1.5	15	15	15	20	20	20	20	25	15	15	15
2.5	15	15	20	20	20	20	25	25	15	15	20
4	15	20	20	20	20	20	25	25	15	20	25
6	20	20	20	25	20	25	25	32	20	20	25
10	20	25	25	32	25	32	32	40	25	25	32
16	25	25	32	32	32	32	40	40	25	32	32
25	32	32	40	40	32	40	—	—	32	40	40
35	32	40	50	50	40	40	—	—	40	40	50
50	40	50	50	70	—	—	—	—	40	50	50
70	50	50	70	70	—	—	—	—	40	50	50
95	50	70	70	80	—	—	—	—	50	70	70
120	70	70	80	80	—	—	—	—	50	70	80
150	70	70	80	—	—	—	—	—	50	70	80
185	70	80	—	—	—	—	—	—	—	—	—

特别提醒

线管垂直敷设时的要求：敷设于垂直线管中的导线，每超过下列长度时，应在管口处或接线盒内加以固定。

- 导线截面积为50mm^2及以下，长度为30m时。
- 导线截面积为70～95mm^2，长度为20m时。
- 导线截面积为120～240mm^2，长度为18m时。

暗敷之初的画线，应使用卷尺和铅笔，在开槽和预埋管线的地方画出线路的走线路径，并在每个网线端子、有线电视端子、电话线端子等固定点中心画出“×”记号。画线时应避免弄脏墙面，其中强、弱电一定要分别布线，这样可以避免强电磁场干扰弱电的信号，弱电信号包括电视信号、电话信号、网络信号等，强、弱电的间距至少200 mm。

【某家庭暗敷线路定位操作】

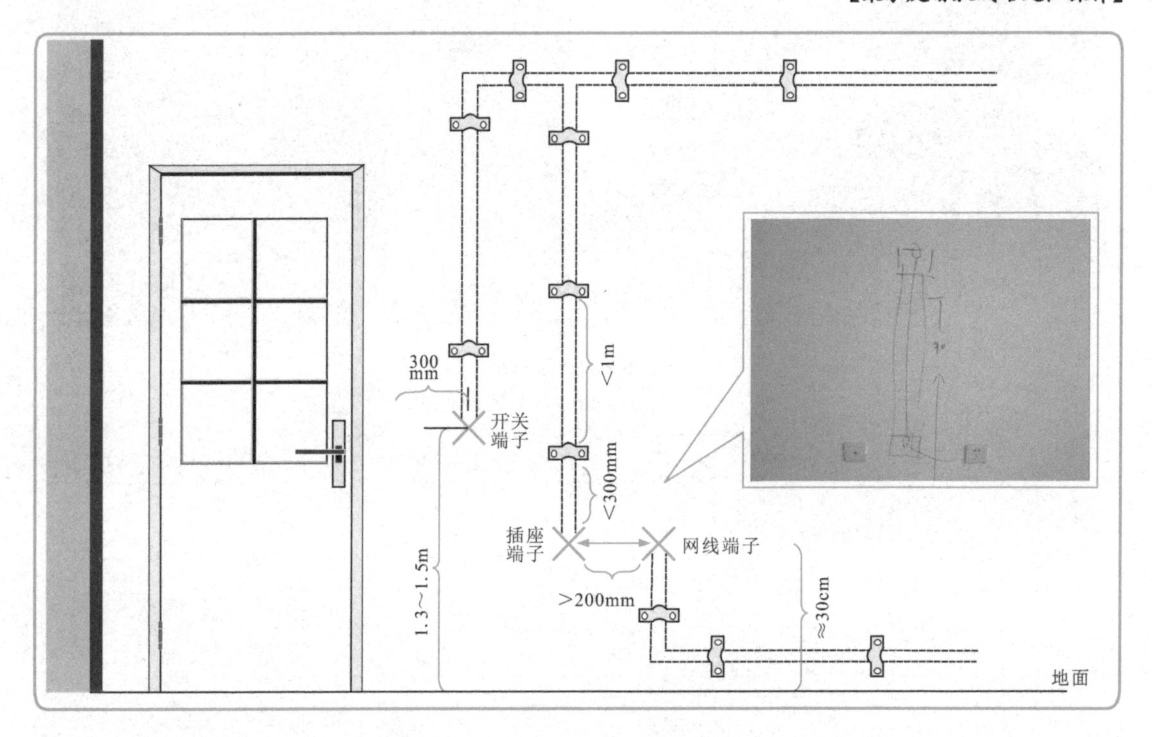

暗敷线路时要注意强电和弱电要分开敷设，避免强电影响弱电信号，造成弱电信号传输的不正常。如果强电和弱电需要交叉时，应做好屏蔽处理。

【强、弱电暗敷的注意事项】

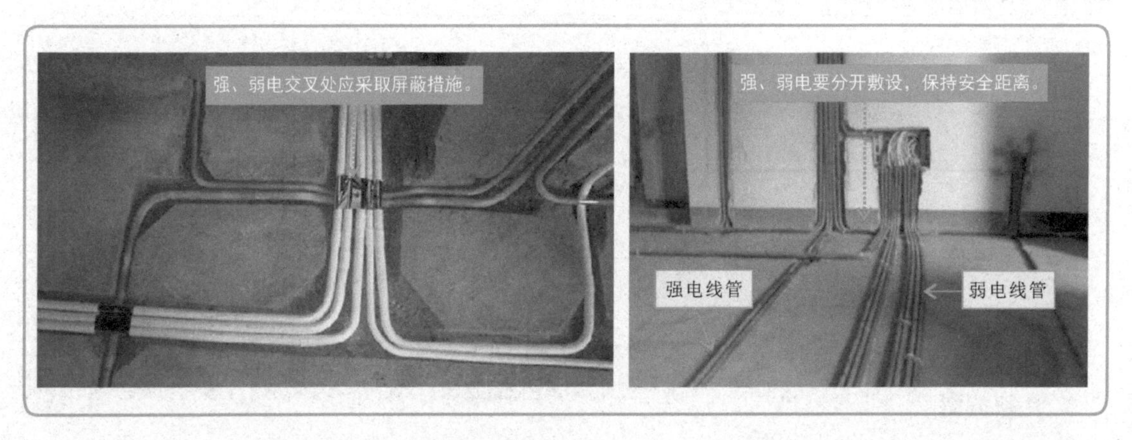

进行线路暗敷时，敷设的导线应减少接头。尤其是在线管中插入的导线不允许出现接头，必要时可采用接线盒，并确保在导线接头处、分支处都不应受到机械应力，特别是拉力的作用。

强电导线在敷设时，与墙体边缘、墙体构架及弱电导线之间要保持安全距离。

【强电导线敷设时的安全距离】

敷设方式	最小允许范围/mm
水平敷设距离下方弱电导线交叉距离	600
水平敷设距离上方弱电导线交叉距离	300
水平敷设距离下方窗户垂直距离	300
水平敷设距离上方窗户垂直距离	800
垂直敷设距离阳台、窗户的水平距离	750
沿墙敷设距离墙构架的距离	50

特别提醒

强电线管在穿越墙体时，应添加穿墙套管保护（磁管、塑料管、钢管）。套管两端要保持与墙体的安全距离，防止导线直接接触墙体。

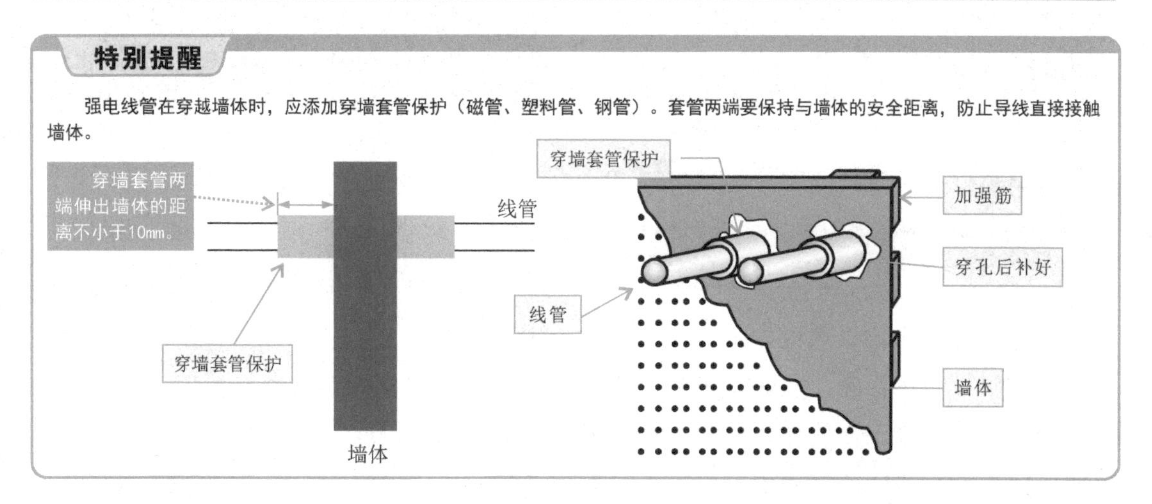

线路定位后，接下来对画线部分进行开线槽操作，开线槽期间要注意灰尘，特别是在使用切割机切割墙体的时候，要做好降尘工作。

【凿墙孔/开地槽操作】

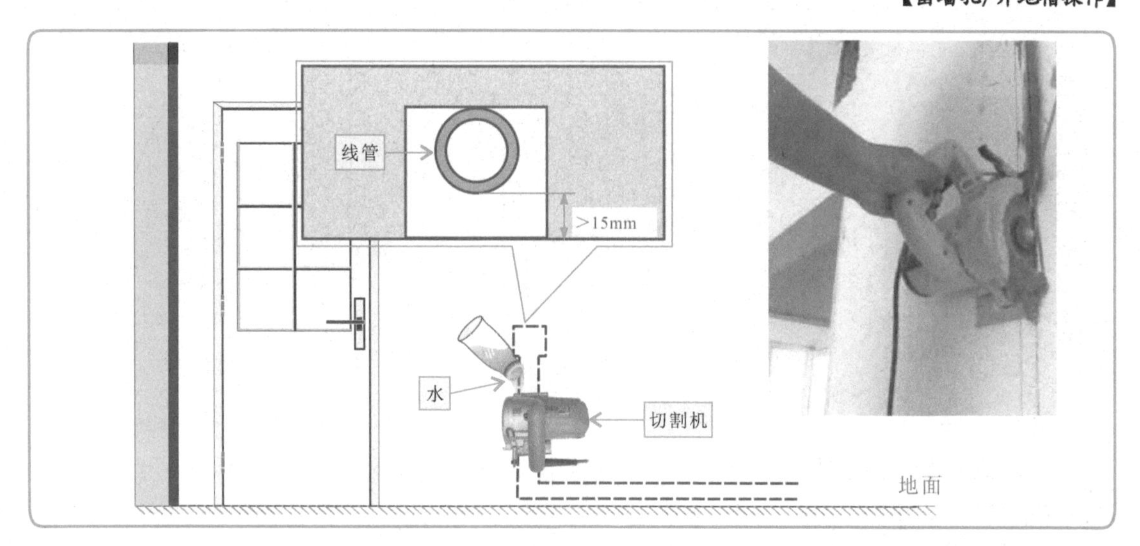

在使用切割机之前，可以首先将画线部分用水进行浇灌，使墙面潮湿；在开始切割时，一边切割一边向切割位置注水，切割完成后，可使用锤子和錾子进行细凿，即将切割机切割线槽需要去除部分凿下来，使线槽内整齐无凸起，并且保证线槽的深度能够容纳线管和线盒，其深度一般要求当线管埋入墙体后预留抹灰层的厚度为15mm。

【凿墙孔/开地槽效果】

特别提醒

使用水进行切割浇灌时，注意不要将水流入切割机中造成短路而烧毁切割机，并且注意切割机的导线要与切割机的砂轮保持安全距离，避免将导线被切断。

凿墙孔和开线槽完成以后，就应该进行布管埋盒操作了。

在布管埋盒操作时，应先对PVC塑料线管进行清洁，然后对其进行裁切。

对于布管过程中需要进行弯管操作时，通常不使用弯角配件，而是直接将线管进行弯曲，以免影响穿线操作或是给后期换线带来不便。

【线管弯管要求】

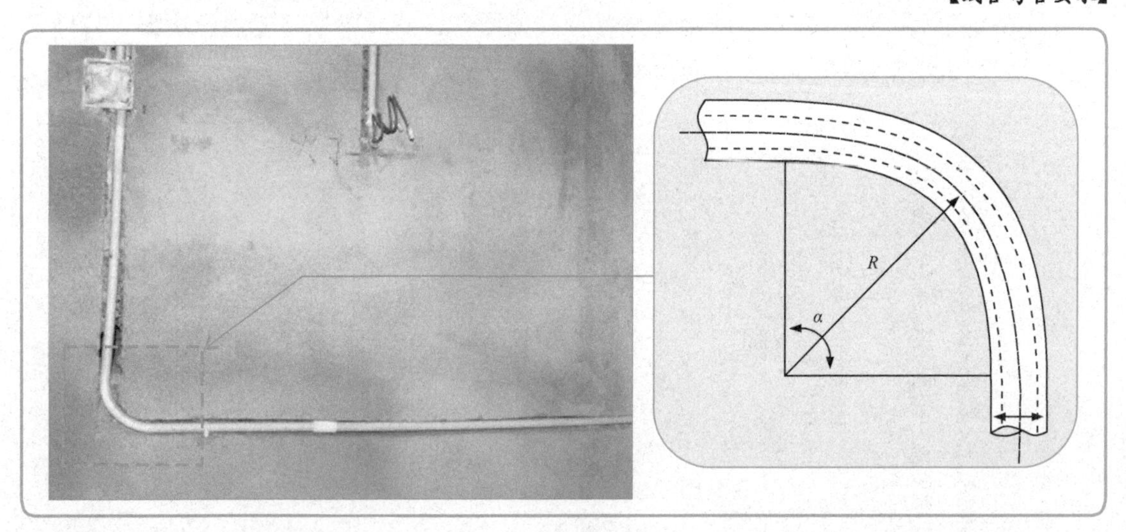

如果线路中需要的线管长度不够，则需要对线管进行粘接，为了保证管路通畅，PVC塑料管可以采用热熔法进行连接。

线管与接线盒之间通常采用杯疏连接。将接线盒与线管相连一侧的预留孔打开，然后将线管杯疏的锁紧螺母从接线盒内侧与线管杯疏拧紧，最后将线管杯疏的另一端套接在线管上即可。

【线管与接线盒的连接】

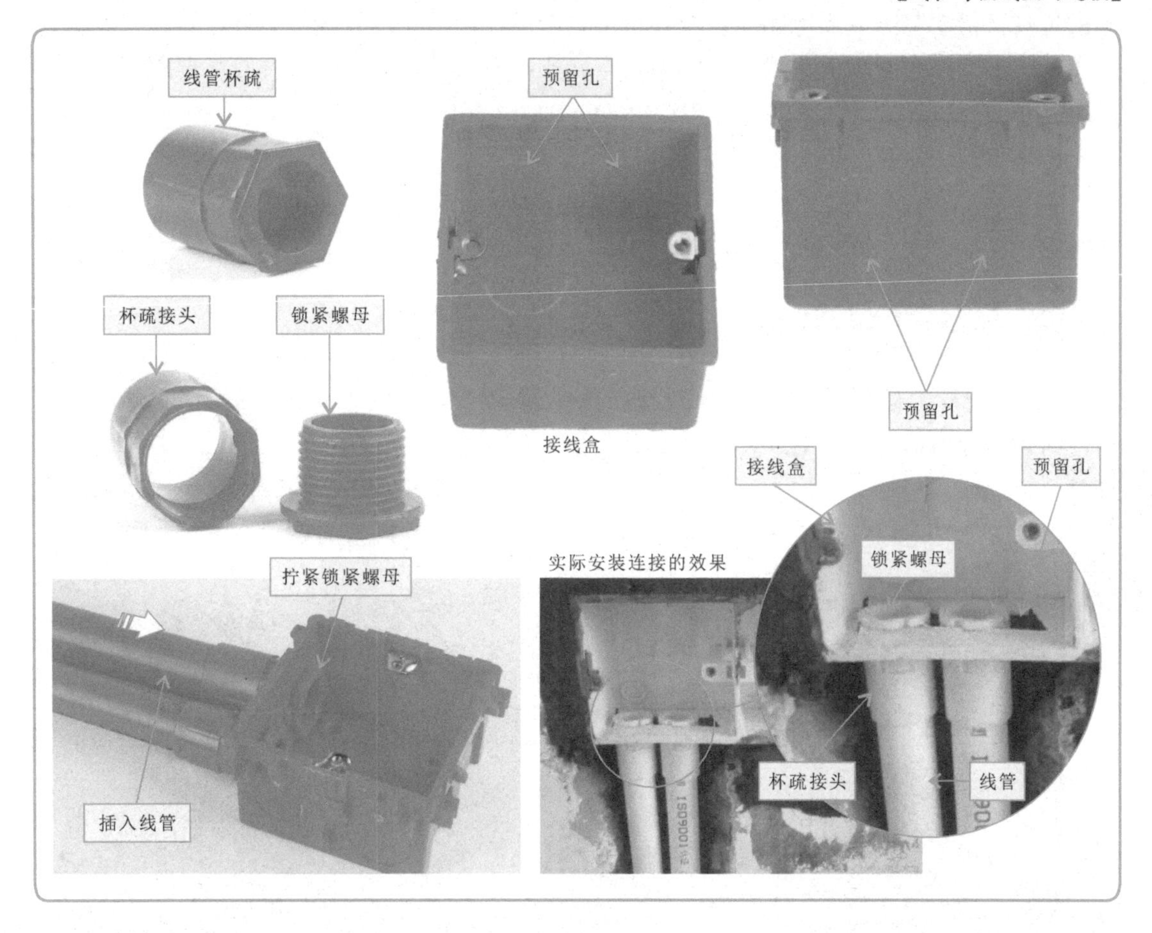

管内穿线应在穿线管铺设完后，安装开关、插座、灯具等电气设备之前进行。这是暗敷操作中最关键的一步。

【穿线操作】

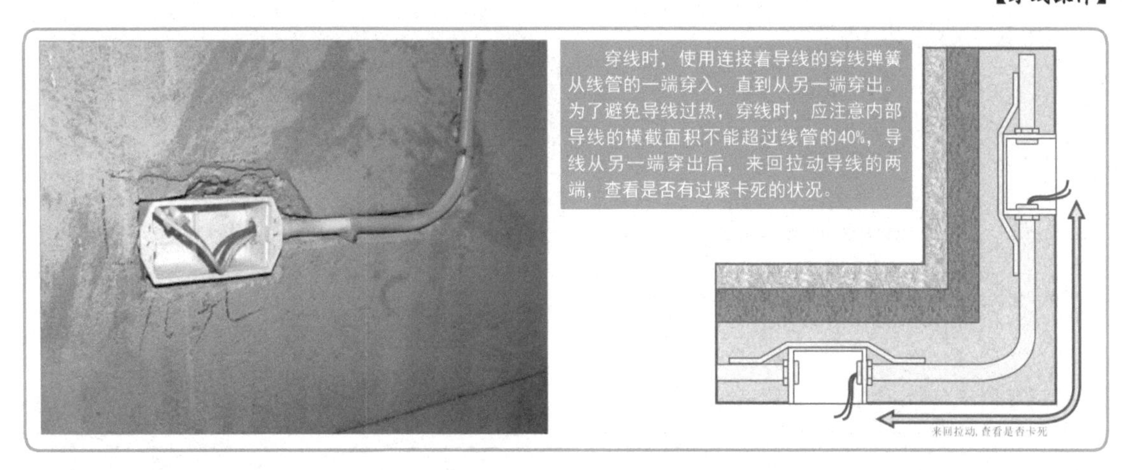

6.2 室内导线与电缆的选取

在家庭用电中，室内供电是为各种电器提供电能的最基础的供电部分，因此室内供电的优劣直接影响家庭用电的质量及各种电器的性能，而室内导线的好坏则直接影响室内供电，所以根据不同的需要选择不同的室内导线、电缆是家装水电工首要掌握的知识。

6.2.1 室内导线与电缆的规格及应用

在室内布线中，导线与电缆一律使用绝缘导线。下面介绍家装所需要的各种导线与电缆的种类、性能及配线的基本要求。

1. 室内导线与电缆的规格

（1）塑料绝缘硬线。塑料绝缘硬线的线芯数较少，通常不超过5芯，在其规格型号标注时，首字母通常为“B”。

【常见塑料绝缘硬线的规格、性能及应用】

BV线

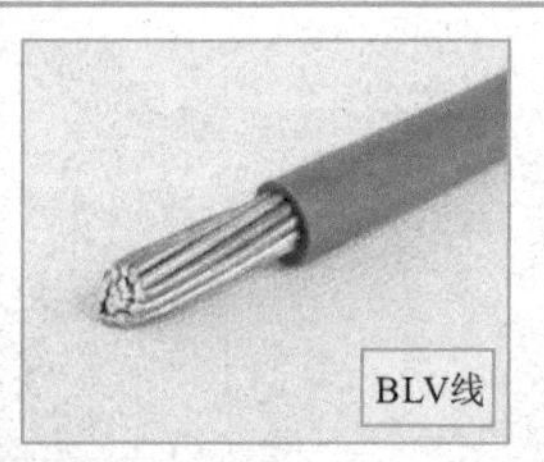
BLV线

BVR线

BVV线

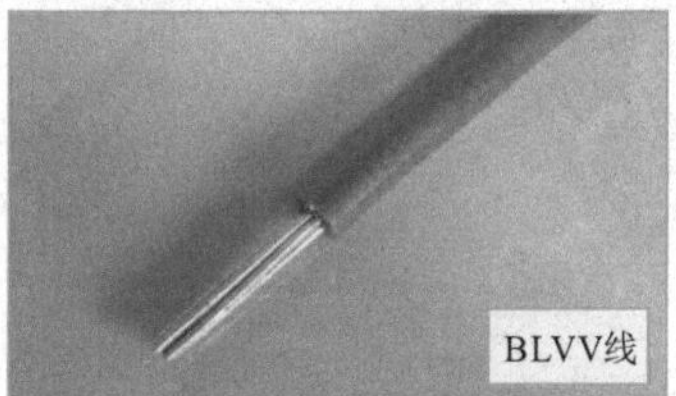
BLVV线

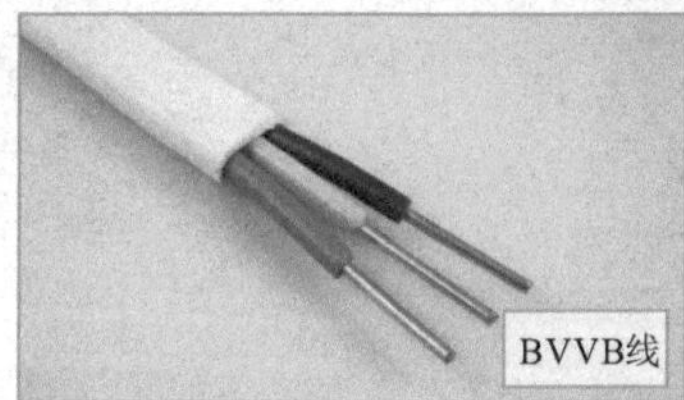
BVVB线

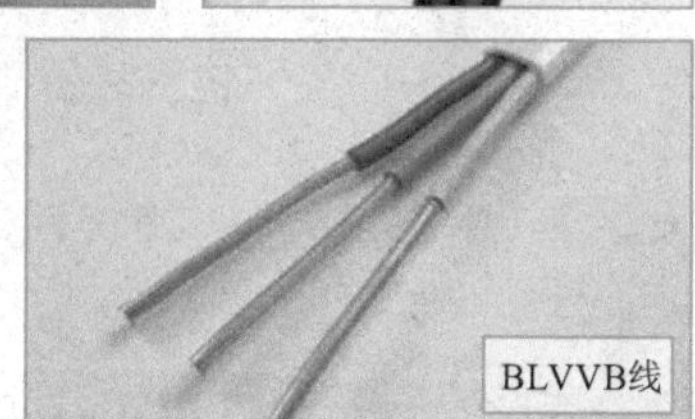
BLVVB线

型　号	名　称	截面积/mm²	应　用
BV	铜芯塑料绝缘导线	0.8～95	常用于家装中的明敷和暗敷用导线，最低敷设温度不低于-15℃
BLV	铝芯塑料绝缘导线	0.8～95	
BVR	铜芯塑料绝缘软导线	1～10	固定敷设，用于安装要求柔软的场合，最低敷设温度不低于-15℃
BVV	铜线塑料绝缘护套圆形导线	1～10	固定敷设于潮湿的室内和机械防护要求高的场合，可用于明敷和暗敷
BLVV	铝芯塑料绝缘护套圆形导线	1～10	
BVVB	铜芯塑料绝缘护套平行线	1～10	适用于照明线路敷设
BLVVB	铝芯塑料绝缘护套平行线		

（2）塑料绝缘软线。塑料绝缘软线的型号多是以“R”字母开头的导线，通常其线芯较多，导线本身较柔软，耐弯曲性较强，多作为电源软接线使用。

【常见塑料绝缘软线的规格、性能及应用】

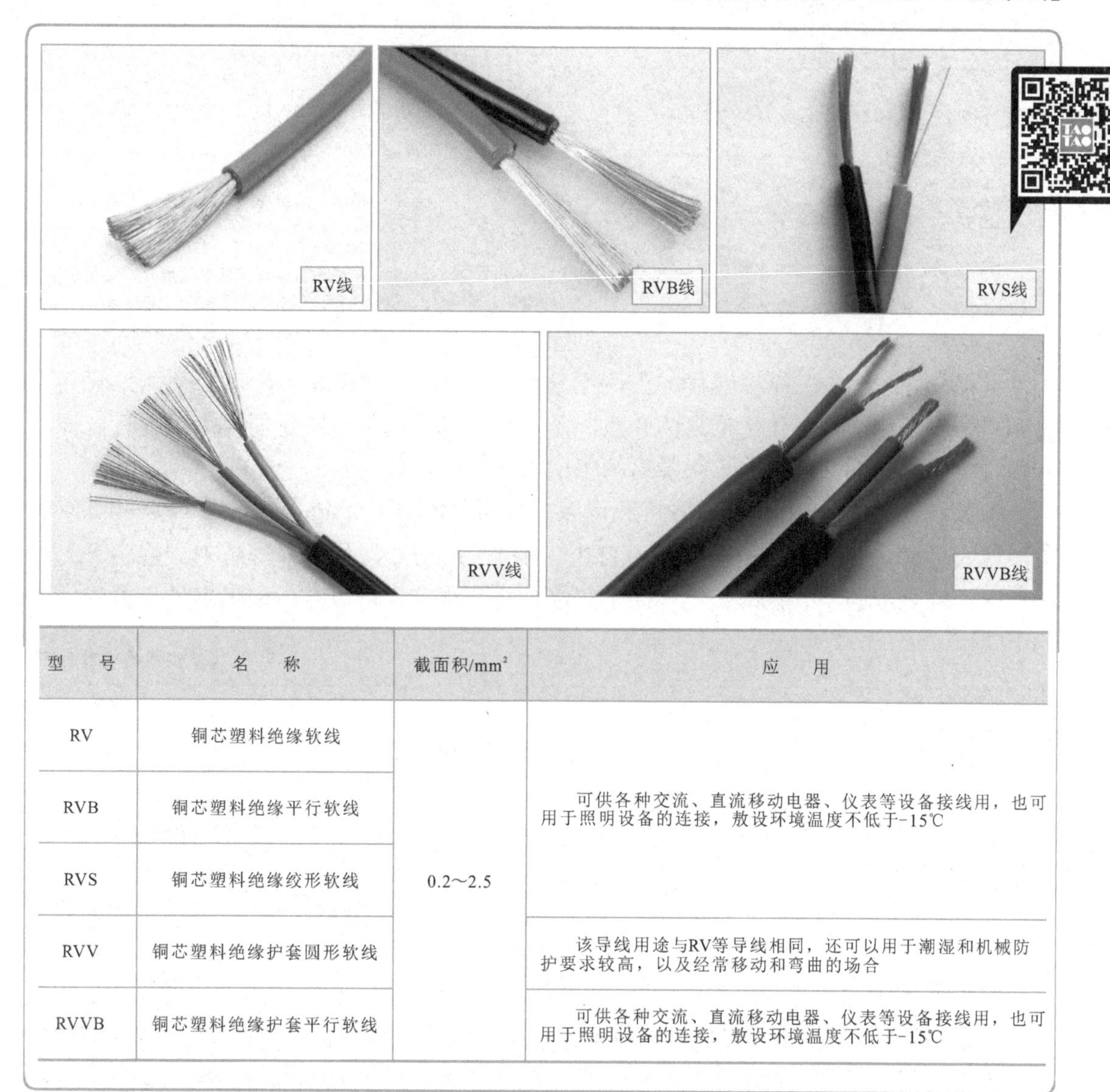

型　号	名　称	截面积/mm²	应　用
RV	铜芯塑料绝缘软线	0.2～2.5	可供各种交流、直流移动电器、仪表等设备接线用，也可用于照明设备的连接，敷设环境温度不低于-15℃
RVB	铜芯塑料绝缘平行软线		
RVS	铜芯塑料绝缘绞形软线		
RVV	铜芯塑料绝缘护套圆形软线		该导线用途与RV等导线相同，还可以用于潮湿和机械防护要求较高，以及经常移动和弯曲的场合
RVVB	铜芯塑料绝缘护套平行软线		可供各种交流、直流移动电器、仪表等设备接线用，也可用于照明设备的连接，敷设环境温度不低于-15℃

特别提醒

塑料绝缘导线是电工用导电材料中应用最多的导线之一，现在大多室内敷设的导线都采用塑料绝缘导线。按照其用途及特性不同可分为塑料绝缘硬线和塑料绝缘软线两种类型。其中塑料绝缘软线的抗拉强度不如硬线，但是同样截面积软线的载流量比塑料绝缘硬线（单芯）高。

（3）橡胶绝缘导线。橡胶绝缘导线主要是由天然丁苯橡胶绝缘层和导线线芯构成的。常见的电工用橡胶绝缘导线多为黑色、较粗（成品线径为4.0～39mm）的导线，在家装电工中常用于照明装置的固定敷设、移动电气设备的连接等。

【常见橡胶绝缘导线的规格型号、性能及应用】

型　号	名　称	截面积/mm²	应　用
BX BLX	铜芯橡胶绝缘导线 铝芯橡胶绝缘导线	2.5～10	适用于交流、照明装置的固定敷设
BXR	铜芯橡胶绝缘软导线		适用于室内安装及要求柔软的场合
BXF BLXF	铜芯氯丁橡胶导线 铝芯氯丁橡胶导线		适用于交流电气设备及照明装置
BXHF BLXHF	铜芯橡胶绝缘护套导线 铝芯橡胶绝缘护套导线		适用于敷设在较潮湿的场合，可用于明敷和暗敷

（4）网络线缆（简称网线）。网络线缆（Network Cable）是从一个网络设备连接到另外一个网络设备传递信息的介质，是网络的基本构件。常见的网络线缆有光纤、同轴电缆和双绞线。其中双绞线是家装中应用的网络线缆。

双绞线（Twisted Pair）分为屏蔽双绞线（Shielded Twisted Pair，STP）和非屏蔽双绞线（Unshielded Twisted Pair，UTP）两种。屏蔽双绞线比非屏蔽双绞线多了一层金属网，称为屏蔽层。在屏蔽层外面是绝缘外皮，屏蔽层可以有效地隔离外界电磁信号的干扰。

【双绞线的实物外形】

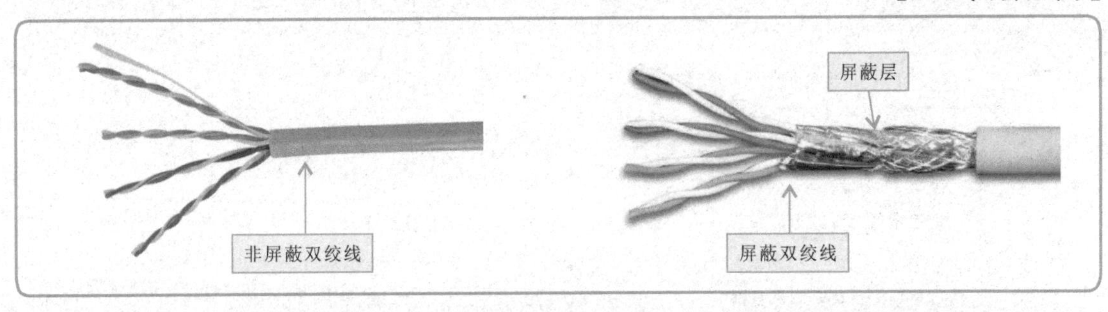

目前家装中使用频率最高的网线是非屏蔽双绞线（UTP）。这种网线的塑料绝缘外皮里面包裹着8根信号线，它们每两根为一对相互缠绕，形成总共4个线对。双绞线采用相互缠绕的目的是利用铜线中电流产生的电磁场相互作用，抵消邻近线路的干扰，并减少来自外界的干扰。在双绞线内，不同线对的扭绞长度不同，一般扭绞越密，其抗干扰能力就越强，成本也越高。

非屏蔽双绞线电缆具有以下优点：

●无屏蔽外套，直径小，节省所占用的空间。

●重量轻，易弯曲，易敷设。

●将串扰减至最小或加以消除。

●具有阻燃性。

●具有独立性和灵活性，适用于结构化综合布线。

如果家装中使用屏蔽双绞线，一定要将屏蔽双绞线的屏蔽层正确接地。其目的是使噪声减小到最小，提高信噪比，使双绞线具有抗干扰、防辐射的能力。

（5）电话线。电话线是家庭中不可缺少的线路。在一般要求的家装中，电话线采用的是2芯电话线缆，随着信息交流技术的不断发展，例如面向未来的智能家居网通过固定电话的电话线来发送指令信号等，就必须要考虑使用4芯电话线缆。

【常见2芯线缆和4芯线缆】

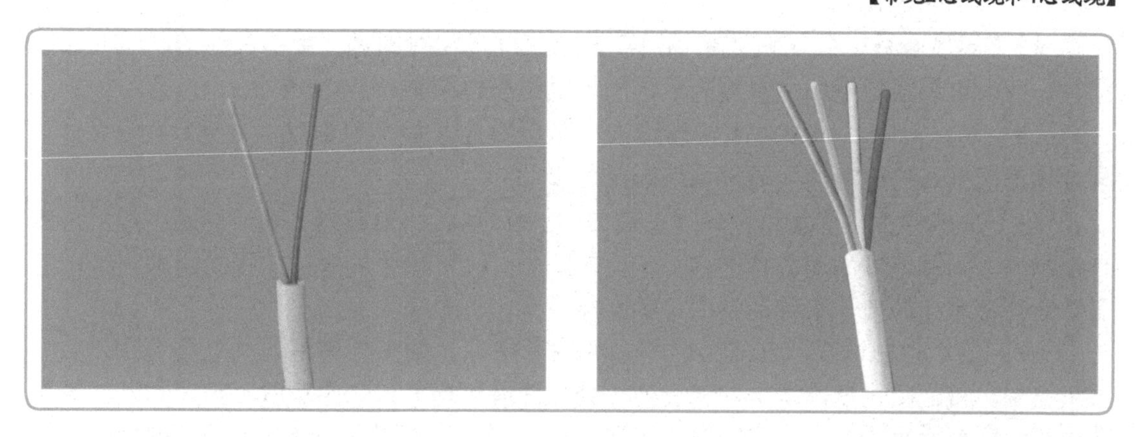

（6）有线电视线。有线电视线又称为馈线，与网线、电话线同样是家装中不可缺少的弱电安装线路。有线电视线大多采用同轴电缆。同轴电缆由同轴结构的内、外导体构成，具体分内导体、绝缘介质、外导体和护套（保护层）四部分，绝缘介质使内、外导体绝缘且保持轴心重合。

内导体（又称芯线）可以用铜线、铜包铝线、铜包钢线制成。外导体（又称屏蔽层）一般由铜丝编织而成，或镀锡铜丝编织网内加一层铝箔而成，也有用金属管（铝管）或波状铜管制成的。外导体与内导体之间是绝缘介质，其介质的电特性在很大程度上决定着同轴电缆的传输和损耗特性，经常使用的绝缘介质有干燥空气、聚乙烯（PEV）、聚丙烯、聚氯乙烯（PVC）和氟塑料材料的混合物，其结构形式有竹节、纵孔（藕式）、高发泡等。外导体外层有一层护套，常用聚乙烯或乙烯基类材料，由于填充物的不同分成黑色和白色。

【同轴电缆结构图】

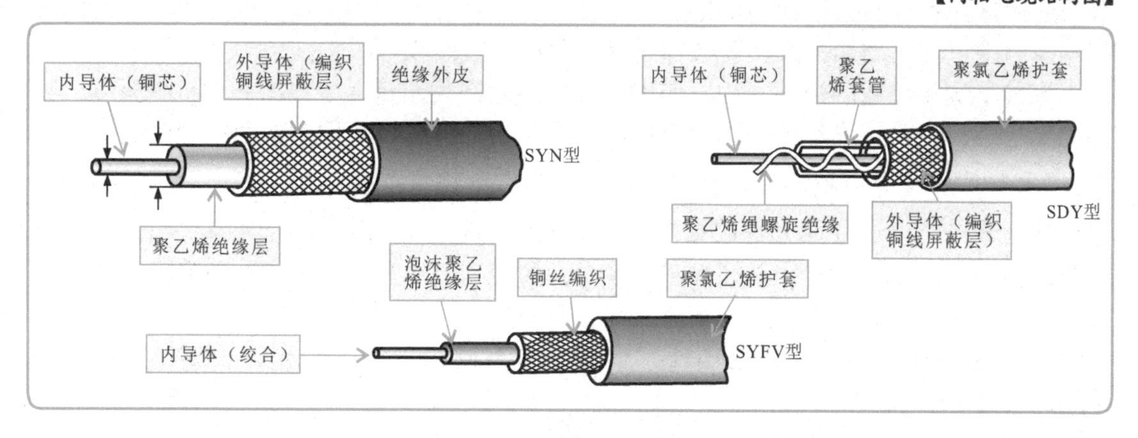

由于在馈线中，既要传输高频信号，又要传输低频信号，还有为高频头直流供电，因此应该选购优质低损耗同轴电缆，才能确保信号的畅通无阻。

同轴电缆的主要技术指标如下：

（1） 特性阻抗。同轴电缆的特性阻抗与外导体直径、内导体直径和绝缘介质的相对介电常数有关。

（2）衰减常数。射频信号在同轴电缆中传输时的损耗与同轴电缆的结构尺寸、介电常数、工作频率有关。

（3）温度系数。温度系数表示一年四季温度变化对同轴电缆损耗值的影响。温度增加，同轴电缆损耗增加；温度降低，同轴电缆损耗减小。

（4）回路电阻。回路电阻（也称为环路电阻）是指单位长度（如1km）内导体与外导体形成回路的电阻值（通常以Ω/km表示）。

（5）屏蔽特性。屏蔽特性以屏蔽衰减（dB）表示，dB数越大表明同轴电缆的屏蔽性能越好。同轴电缆的屏蔽特性好，不但可防止周围环境中的电磁干扰影响本网络，也可防止同轴电缆的传输信号泄漏而干扰其他设备。

（6）最小弯曲半径。在安装时特别要注意指标，如果同轴电缆某处弯曲程度太大或被夹扁，特性阻抗就不均匀，将会使该处的驻波比增大，产生反射。因此同轴电缆弯曲时，一定要不小于产品给定的最小弯曲半径，对于未标明最小弯曲半径的同轴电缆，其弯曲半径一般应为同轴电缆直径的6～10倍。

（7）线缆老化。随着时间的推移，敷设在室内的同轴电缆会出现老化，各项性能指标都要发生变化，其中同轴电缆衰减特性改变很大。因此在选购有线电视线时，要考虑线缆的使用寿命。

2. 室内导线与电缆的应用要求

室内导线的选择是指根据不同电路功率需要的不同、电压允许压降的不同及导线自身允许机械强度的不同，来计算室内导线需要的型号、规格，以保证用电安全。

导线横截面积选择过大时，将增加铜的使用量，从而增加了导线采购的费用；如果导线的横截面积过小，导线中电压的损失会变大，并且导线的接头会过热而熔断，同时影响家庭中电器的增加。因此要选择合理的导线横截面积。

家装中选择导线的横截面积，应根据导线的允许载流量、导线的最大机械强度、线路允许电压损失和经济条件等进行选择，下面介绍几种选择不同横截面积导线的方法。

（1）按导线允许载流量选择导线。导线具有电阻，当通过电流时，导线会发热，温度随之升高。一般导线允许的最高工作温度为+65℃。当温度超过允许温度后，导线绝缘层将加速老化。因此，必须按照导线允许的最高温度计算允许通过的最大电流，通过计算得出允许最大电流来选择相应导线的横截面积。

在家装中常用的导线为铜芯线。横截面积不同的导线，其允许长期工作的电流不同。

【导线横截面积在不同温度下允许的最大载流量】

横截面积（大约值）/mm²	铜线温度/℃			
	60	75	85	90
	电流/A			
2.5	20	20	25	25
4	25	25	30	30
6	30	35	40	40
8	40	50	55	55
14	55	65	70	75
22	70	85	95	95
30	85	100	100	110
38	95	115	125	130
50	110	130	145	150
60	125	150	165	170
70	145	175	190	195
80	165	200	215	225
100	195	230	250	260

（2）按导线允许机械强度选择导线。在导线敷设时或敷设完成后，导线会因为自身重量及外力的作用，造成导线发生断线的故障。其中发生断线的原因还与敷设方式及支持点相关。

当负荷很小时，如果按导线的载流量选择导线的横截面积，其导线会因为选择横截面积太小而不能满足导线的机械强度，容易发生断线故障。因此，当导线负荷小时，可根据导线的机械强度选择导线的横截面积。

根据导线横截面积选择室内配线线芯的最小允许横截面积。

【室内配线线芯的最小允许横截面积】

敷设方式	固定点的间距/mm	绝缘铜线最小横截面积/mm²
瓷夹配线	≤60	1
鼓形绝缘子配线	≤150	1
	≤200	1.5
绝缘子配线	≤300	1.5
	≤600	2.5
塑料护套配线	≤20	0.5
钢管或塑料管配线	—	1.0

（3）按允许电压降选择导线。根据导线载流量选择的导线，还需要按照用电设备允许的电压降来进行导线的选择。

【用电设备允许的电压降值】

用电设备	电动机	照明设施	个别较远的电动机
允许的电压降	5%	6%	8%～12%

6.2.2 室内导线与电缆的选取方案

室内导线与电缆的应用可分为强电和弱电两大类。强电一般指市电、照明等供配电系统。家庭中的照明灯具、电热水器、取暖机、电冰箱、微波炉、电饭锅、电水壶、电熨斗、电视机、排烟机、空调机、DVD、音响设备（输入端）等均为强电电气设备。而弱电一般用于直流电路或音频、视频线路、网络线路、电话线路，直流电压一般在24V以内。电话、计算机的信号传输（网线）、电视机的信号输入（有线电视线路）、音响设备（输出端线路）等均为弱电电气设备。

不同的电气系统网络对导线与电缆的选取要求各不相同，下面以实例进行详细的讲解。

1. 强电导线与电缆的选取方案

强电导线与电缆的选取和家庭电器总功率息息相关，而家庭电器的总功率则是各分支路功率之和的80%。

掌握以下几个公式，可便于对强电导线与电缆的选取。

总功率公式：$P_{总}=（P_1+P_2+P_3+\cdots+P_n）\times 0.8$（W）。

总开关承受的电流：$I_{总}=P_{总}/220$（A）。

分支路开关承受的电流：$I_{支}=0.8P_n/220$（A）。

空调回路要考虑到起动电流，其开关承受的电流：$I_{空调}=（0.8P_n/220）\times 3$（A），空调的起动电流是额定电流的3倍。

例如下图为某家庭强电施工图，分为照明支路、空调支路、厨房支路、普通插座支路和卫生间支路。

【某家庭强电施工图】

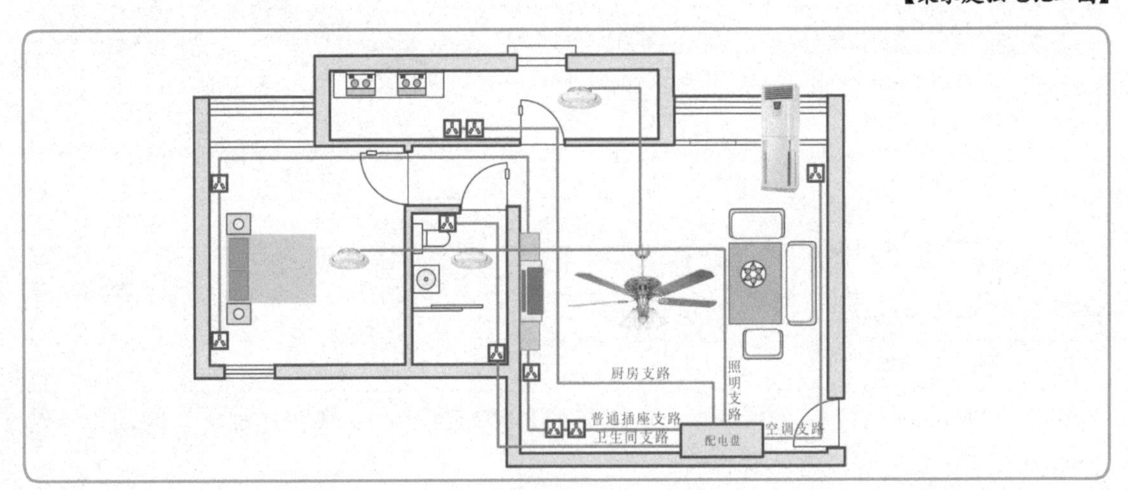

根据设计，预算家庭用电量及导线电缆的选配方案。

【预算家庭用电量及导线电缆选配方案】

支路名称	电气设备	功　率	承受电流	导线截面积 / mm^2
照明支路	吊扇灯、吊灯等	≈800W	$I_{照明}$=0.8×800 / 220A≈3A	2.5
空调支路	柜式空调	≈3500W	$I_{空调}$=0.8×3500 / 220×3A≈38A	4
厨房支路	电冰箱、抽油烟机、微波炉、电饭煲等	≈4000W	$I_{厨房}$=0.8×4000 / 220A≈15A	2.5
普通插座支路	电视机、组合音响、台式计算机、笔记本式计算机、吸尘器等	≈3500W	$I_{插座}$=0.8×3500 / 220A≈13A	2.5
卫生间支路	洗衣机、浴霸、热水器等	≈3500W	$I_{卫生间}$=0.8×3500 / 220×3A≈39A	4

特别提醒

2.5mm²铜芯、导线的安全载流量为20A，在家装过程中，为了购买导线的一致性、布线时的便捷性，以及为日后用电量的增长留出余量的安全性考虑，即使像照明支路这样没有太大电流量的支路，也应选择2.5mm²的铜导线。也就是说，在室内线路在选取时，导线最低截面积不得低于2.5mm²。而空调等大功率电器要用4mm²铜芯导线。入户线则应根据总用电量，选择不低于10mm²的铜芯导线。

选择铜芯导线进行暗敷操作，快速估算时，导线截面积（单位为mm²）与额定载流量（单位为A）的数值比约等于1/4，即1mm²截面积铜芯导线的额定载流量约为4A。

2. 弱电导线与电缆的选取方案

室内弱电导线与电缆主要是指网线、电话线、有线电视线、报警线等各种信号线缆，在选取时，需要根据线缆的特殊要求或信号传输方式进行选取。

（1）网线的选取方案。在家装中，常见的网线为双绞线，根据屏蔽情况分为屏蔽双绞线和非屏蔽双绞线两类。在无特殊要求的情况下，大多采用非屏蔽线，非屏蔽线通常分为三类、四类、五类、超五类、六类、七类双绞线等类型。目前在室内布线中，五类双绞线因其价格便宜、易于布线等优点而被广泛应用。

（2）电话线的选择方案。电话线通常是在2线芯和4线芯两者中进行选择敷设，如果要安装可视电话等智能电话等则需要安装4芯电话线，以满足正常的生活需要，无特殊要求则选择安装2芯电话线即可。

（3）有线电视线的选择方案。有线电视室内辐射线路常用采用同轴电缆，在选取时首先应考虑家庭使用电视机的数量及位置，选取分支适配器；然后将SKY75-5同轴电缆穿PVC20管进行辐射，在穿线敷设的时候，要注意线路中间不能有接头，以保证收视效果。

（4）报警线的选择方案。在高档小区中，室内线路会涉及报警系统，该系统通常采用的是8芯护套线，作为专用线缆，应根据设备要求进行选取。

3. 室内线管的选择方案

室内导线与线缆选择完成后，需要选择穿导线使用的线管，导线的横截面积不超过线管横截面积的40%，以保证线路的正常散热。

如选择截面积为2.5mm²的导线，则应选择管径为16 mm的线管；如选择截面积为4mm²的导线，则应选择管径为19mm的线管。这些都是按照需要穿入3根导线进行计算的。

【根据导线横截面积和根数不同选择线管的管径】

导线的横截面积/mm²	线管的不同管径/mm								
	导线的根数/根								
	2	3	4	5	6	7	8	9	10
1.0	13	16	16	19	19	25	25	25	25
1.5	13	16	19	19	25	25	25	25	25
2.0	16	16	19	19	25	25	25	25	25
2.5	16	16	19	25	25	25	25	25	32
3.0	16	16	19	25	25	25	25	25	32
4.0	16	19	25	25	25	25	32	32	32
5.0	16	19	25	25	25	25	32	32	32
6.0	16	19	25	25	25	32	32	32	32
8.0	19	25	25	32	32	32	38	38	38
10	25	25	32	32	38	38	38	51	51
16	25	32	32	38	38	51	51	51	64
20	25	32	38	38	51	51	51	64	64
25	32	38	38	51	51	64	64	64	64
35	32	38	51	51	64	64	64	64	76
50	38	51	64	64	64	64	76	76	76
70	38	51	64	64	76	76	76	—	—
95	51	64	64	76	76	—	—	—	—

6.3 室内导线与电缆的加工连接

在电工涉及的各个工作领域中，不论是物业、家装、企业还是农村电工，在进行电气设备安装、电力或室内电气布线以及维修实际中，常常都需要将导线与导线进行连接或将导线与电气设备的端子相连接，由于连接点的电流很大，因而要求很高。这些连接头的质量在很大程度上决定了安装的电路能否安全可靠地运行，因此，熟练掌握导线的加工与连接等基本技能，是从事这一行业最基本的技能要求。

6.3.1 室内导线与电缆的常用加工方法

1. 细导线接线头的剥离

细导线是指内部线芯比较细的导线，如橡胶软线（橡胶电缆），这种导线的绝缘层由多层组成：外层的橡胶绝缘护套和芯线的绝缘层，另外，橡胶软线中的线芯外通常还包覆一层麻线，使这种导线的抗拉力性增强，多用于电源引线。

【细导线（橡胶软线）接线头的剥离】

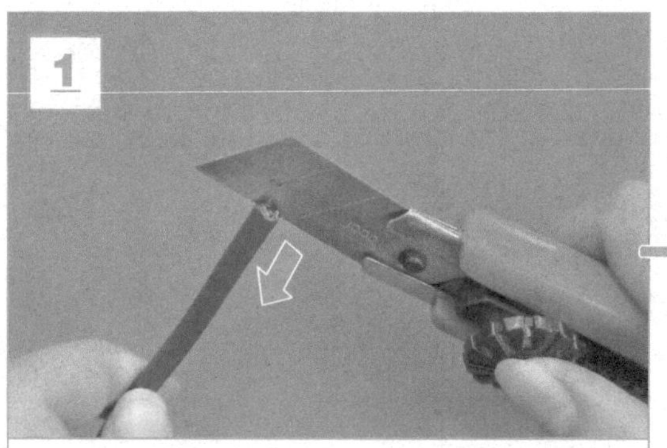

用电工刀从橡胶软线端头任意两芯线缝隙中割破部分橡胶绝缘护套层。

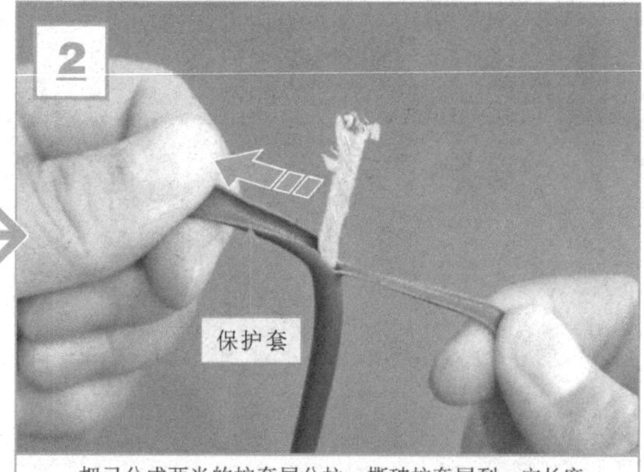

把已分成两半的护套层分拉，撕破护套层到一定长度。

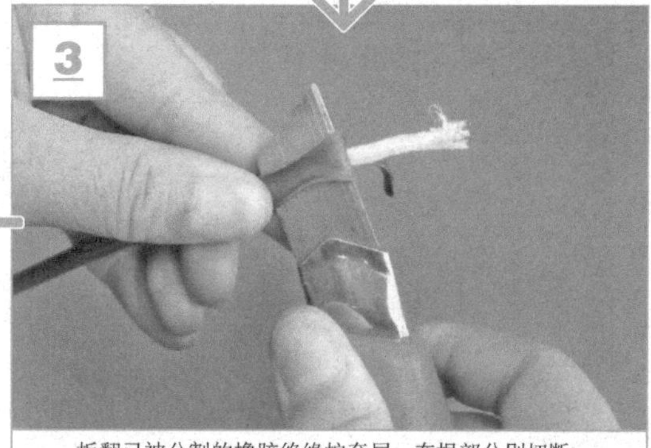

扳翻已被分割的橡胶绝缘护套层，在根部分别切断。

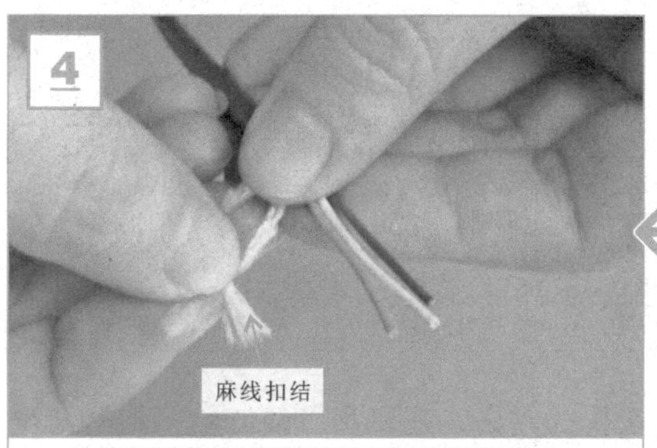

将包覆芯线的麻线在橡胶绝缘护套层切口根部扣结。

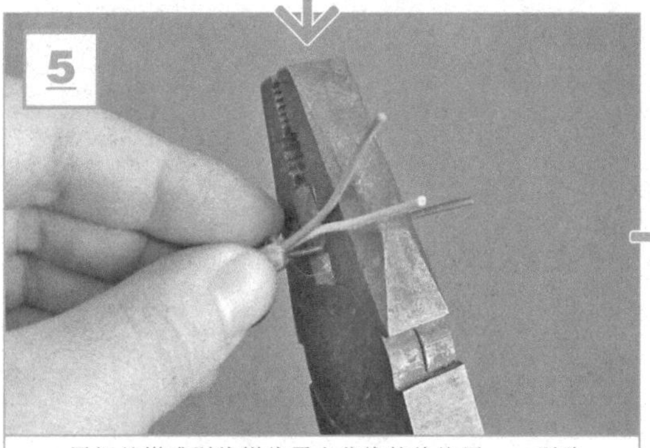

用钢丝钳或剥线钳将露出芯线的绝缘层一一剥除。

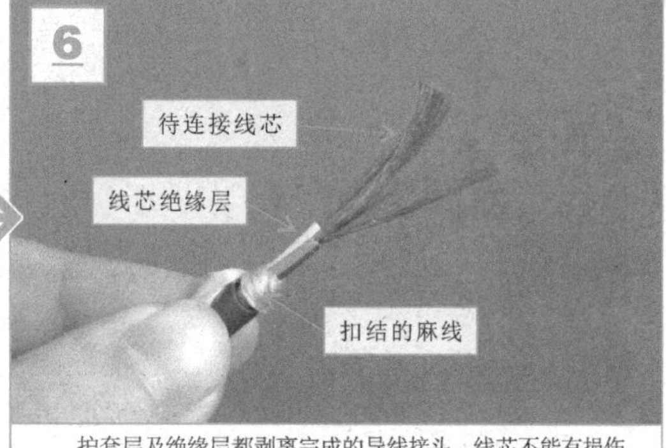

护套层及绝缘层都剥离完成的导线接头，线芯不能有损伤。

2. 粗导线接线头的剥离

粗导线一般指的是硬铜线（绝缘层内部是独根的铜导线），可使用钢丝钳、剥线钳或电工刀对其接头进行剥离。

例如线芯截面积为4 mm^2及以下的粗导线接头的剥离，在剥离导线的绝缘层时，一定不能损伤线芯，并且根据实际的应用，决定剖削导线线头的长度。

【线芯截面积为4 mm^2及以下的粗导线接头的剥离】

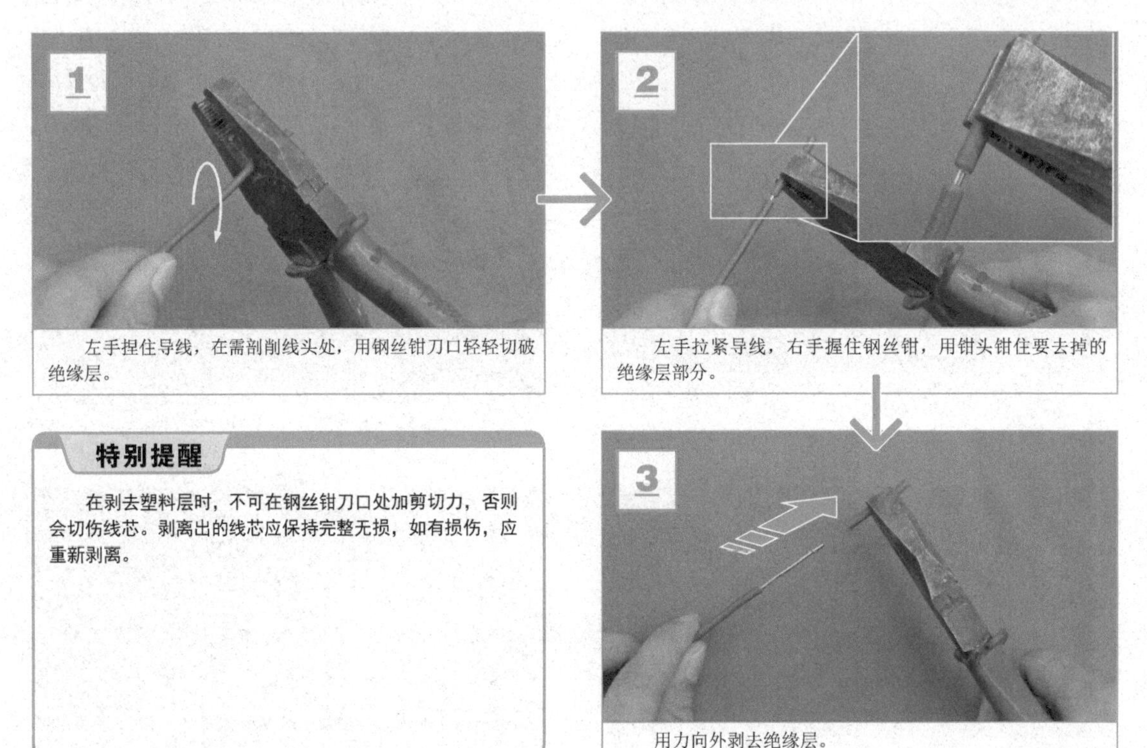

左手捏住导线，在需剖削线头处，用钢丝钳刀口轻轻切破绝缘层。

左手拉紧导线，右手握住钢丝钳，用钳头钳住要去掉的绝缘层部分。

用力向外剥去绝缘层。

特别提醒

在剥去塑料层时，不可在钢丝钳刀口处加剪切力，否则会切伤线芯。剥离出的线芯应保持完整无损，如有损伤，应重新剥离。

例如线芯截面积为4 mm^2及以上的粗导线接头的剥离，在剥离导线的绝缘层时，根据实际的应用，决定剖削导线线头的长度。

【线芯截面积为4 mm^2及以上的粗导线接头的剥离】

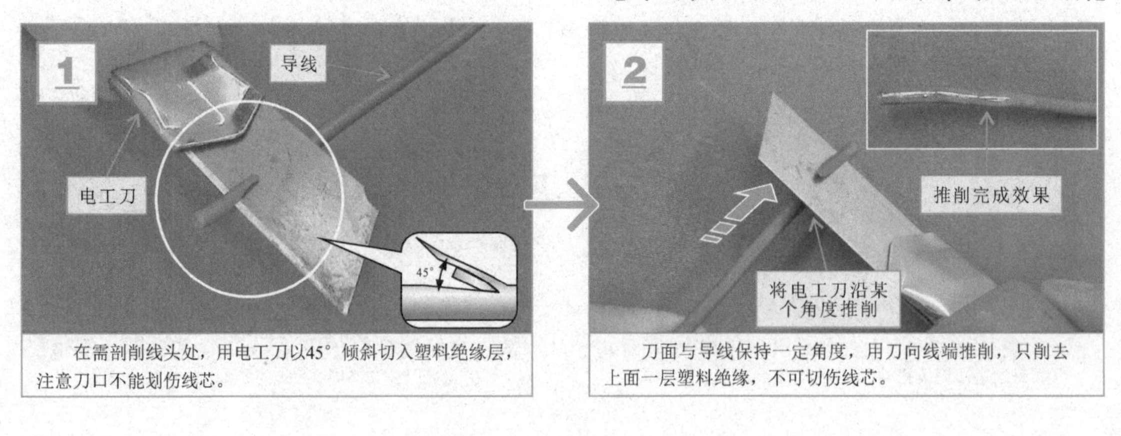

在需剖削线头处，用电工刀以45°倾斜切入塑料绝缘层，注意刀口不能划伤线芯。

刀面与导线保持一定角度，用刀向线端推削，只削去上面一层塑料绝缘，不可切伤线芯。

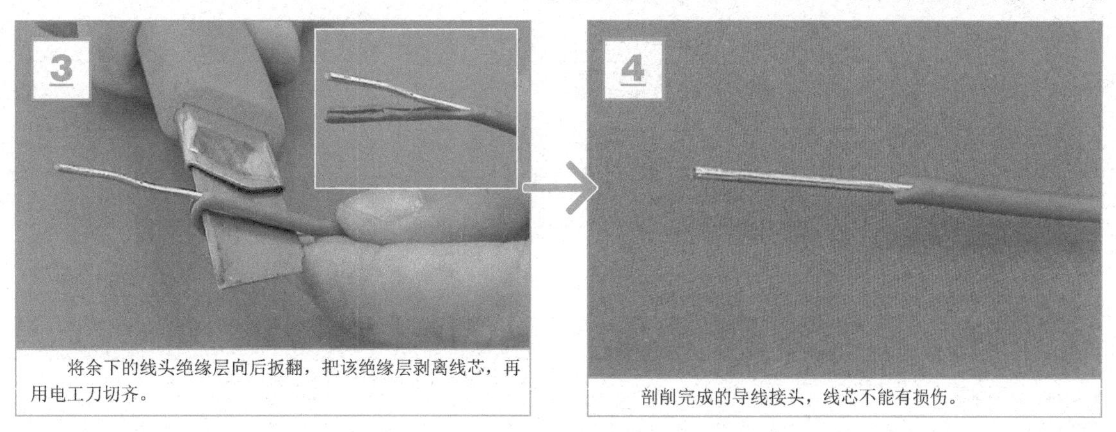

将余下的线头绝缘层向后扳翻，把该绝缘层剥离线芯，再用电工刀切齐。

剖削完成的导线接头，线芯不能有损伤。

3. 较细多股导线的剥离

较细多股导线又称护套线，线芯多是由多股铜丝组成的，不适宜用电工刀剥离绝缘层，实际操作中多使用斜口钳和剥线钳进行剥离操作。

（1）用钢丝钳剥离较细多股导线。在剖削塑料软线的绝缘层时，由于芯线较细、较多，各个步骤的操作都要小心谨慎，一定不能损伤或弄断芯线，否则就要重新剥离，以免在连接时影响连接质量。

【用钢丝钳剥离较细多股导线】

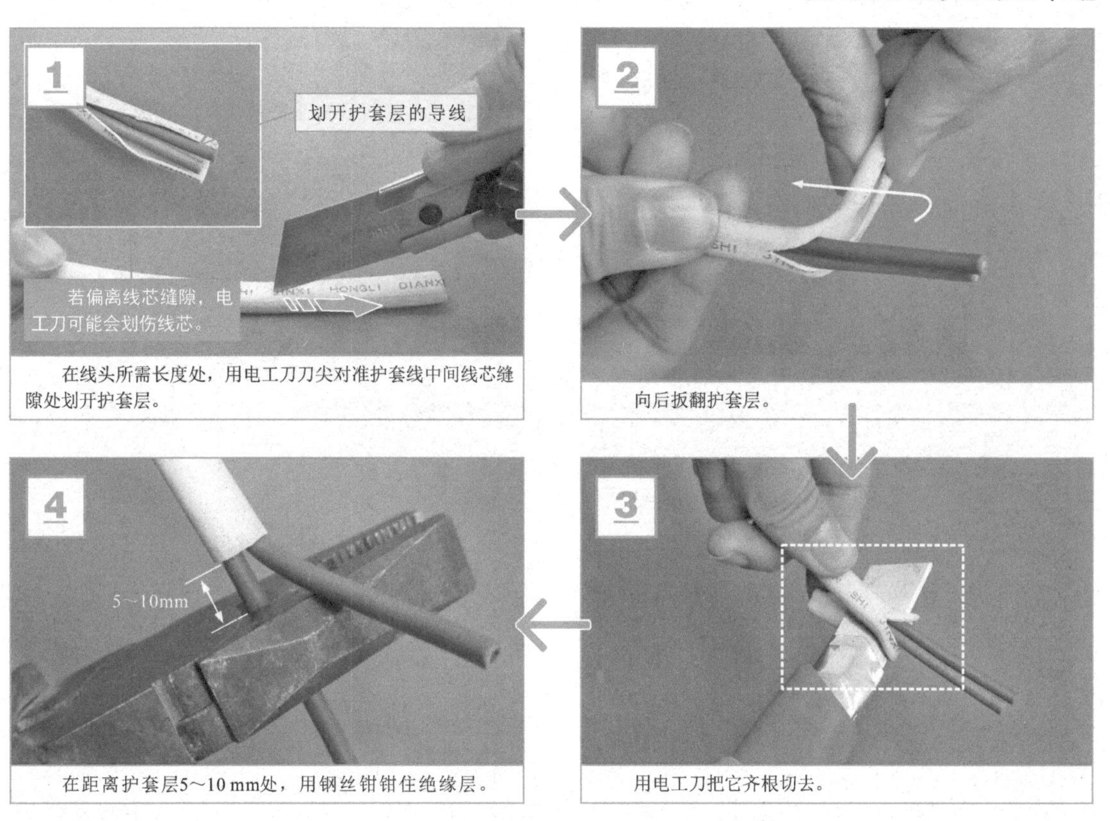

在线头所需长度处，用电工刀刀尖对准护套线中间线芯缝隙处划开护套层。

向后扳翻护套层。

用电工刀把它齐根切去。

在距离护套层5～10 mm处，用钢丝钳钳住绝缘层。

【用钢丝钳剥离较细多股导线（续）】

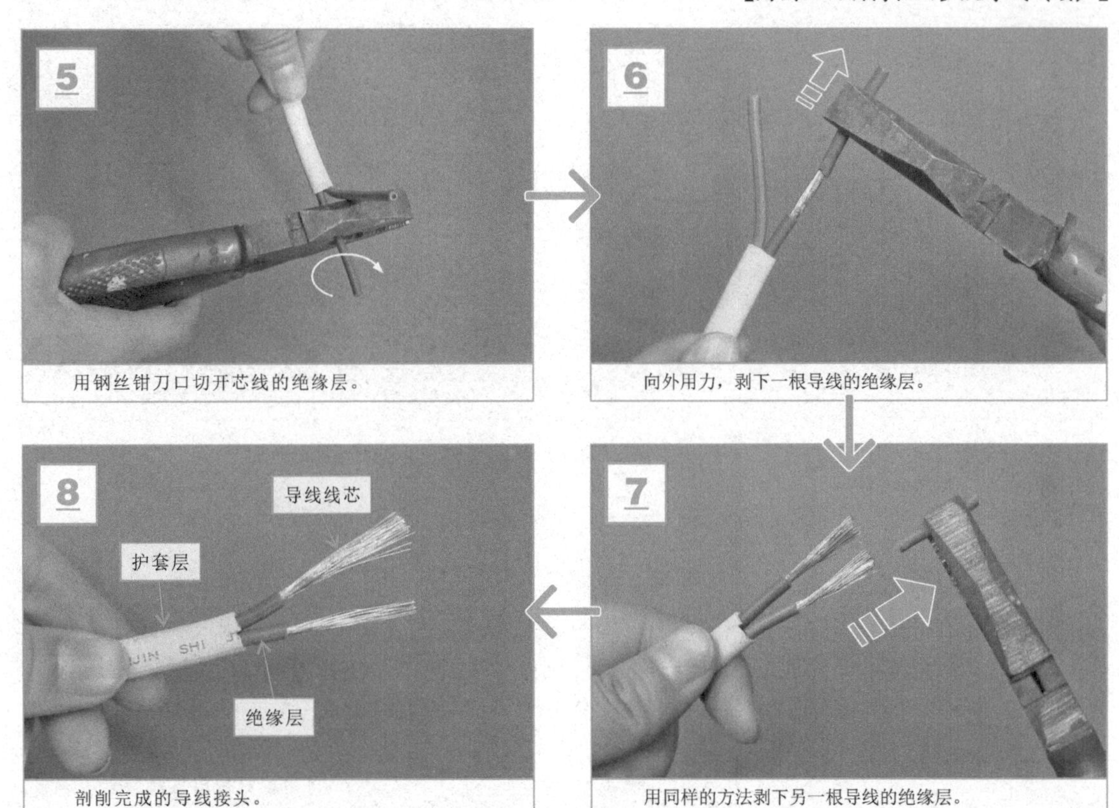

用钢丝钳刀口切开芯线的绝缘层。

向外用力，剥下一根导线的绝缘层。

用同样的方法剥下另一根导线的绝缘层。

剖削完成的导线接头。

（2）用剥线钳剥离较细多股导线。

【用剥线钳剥离较细多股导线】

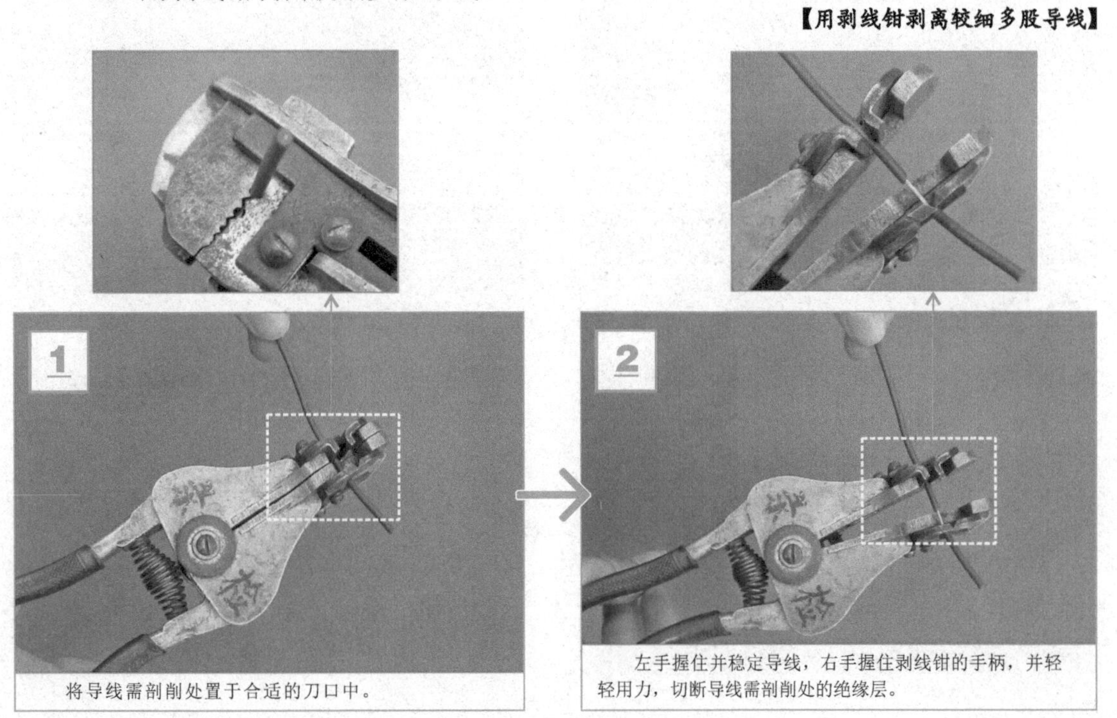

将导线需剖削处置于合适的刀口中。

左手握住并稳定导线，右手握住剥线钳的手柄，并轻轻用力，切断导线需剖削处的绝缘层。

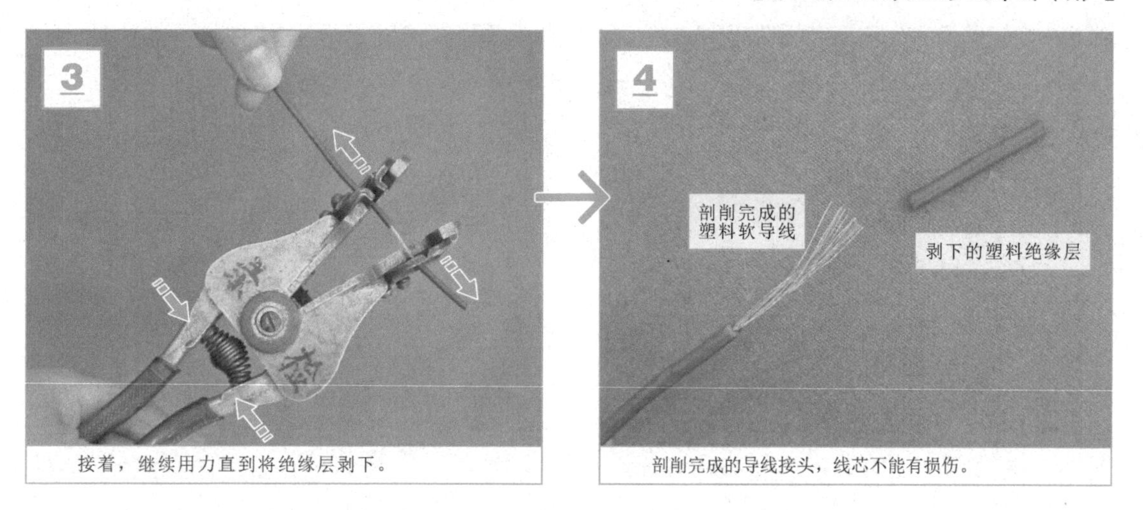

接着，继续用力直到将绝缘层剥下。　剖削完成的导线接头，线芯不能有损伤。

6.3.2 室内导线与电缆的常用连接方法

1. 单股导线的直接连接

单股铜芯导线之间进行连接时，要求相连接的导线规格型号相同，否则会因抗拉力的不同而容易断线，如在同一张力下连接两种规格的导线，它们所承受的外接水平拉力相等，但它们的抗拉力不相同，通常大规格的抗拉力性能较好，小规格的导线抗拉力较弱，那么小规格的导线可能会因机械过载而断线。

单股导线的直接连接主要有绞接法和缠绕法两种方法，其中绞接法用于截面较小的导线，缠绕法用于截面较大的导线。

（1）单股铜芯导线的绞接法连接。

【单股铜芯导线的绞接法连接】

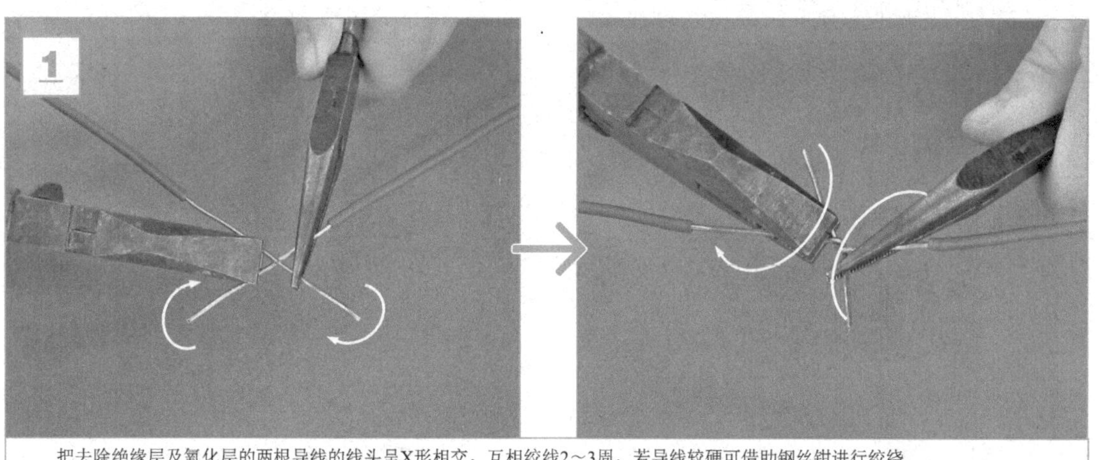

把去除绝缘层及氧化层的两根导线的线头呈X形相交，互相绞线2～3周，若导线较硬可借助钢丝钳进行绞绕。

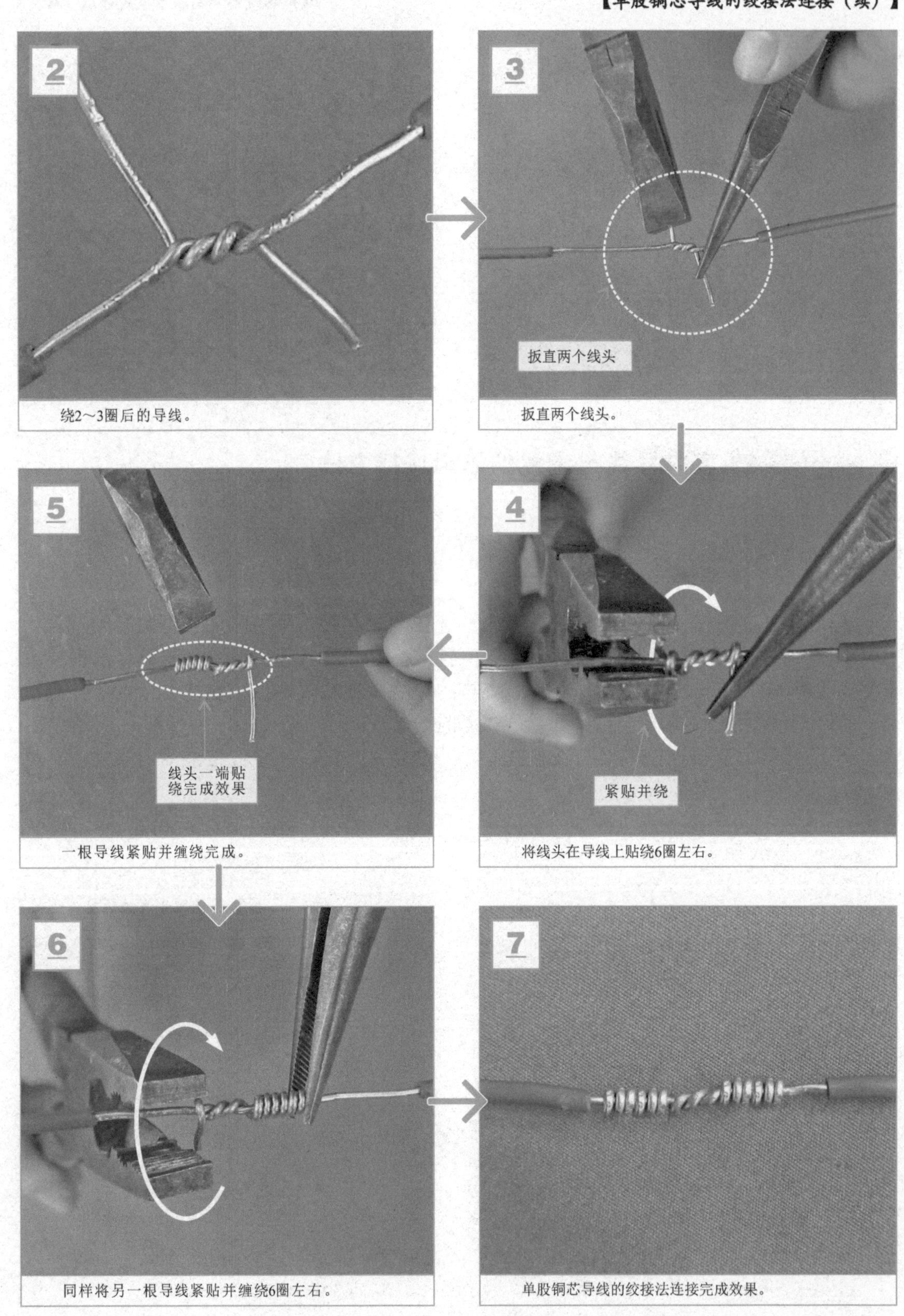

绕2～3圈后的导线。

扳直两个线头。

将线头在导线上贴绕6圈左右。

一根导线紧贴并缠绕完成。

同样将另一根导线紧贴并缠绕6圈左右。

单股铜芯导线的绞接法连接完成效果。

（2）单股铜芯导线的缠绕法连接。

【单股铜芯导线的缠绕法连接】

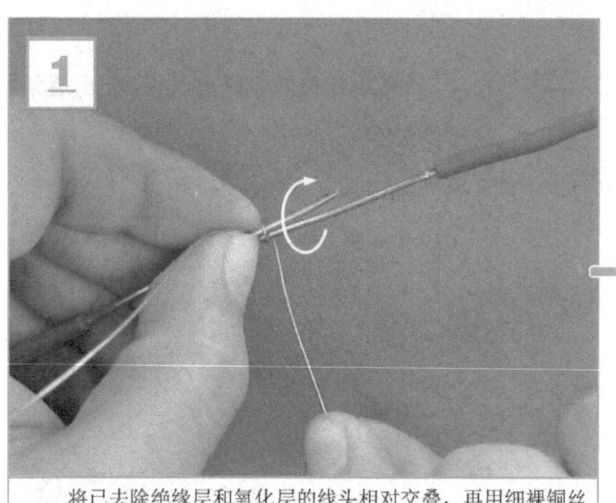

将已去除绝缘层和氧化层的线头相对交叠，再用细裸铜丝（直径约为1.6mm）在其上进行缠绕。

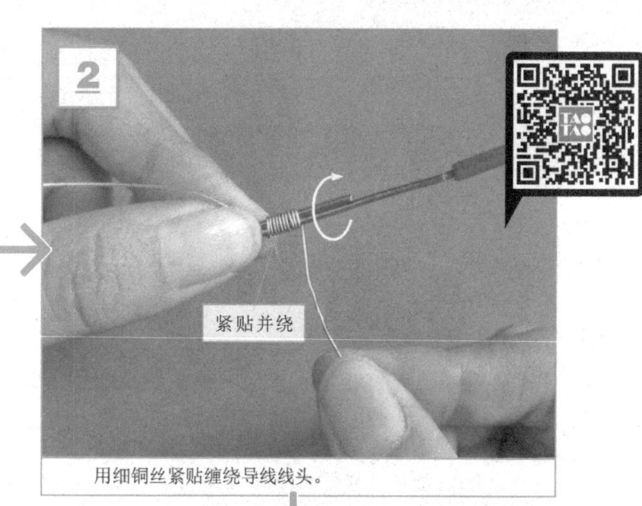

用细铜丝紧贴缠绕导线线头。

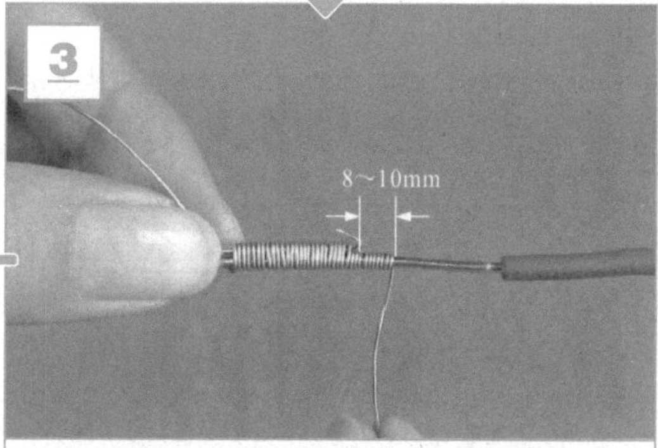

若需连接导线的线头直径在5mm及以下则缠绕长度为60mm，大于5mm的缠绕长度为90mm，且将导线线头缠绕好后还要在两端导线上各自再缠绕8～10mm（约7圈）的长度，使导线连接良好。

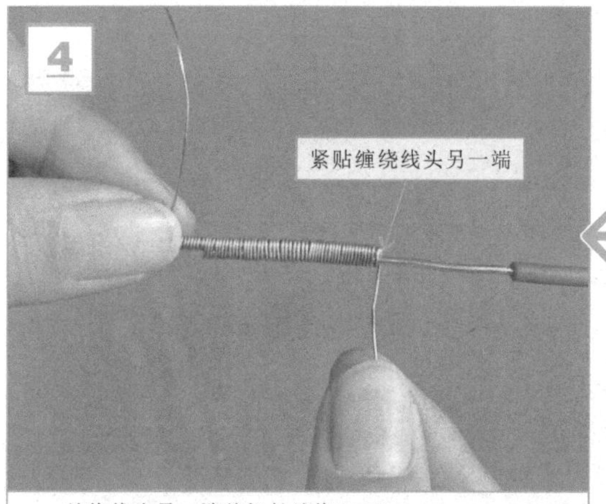

缠绕线头另一端并加长缠绕8～10mm。

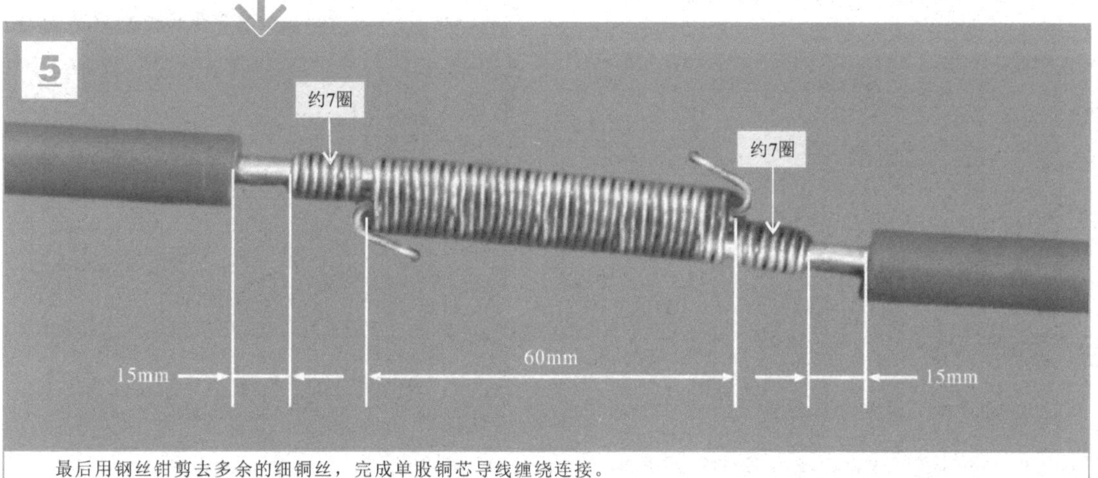

最后用钢丝钳剪去多余的细铜丝，完成单股铜芯导线缠绕连接。

2. 单股导线的T形连接

（1）单股铜芯导线的绞接法T形连接。

【单股铜芯导线的绞接法T形连接】

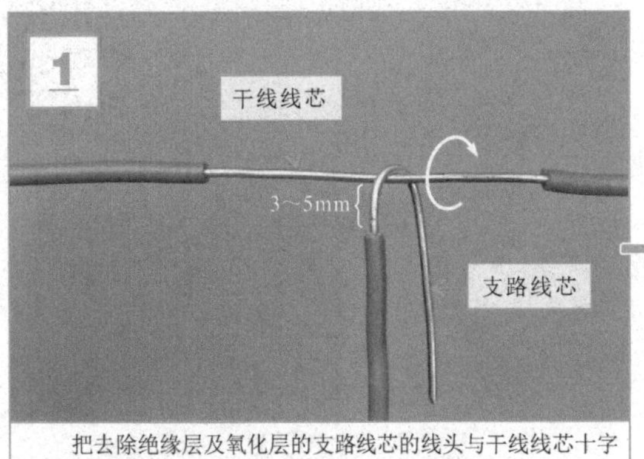

把去除绝缘层及氧化层的支路线芯的线头与干线线芯十字相交后按顺时针方向缠绕干线线芯，使支路线芯根部留出3～5mm裸线。

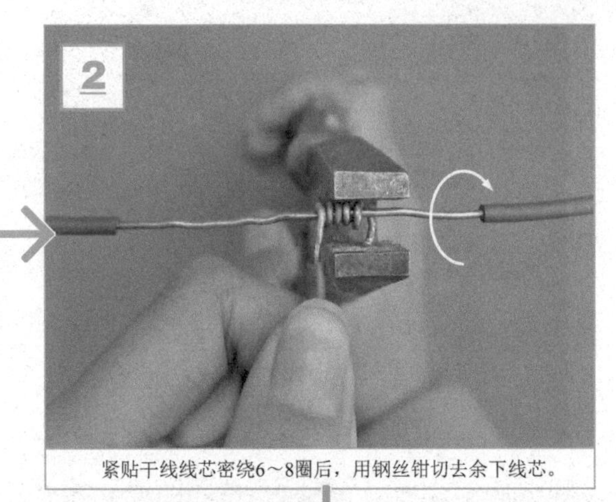

紧贴干线线芯密绕6～8圈后，用钢丝钳切去余下线芯。

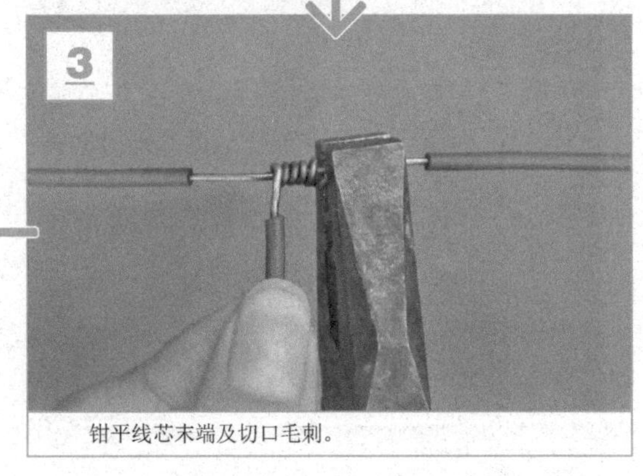

钳平线芯末端及切口毛刺。

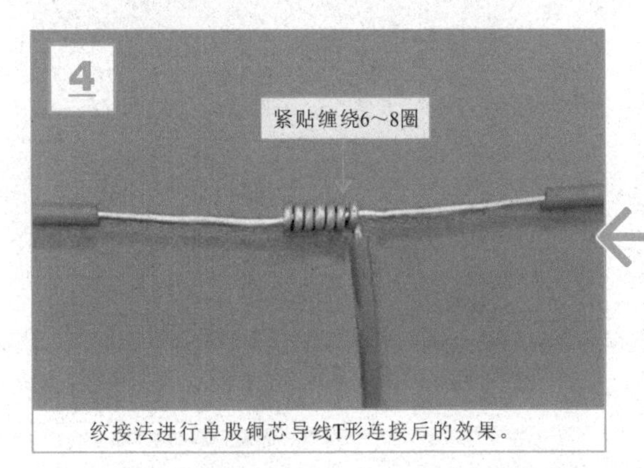

绞接法进行单股铜芯导线T形连接后的效果。

（2）单股铜芯导线的缠绕法T形连接。

【单股铜芯导线的缠绕法T形连接】

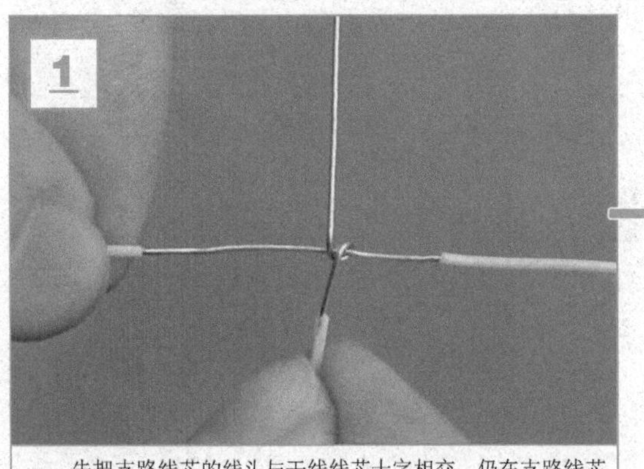

先把支路线芯的线头与干线线芯十字相交，仍在支路线芯根部留出3～5 mm裸线，然后把支路线芯在干线上环绕扣结。

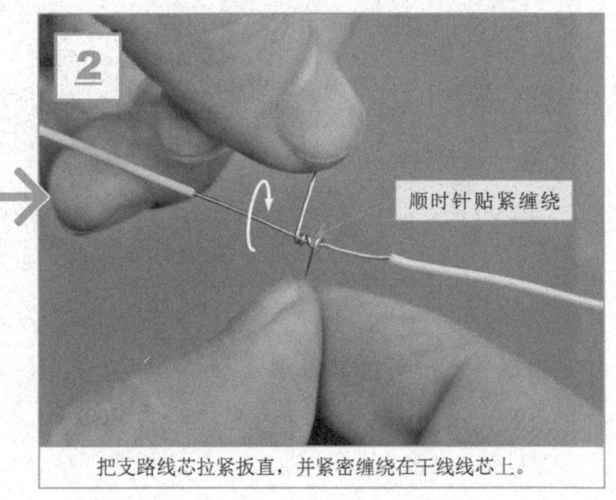

把支路线芯拉紧扳直，并紧密缠绕在干线线芯上。

【单股铜芯导线的缠绕法T形连接（续）】

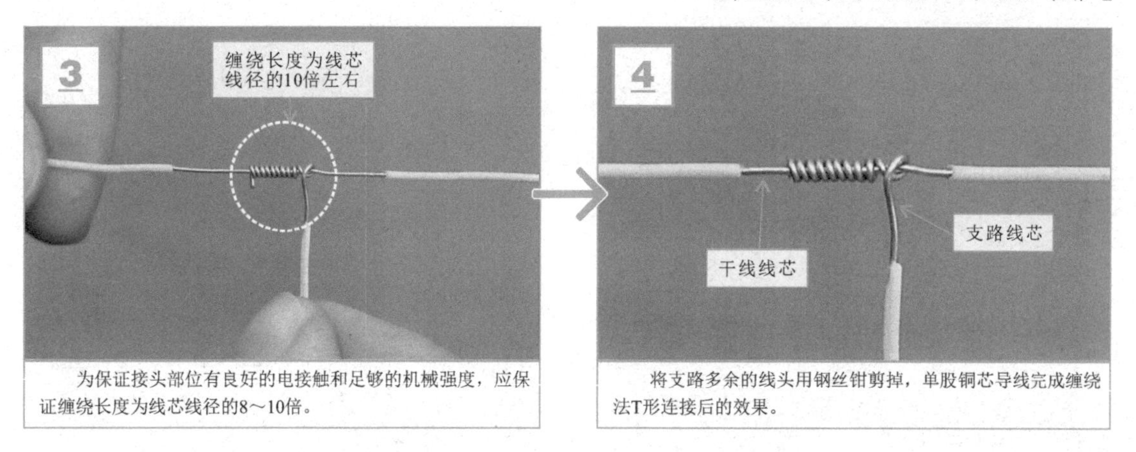

为保证接头部位有良好的电接触和足够的机械强度，应保证缠绕长度为线芯线径的8～10倍。

将支路多余的线头用钢丝钳剪掉，单股铜芯导线完成缠绕法T形连接后的效果。

3. 多股导线的直接连接

多股导线之间进行连接时，要求相连接的导线规格型号也应相同，否则同样会因抗拉力的不同而容易断线。另外，由于导线芯数较多，要求连接时操作要规范，不要损伤或弄断芯线。

【多股导线的直接连接】

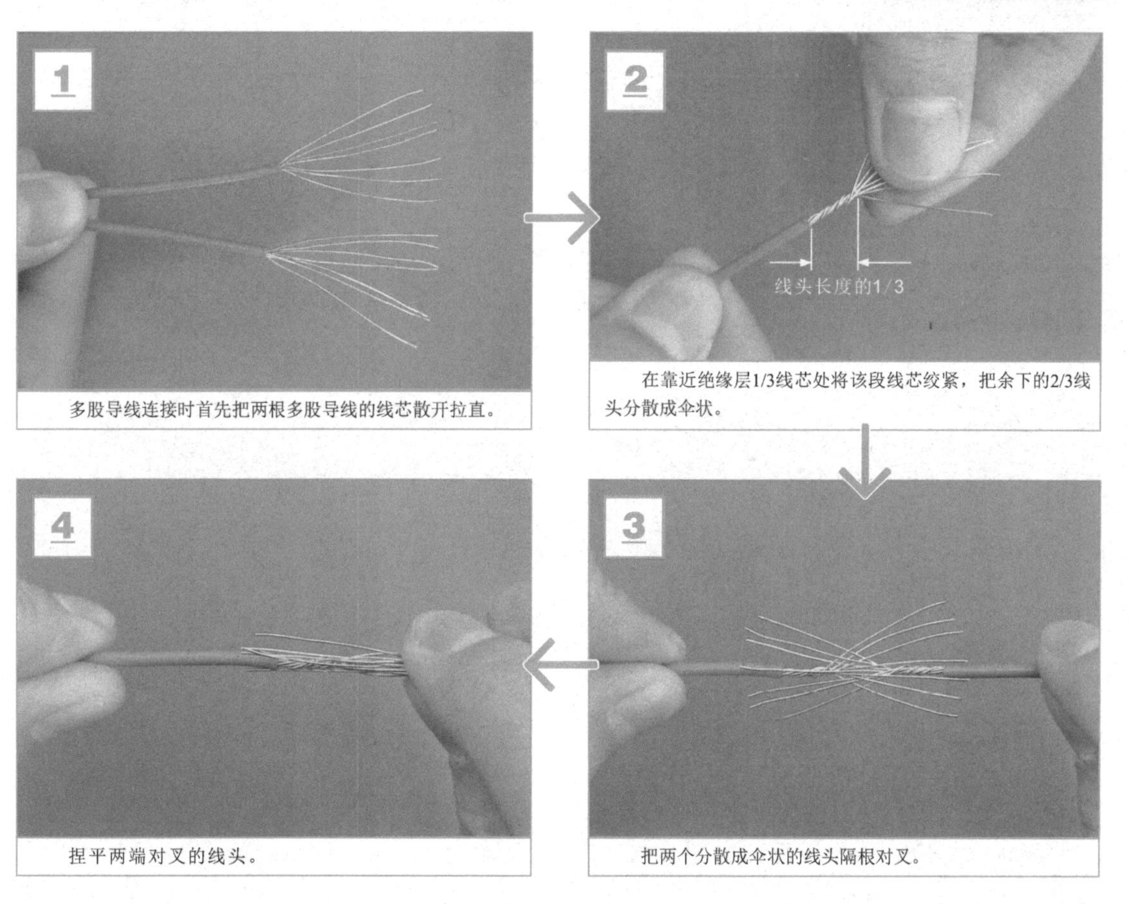

多股导线连接时首先把两根多股导线的线芯散开拉直。

在靠近绝缘层1/3线芯处将该段线芯绞紧，把余下的2/3线头分散成伞状。

把两个分散成伞状的线头隔根对叉。

捏平两端对叉的线头。

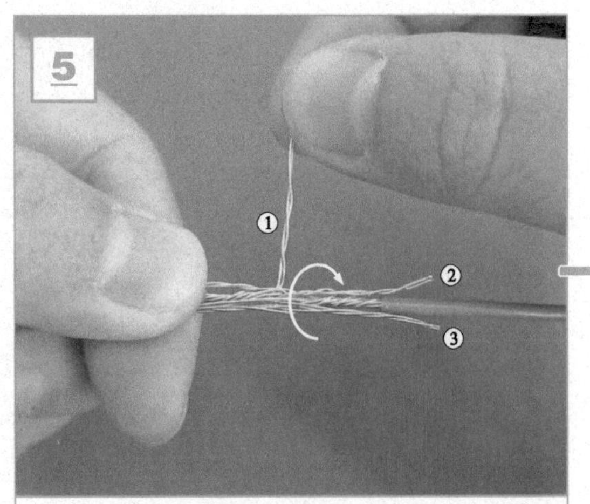

把一端的线芯近似平均分成三组，将第一组的线芯扳起，垂直于线头。

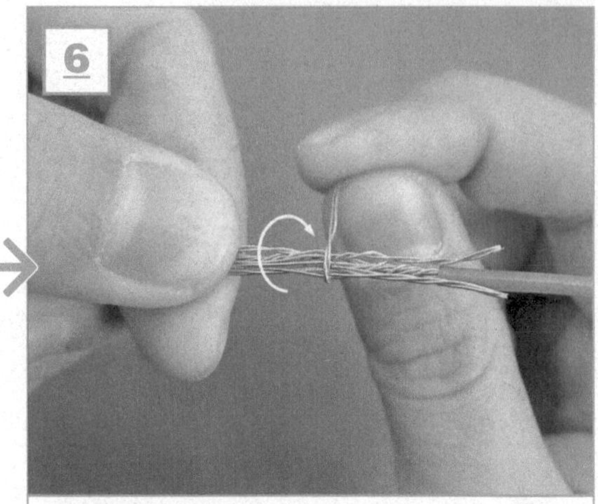

按顺时针方向紧压扳平的线头并缠绕2圈，经余下的线芯与线芯平行方向扳平。

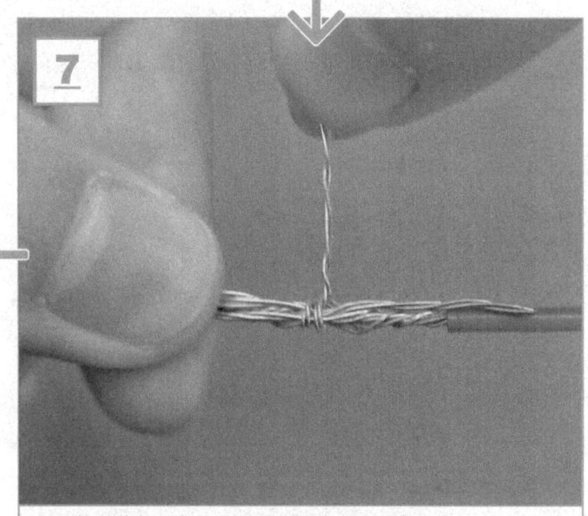

接着将第二组线芯扳成与线芯垂直方向。

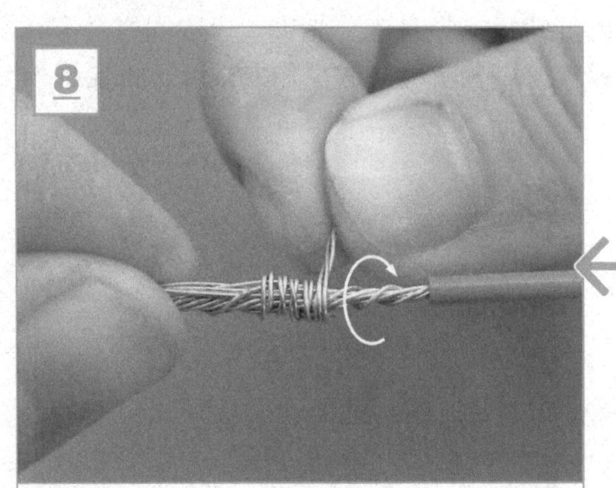

按顺时针方向紧压着线芯平行的方向缠绕2圈，余下的线芯按线芯平行方向扳平。

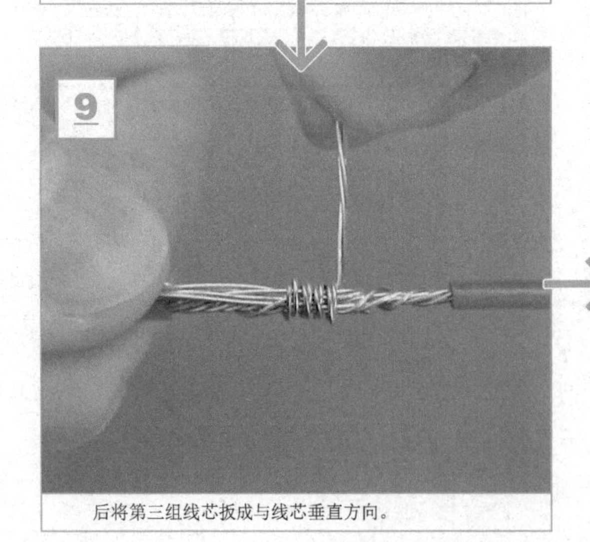

后将第三组线芯扳成与线芯垂直方向。

10

按顺时针方向紧压着线芯平行的方向缠绕3圈后，切去每组多余的线芯，钳平线端；将线芯的另一端同样按照上述操作步骤进行连接，多股导线直接连接完成。

4. 多股导线的T形连接

多股导线的T形连接方法。

【多股导线的T形连接】

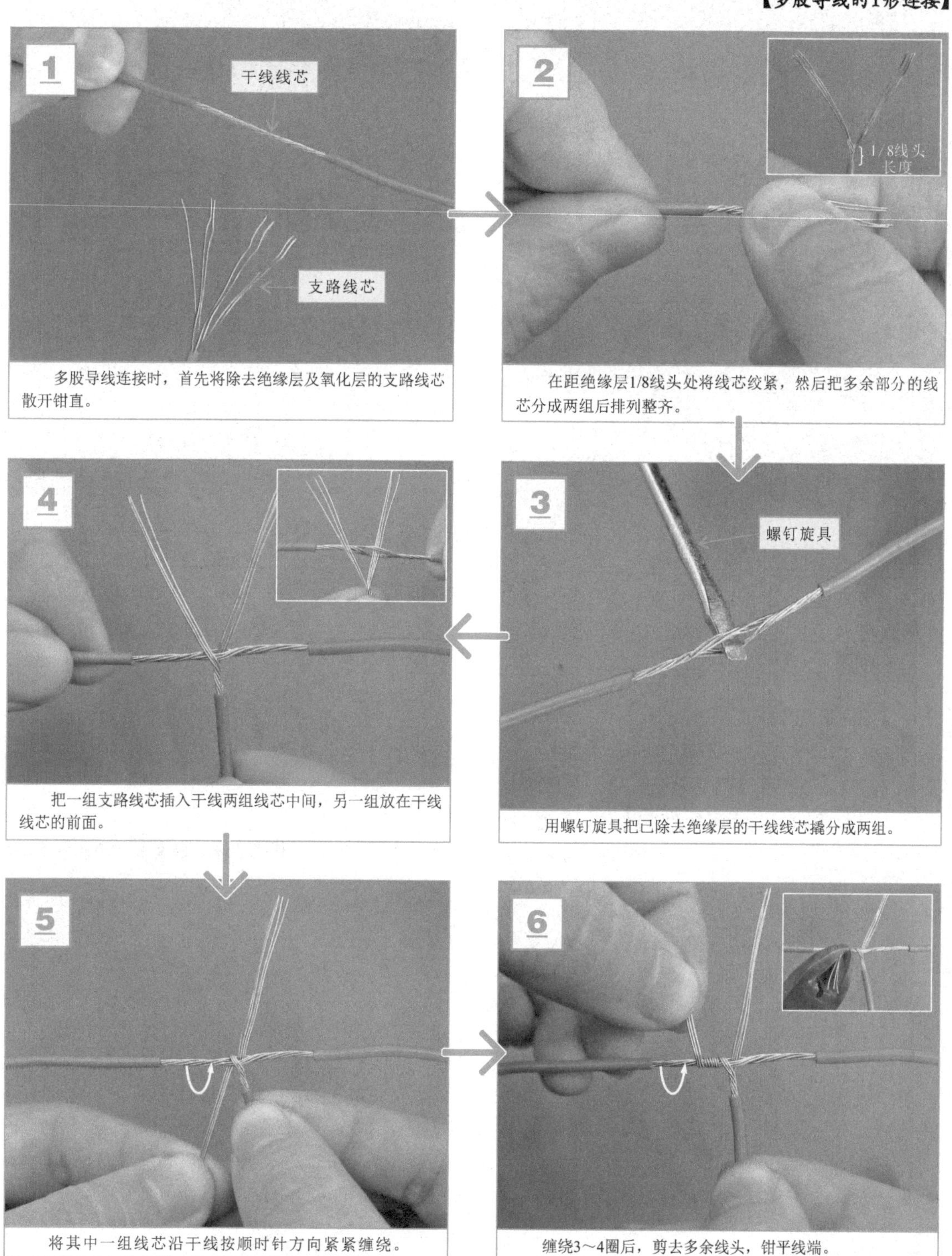

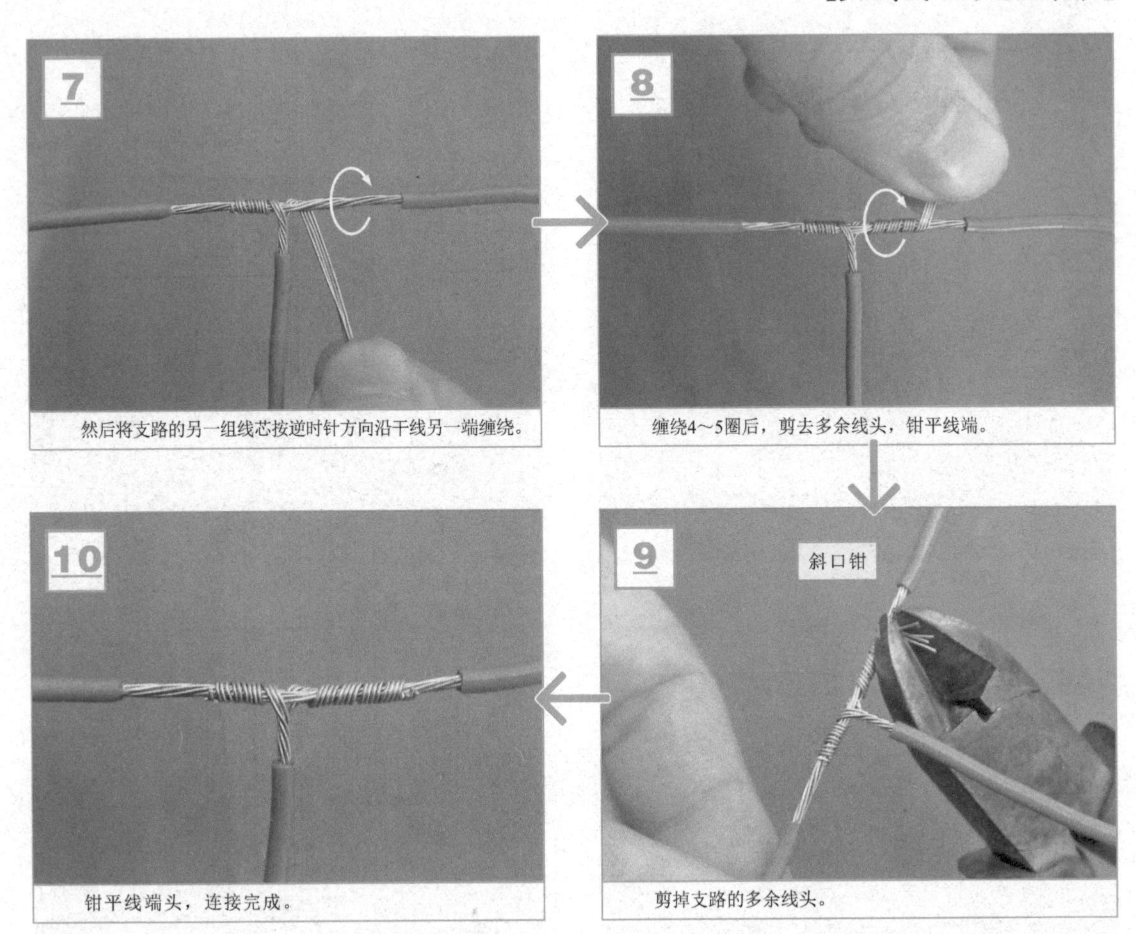

然后将支路的另一组线芯按逆时针方向沿干线另一端缠绕。

缠绕4～5圈后，剪去多余线头，钳平线端。

剪掉支路的多余线头。

钳平线端头，连接完成。

5. 导线与接线螺钉的连接

（1）单股导线与接线螺钉的连接方法。

【单股导线与接线螺钉的连接方法】

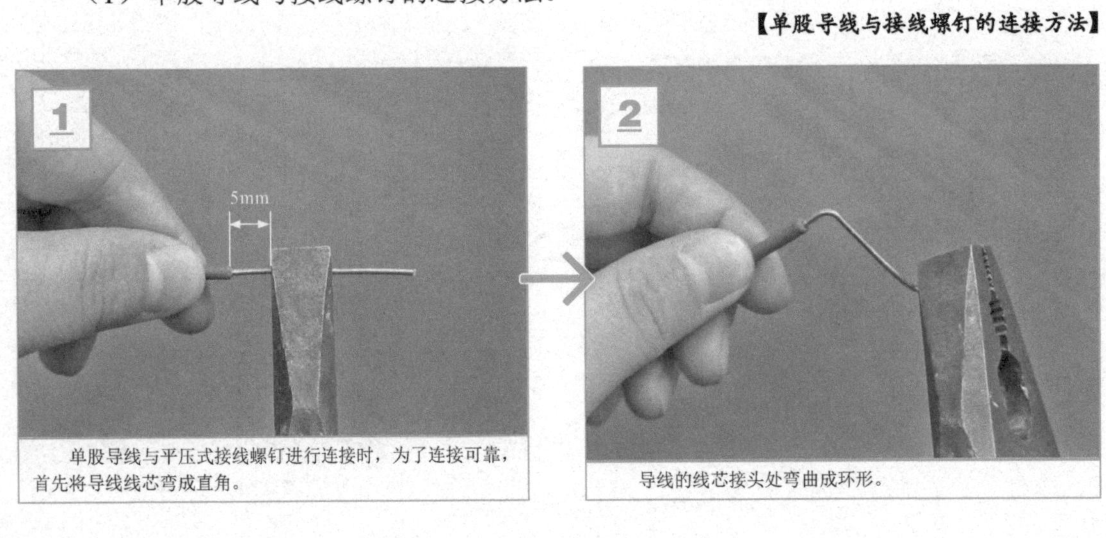

单股导线与平压式接线螺钉进行连接时，为了连接可靠，首先将导线线芯弯成直角。

导线的线芯接头处弯曲成环形。

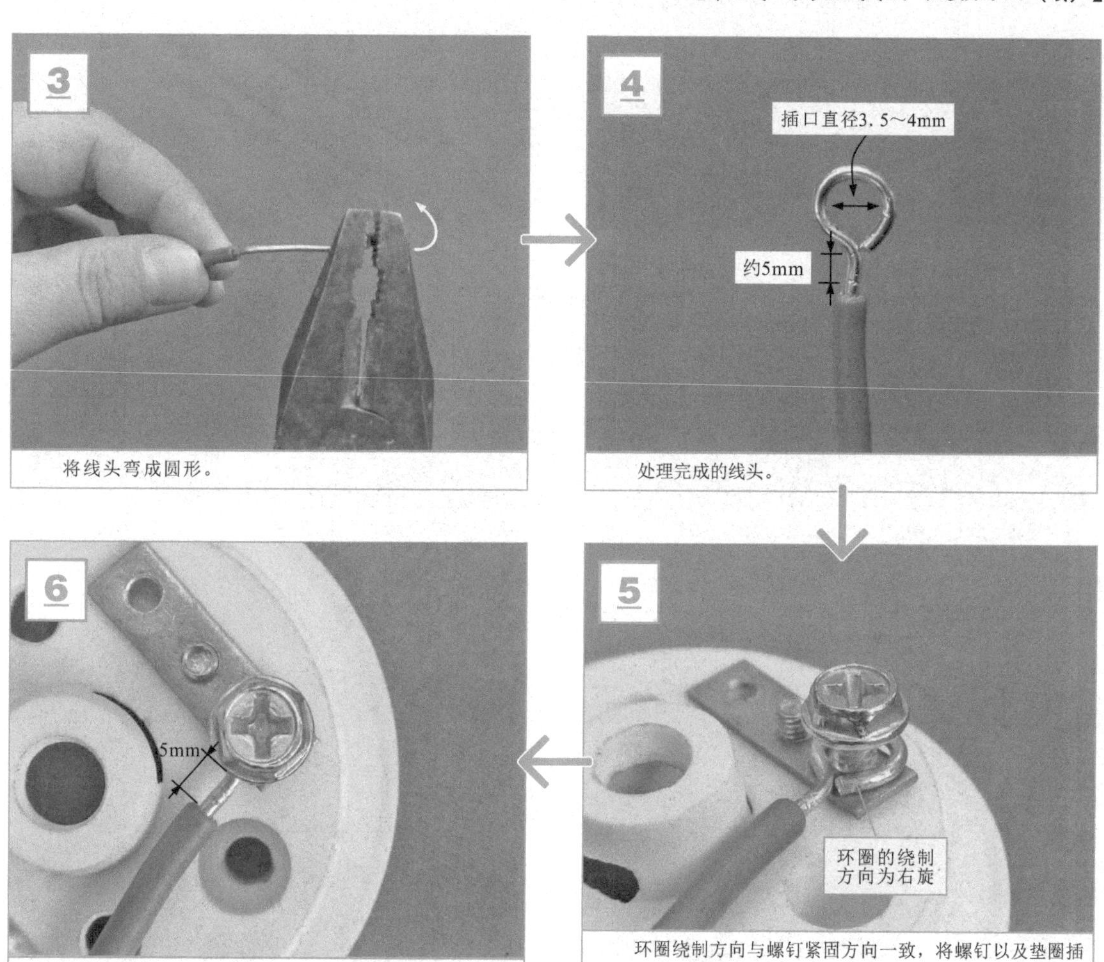

将线头弯成圆形。

处理完成的线头。

环圈绕制方向与螺钉紧固方向一致，将螺钉以及垫圈插入环形孔中压紧。

紧固后，导线不要偏离。

特别提醒

在进行上述操作过程中，接线环的弯压要求较高，若尺寸不规范或弯压不规范都会直接影响接线的质量。

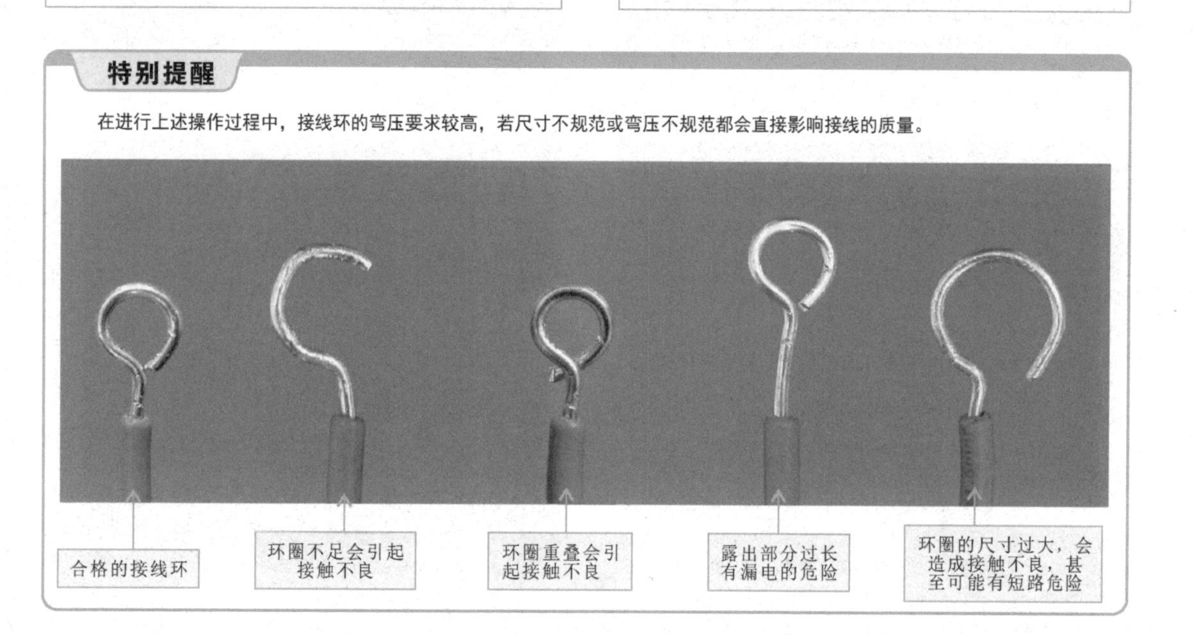

（2）多股导线与接线螺钉的连接方法。

【多股导线与接线螺钉的连接方法】

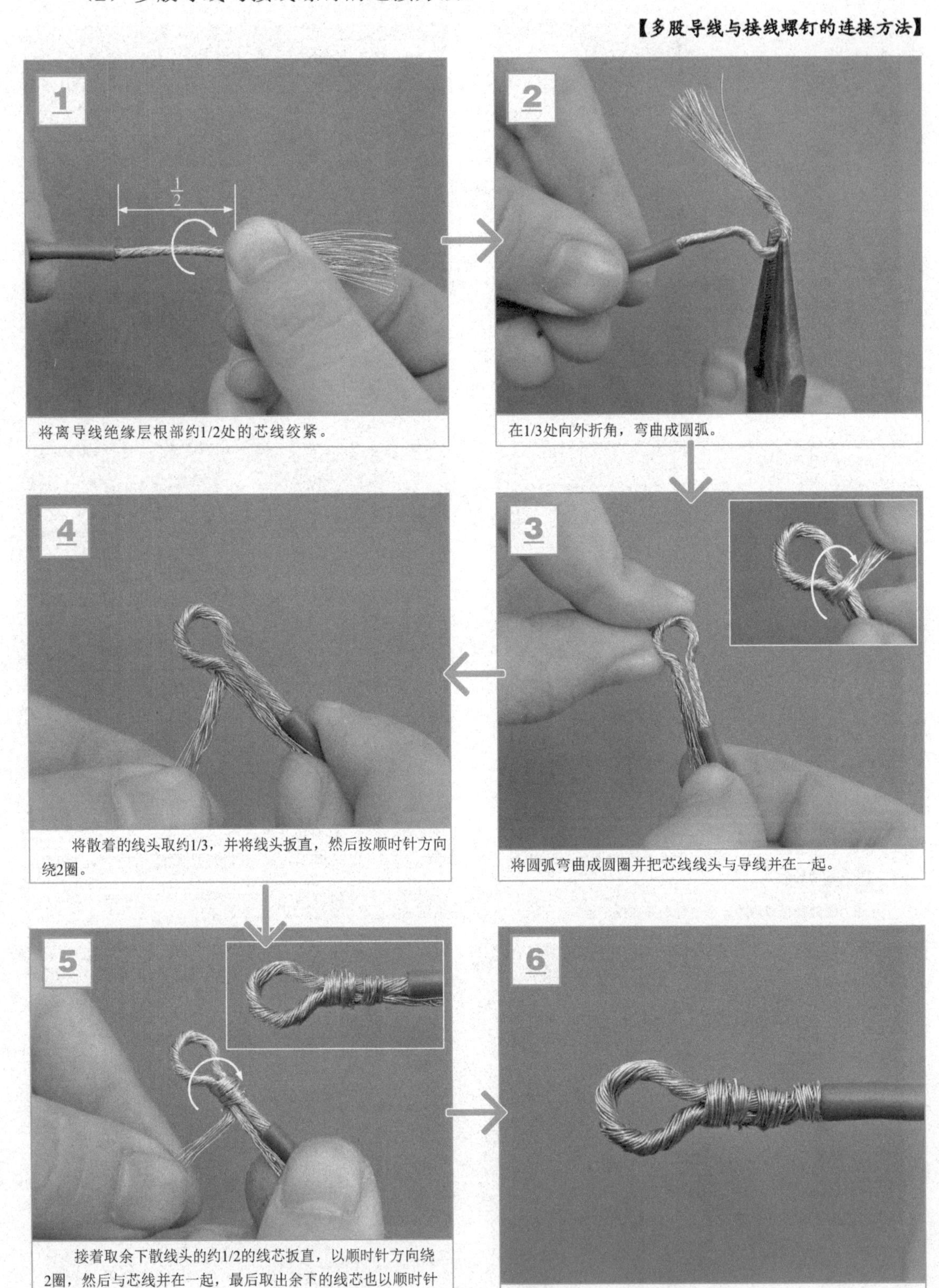

将离导线绝缘层根部约1/2处的芯线绞紧。

在1/3处向外折角，弯曲成圆弧。

将圆弧弯曲成圆圈并把芯线线头与导线并在一起。

将散着的线头取约1/3，并将线头扳直，然后按顺时针方向绕2圈。

接着取余下散线头的约1/2的线芯扳直，以顺时针方向绕2圈，然后与芯线并在一起，最后取出余下的线芯也以顺时针方向绕2圈。

剪掉多余线芯，绕接完成。

6.3.3 室内导线与电缆的常用绝缘恢复方法

导线绝缘层被破坏或连接以后，必须恢复其绝缘性能。恢复后其强度应不低于原有绝缘层。其恢复方法通常采用包缠法。使用的绝缘材料有黄蜡带，涤纶膜带和胶带。

(1) 导线连接点绝缘层的绝缘恢复方法。

【导线连接点绝缘层的绝缘恢复方法】

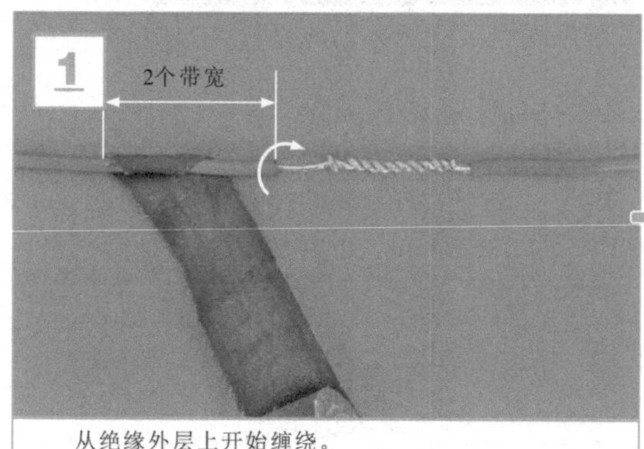

从绝缘外层上开始缠绕。

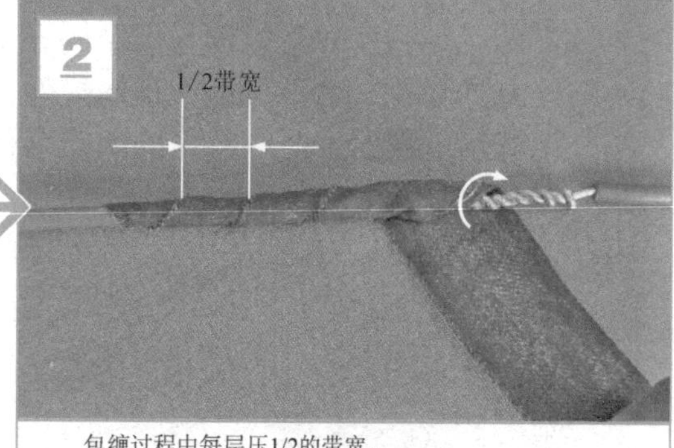

包缠过程中每层压1/2的带宽。

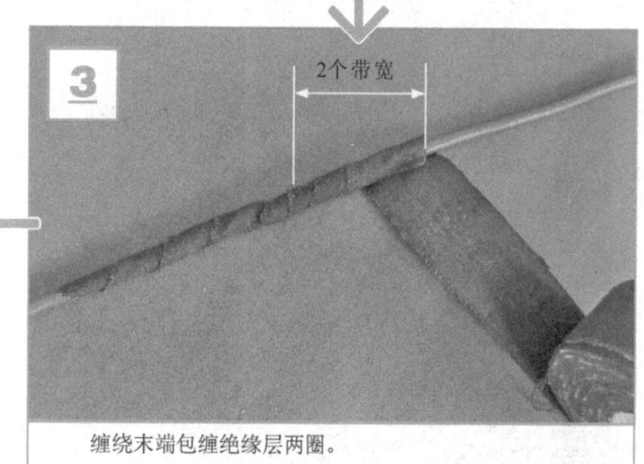

缠绕末端包缠绝缘层两圈。

特别提醒

220V线路上的导线在恢复绝缘层时，先包缠1层黄蜡带（或涤纶薄膜带），然后再包缠1层黑胶带，或用胶带采用“三叠两次一回头”的方法直接包缠。

380V线路上的导线在恢复绝缘层时，先包缠2～3层黄蜡带（或涤纶薄膜带），然后再包缠2层黑胶带，或用胶带采用“三叠两次一回头”的方法直接包缠。

(2) 导线分支点绝缘层的绝缘恢复方法。

【导线分支点绝缘层的绝缘恢复方法】

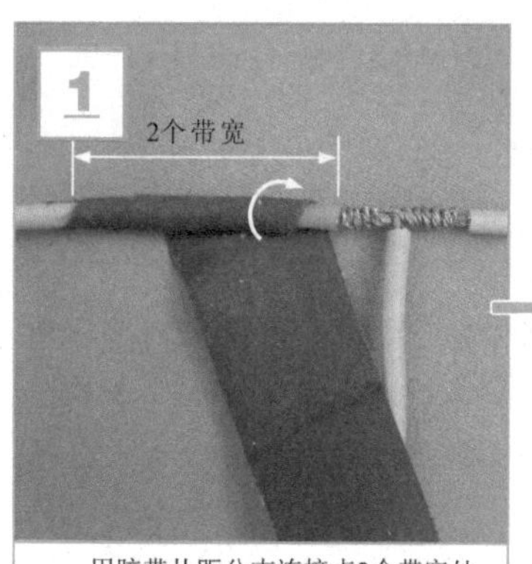

用胶带从距分支连接点2个带宽处开始包缠，包缠间距为1/2带宽，绝缘带与导线的倾斜角度为55°。

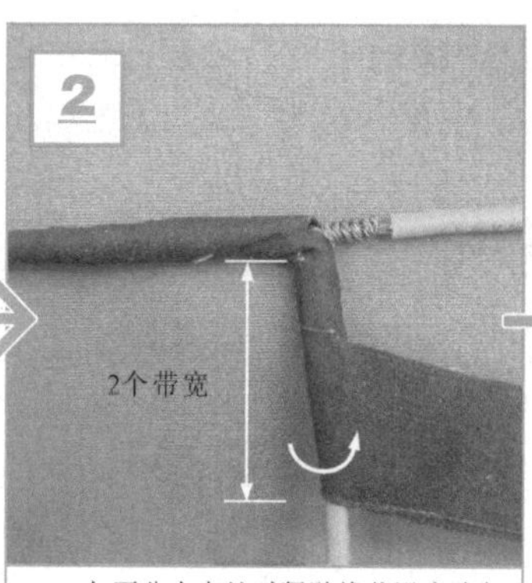

包至分支点处时紧贴线芯沿支路包缠，超出连接处2个带宽后回缠，然后再沿干线继续包缠。

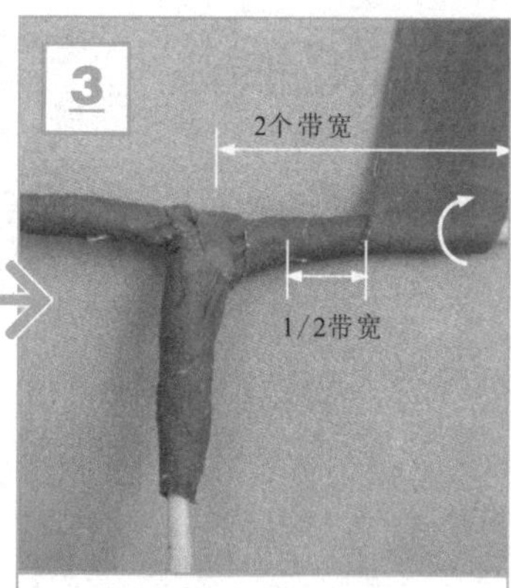

最后也要超出连接处2个带宽，包缠间距为1/2带宽。

第7章

室内供配电设备的安装技能

7.1 配电箱的选配与安装

配电箱是每个住户供电都会涉及的设备，配电箱里安装的器件主要有电能表、断路器（俗称空气开关）、导线这些基本配件，并且这些器件必须安装在一起，其中电度表是用来计量用电量的，配电箱中的断路器位于主干供电线路上，对主干供电线路上的电力进行控制、保护，也可称之为总断路器、总开关，导线将电能表和总断路器连接起来，从而实现各自的功能。

【配电箱内的基本配件】

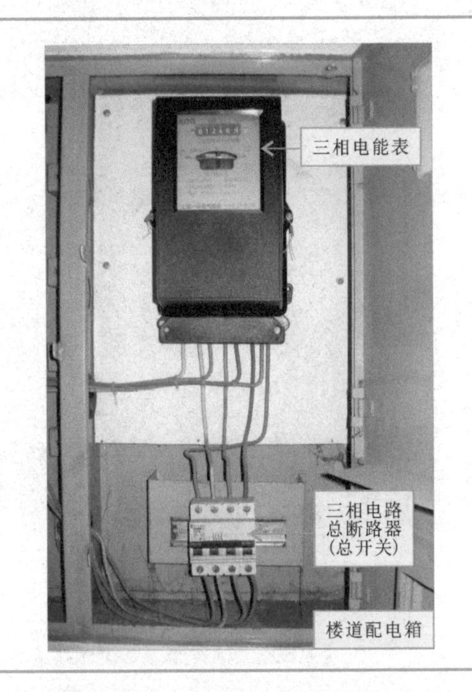

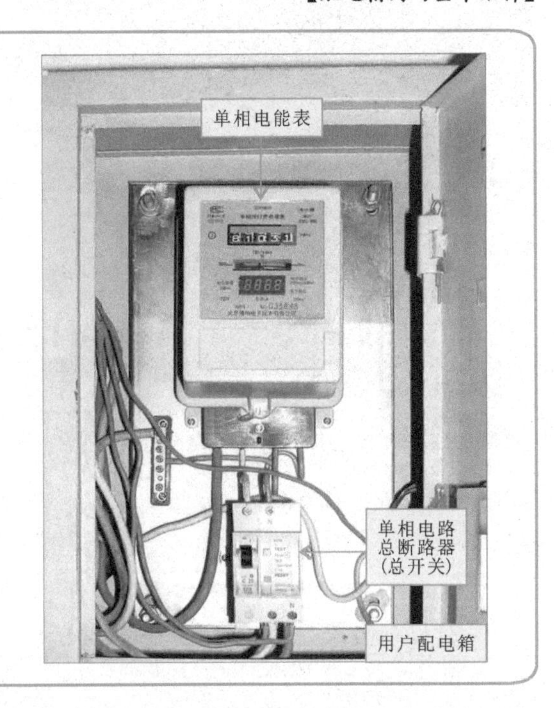

从图可看出楼道配电箱内采用的是三相接线方式的电能表和总断路器，而用户配电箱内采用的是单相接线方式的电能表和总断路器。

7.1.1 配电箱的选配

所谓配电箱的选配，也就是指对配电箱内的电能表、总断路器、导线的选配，选配时断路器的额定电流必须小于电能表的最大额定电流。

电能表总断路器的额定电流有许多等级，如5～20A、10～30A、10～40A、20～40A、20～80A等，如果使用的家用电器比较多，低额定电流的电能表和断路器就无法满足工作要求。此时，可根据使用的家用电器的功率总和，按照功率计算公式$P=UI$，计算出实际需要的电能表和主断路器额定电流的大小。

1. 电能表的选配

电能表俗称电度表、火表，主要有三相电能表和单相电能表之分。

【电能表的实物外形】

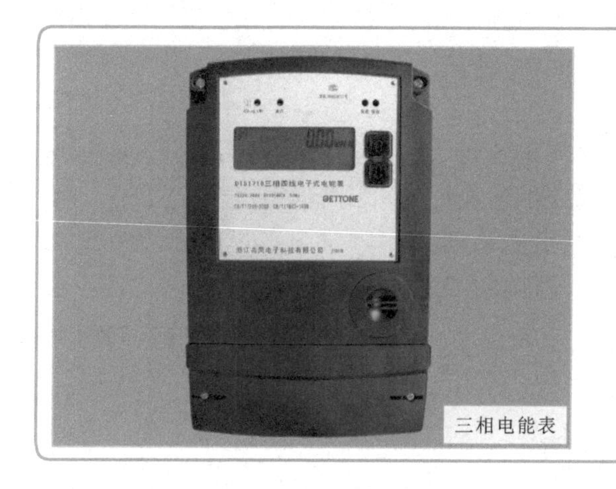

三相电能表

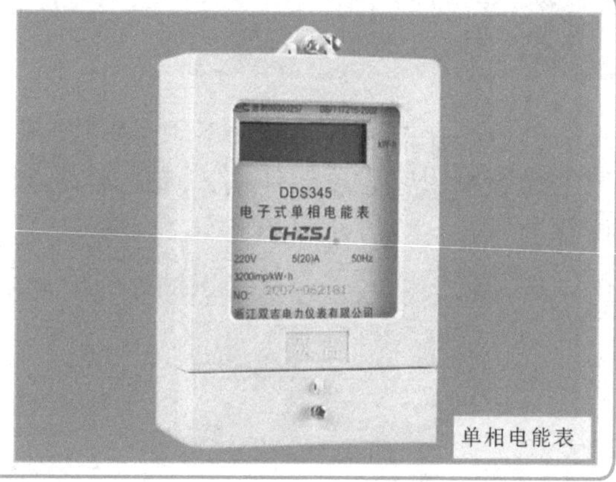

单相电能表

电能表主要用于测算或计量电路中电源输出或用电设备（负载）所消耗的电能。在安装电能表之前应根据用电需求选配适当的电能表进行安装。

【电能表的选配】

字母和数字组合形式的标识

文字直接标注

单相脉冲电能表

DDM202型

2006 JB/T 7655-

220V 5(30)A 600r/kWh 600imp/kW

脉冲

www.chinadse.org

通常通过电能表的标识可以得知电能表的类型、功能及应用环境，为用户提供选择的依据。

在对电能表进行安装前，应先选择合适的电能表，如类型、功能及应用环境等。

电能表标识 → 种类代号 D｜细分类型代号｜功能代号｜设计序号｜改进序号｜派生序号

种类代号	细分类型代号（组别代号）	功能代号（由1～3个字母组成）	设计序号	改进序号	派生序号（特殊适用类别）
一般电能表的种类代号均为字母“D”	A：安培小时计电能表 B：标准电能表 D：单相电能表 F：伏特小时计电能表 J：直流电能表 S：三相三线电能表 T：三相四线电能表 X：无功（三相四线）电能表	F：复费率（分时计费）电能表 S：电子式电能表 Y：预付费电能表 D：多功能电能表 M：脉冲电能表 Z：最大需量电能表 X：无功电能表 I：载波电能表	一般用阿拉伯数字表示	一般用小写汉语拼音字母表示	T：湿热/干热两用 TH：湿热专用 TA：干热专用 G：高原专用 H：船用 F：化工防腐 K：开关板式 J：带接触器的脉冲电能表

特别提醒

无论选择哪种形式的电能表，都应根据电能表上标有的参数进行选配，而每种电能表的型号和主要参数的标识基本是一致的。

在选配电能表时电能表的容量应满足用户的需要，其额定电流应根据使用家用电器的功率总和，按照功率计算公式$P=UI$计算出实际需要的电能表的额定电流。

2. 断路器的选配

断路器是具有过电流保护功能的开关，如果电流过大，断路器会自动断开，起到保护电能表及用电设备的作用。选配断路器时也应根据使用的家用电器的功率，按照功率计算公式$P=UI$，计算出实际需要断路器的额定电流的大小。常见的断路器种类有很多，如传统的刀开关、新型的断路器（俗称空气开关）和剩余电流断路器等。

【断路器的实物外形】

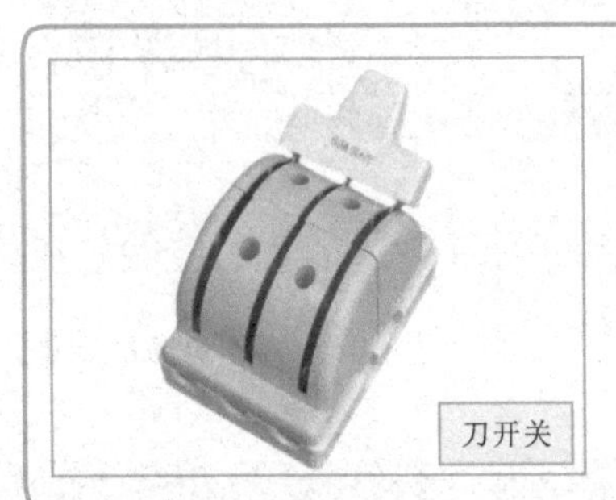

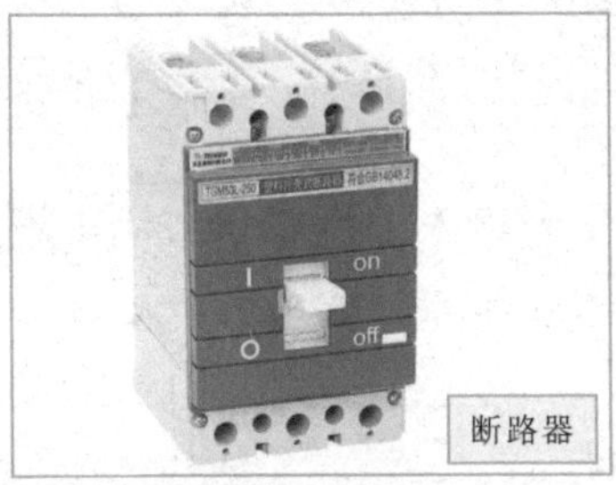

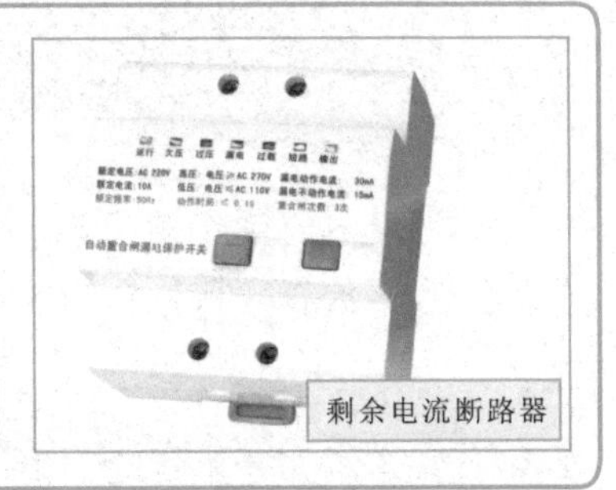

目前，刀开关在日常生活中基本上已经被淘汰，取而代之的是断路器。当电路中有过电流或短路现象时，断路器内的检测电路就会自动驱动开关进行跳闸断路，因其使用方便安全而被广泛应用在电路当中。

在电路中，断路器起到隔离电源和检测电流量的双重作用，也就是具备了合二为一（刀开关和熔断器）的功能，而且，当检测到的电流量超过额定电流量而出现跳闸现象时，只需要排除用电量过大的家用电器之后，重新闭合开关即可，不需要重新安装熔断器，使用上既方便又安全。

【典型断路器的实物外形】

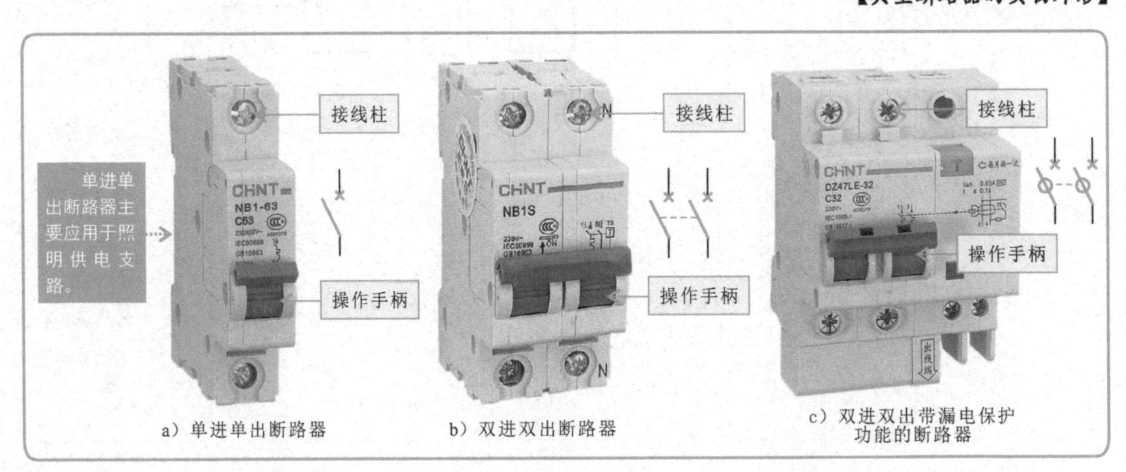

a）单进单出断路器　b）双进双出断路器　c）双进双出带漏电保护功能的断路器

剩余电流断路器是家用电器中常用的一种防止电器漏电事故发生的保护器件，一般安装在单相电能表的后面，与断路器制成一体的剩余电流断路器是目前比较常用的漏电保护装置。

【典型的剩余电流断路器】

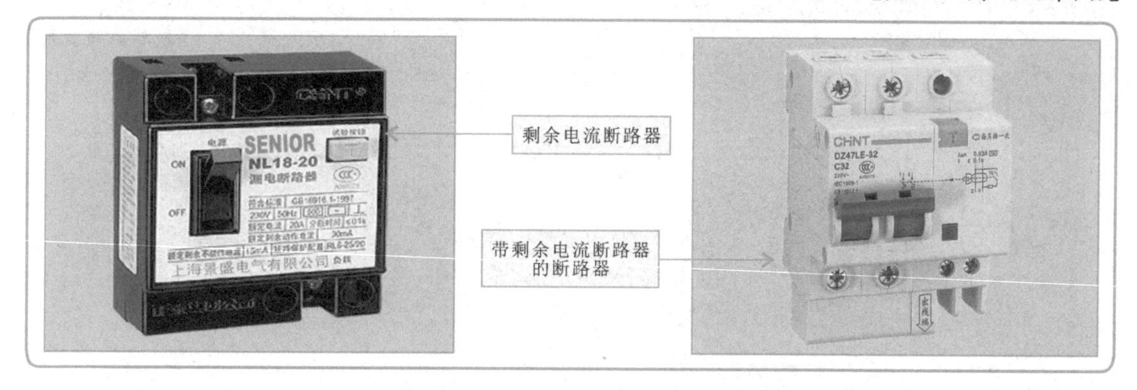

剩余电流断路器可分为电压型和电流型两大类。电流型剩余电流断路器比电压型剩余电流断路器的性能更优越。因此，目前大多数家庭中所使用的为与断路器一体化的电流型剩余电流断路器。这种剩余电流断路器的外形主要包括断路器触刀、试验按钮和漏电指示。其中断路器触刀是控制电路闭合、断开的开关；试验按钮是检测剩余电流断路器是否能正常工作的测试按钮；漏电指示是当该剩余电流断路器所在支路出现漏电情况后，断路器断开电路的同时，该指示向外弹起，排除漏电情况以后，需要闭合电路时，需要先将该指示按回后，才能闭合电路，否则电路无法正常闭合。

断路器主要是检测电路中用电量的设备，当电路的电流超过最大负荷电流较大时，断路器会对电路起到保护作用，而剩余电流断路器是通过感应回路中剩余电流量的设备，正常工作时，相线端的电流与零线端的电流相等，回路（支路）中的剩余电流量几乎为零，在发生漏电或触电情况时，相线的一部分电流流过触电人身体到地，因出现相线端的电流大于零线端的电路，回路（支路）中会产生剩余电流量，这个电流量可能较小不会使断路器进行工作，只有剩余电流断路器可以感应，并进行断路保护。

【剩余电流断路器的保护原理】

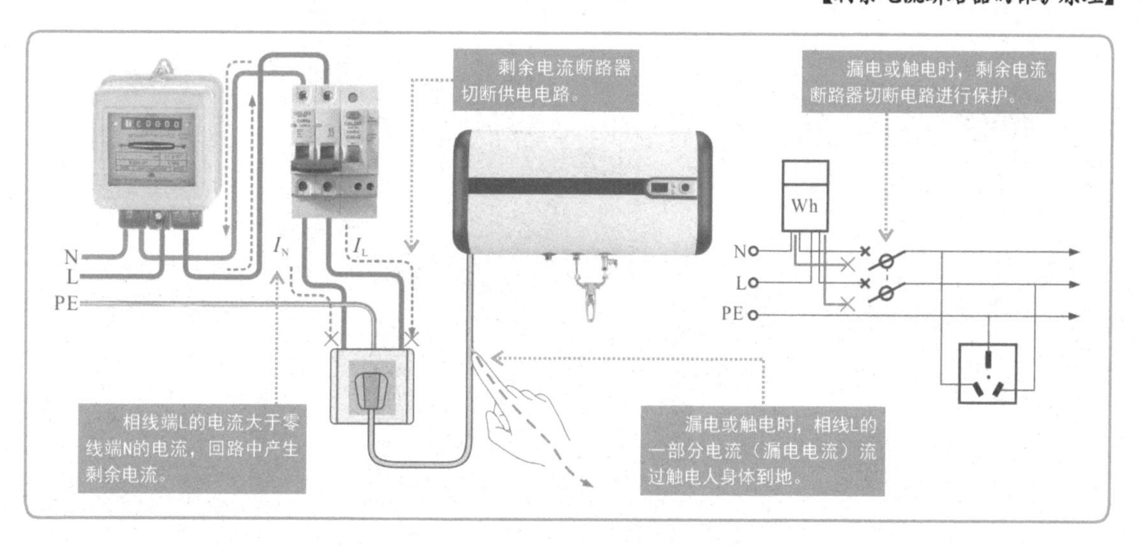

在对断路器进行选配时，可根据计算公式计算出需要选用断路器的电流大小，然后再进行安装。除此之外，根据供电分配原则，要求每一个用电支路配一个断路器，因此选配的断路器应至少包括照明支路断路器、插座支路断路器、空调支路断路器、厨房支路断路器和卫生间支路断路器几种。

【断路器的选配】

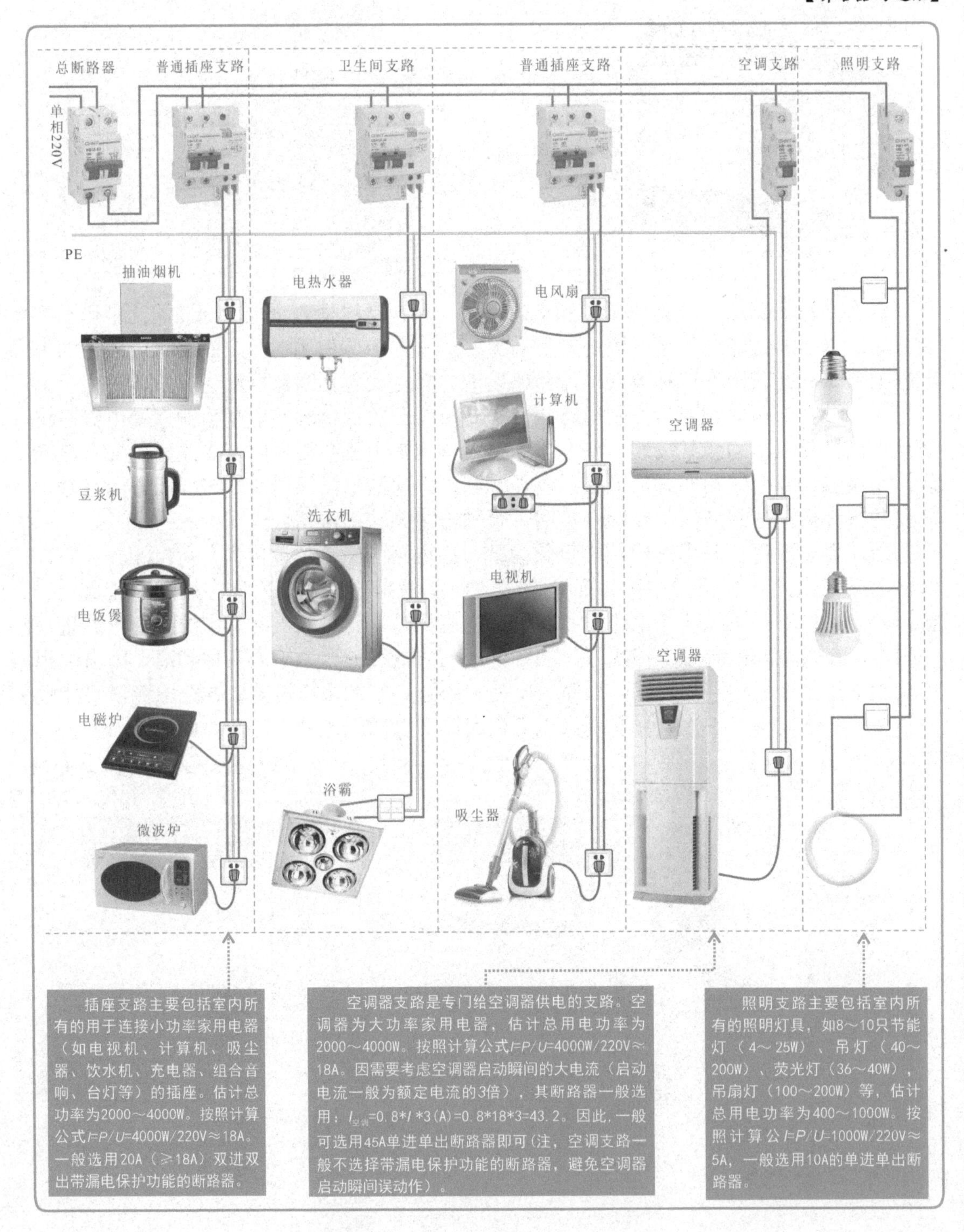

3. 导线的选配

选择好了电能表和总断路器以后，就可以选配导线了。配电箱中使用的线材多为铜芯绝缘线，并采用不同的颜色进行标识，通常相线的绝缘导线多采用黄色线、红色线或绿色线，零线一般采用淡蓝色线等，地线一般采用黄绿相间的双色线。

【供配电设备的连接线材】

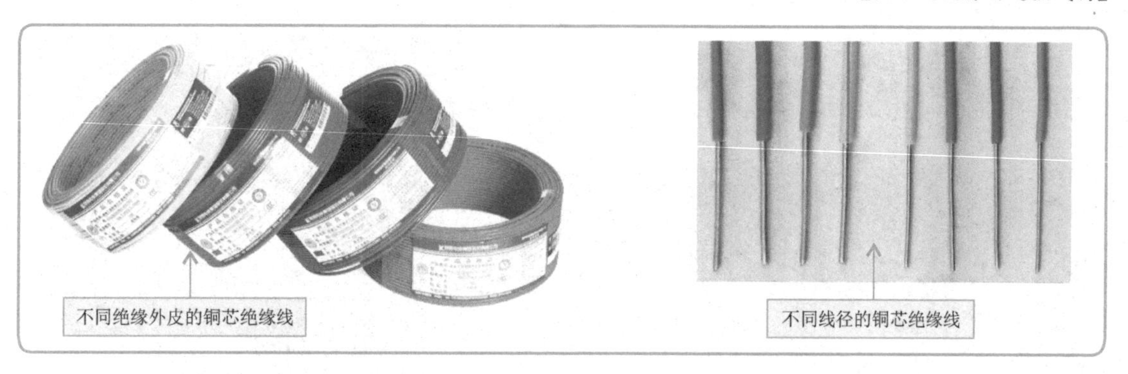

导线的主要的规格参数有横截面积和安全载流量等，通常情况下导线的横截面积越大，其安全载流量也就越大。

6mm^{2}绝缘线（硬铜线）的安全载流量为48A，10mm^{2}绝缘线（硬铜线）的安全载流量为65A，16mm^{2}绝缘线（硬铜线）的安全载流量为91A（选用）。

根据导线安全载流量的规定以及敷设导管的选用规定，可以选择横截面积为6mm^{2}或10mm^{2}的绝缘线（硬铜线）。

7.1.2 配电箱的安装

安装配电箱，应先根据配电箱的施工方案，确定配电箱的安装方式、安装位置和线路走向。然后再依次完成配线箱外壳的安装、电能表的安装及断路器的安装。

【配电箱的安装要求】

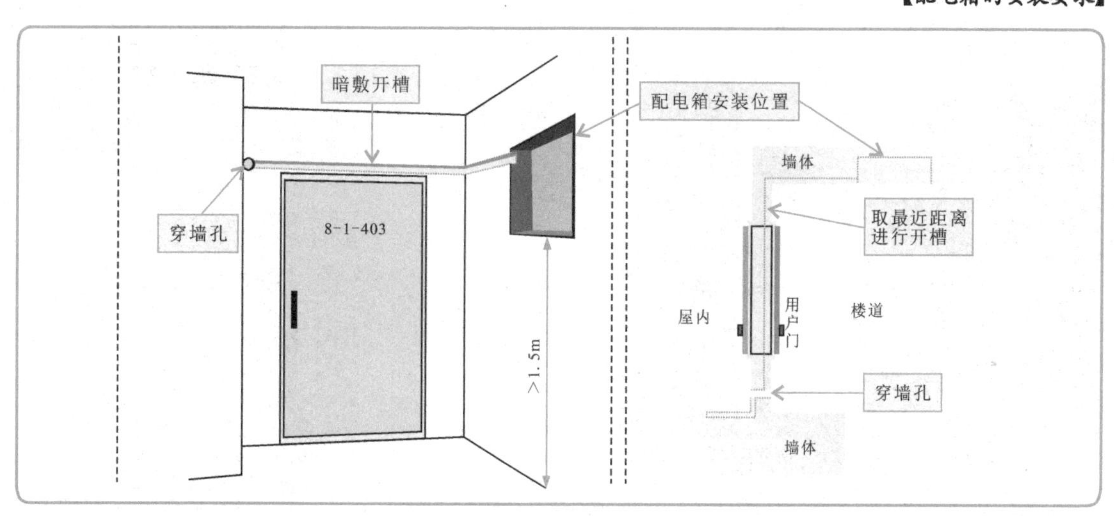

【配电箱的安装方式】

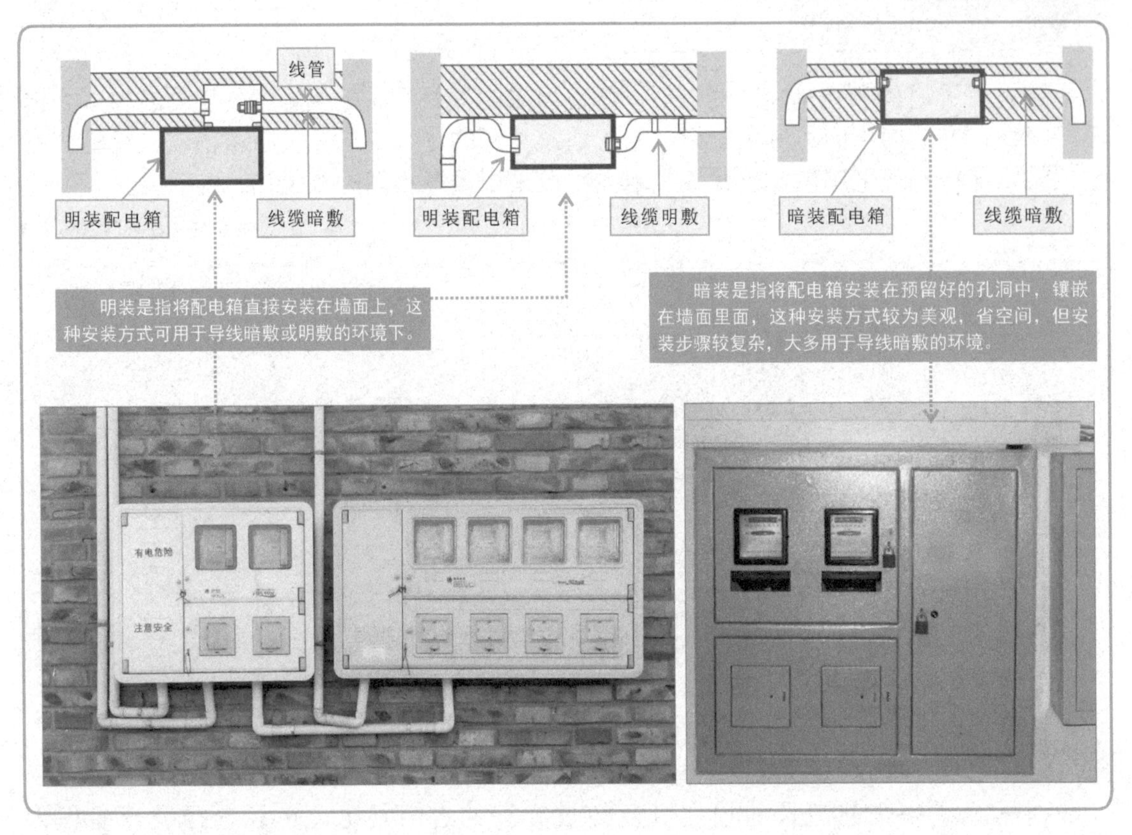

1. 配电箱外壳的安装

安装配电箱外壳，应根据安装规定，使用电钻在墙体的安装位置上钻孔，然后将配电箱安装到位，并用固定螺钉固定。

【配电箱外壳的安装】

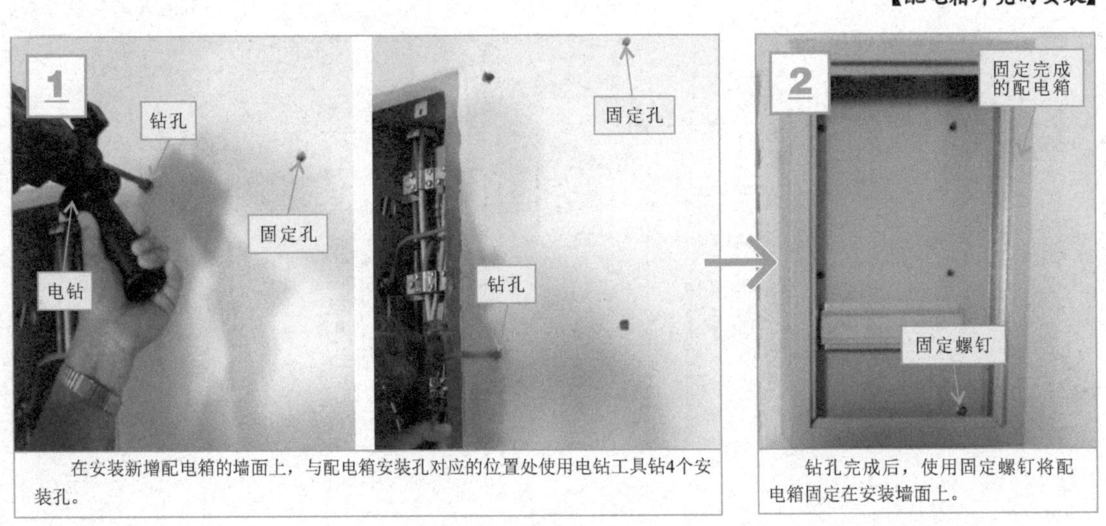

在安装新增配电箱的墙面上，与配电箱安装孔对应的位置处使用电钻工具钻4个安装孔。

钻孔完成后，使用固定螺钉将配电箱固定在安装墙面上。

2. 电能表的安装

配电箱外壳安装好后，即可完成电能表的安装连接。将电能表与总断路器连接的相线和零线分别接入电能表的4个接线端，接线处连接点要牢靠。

【安装连接电能表】

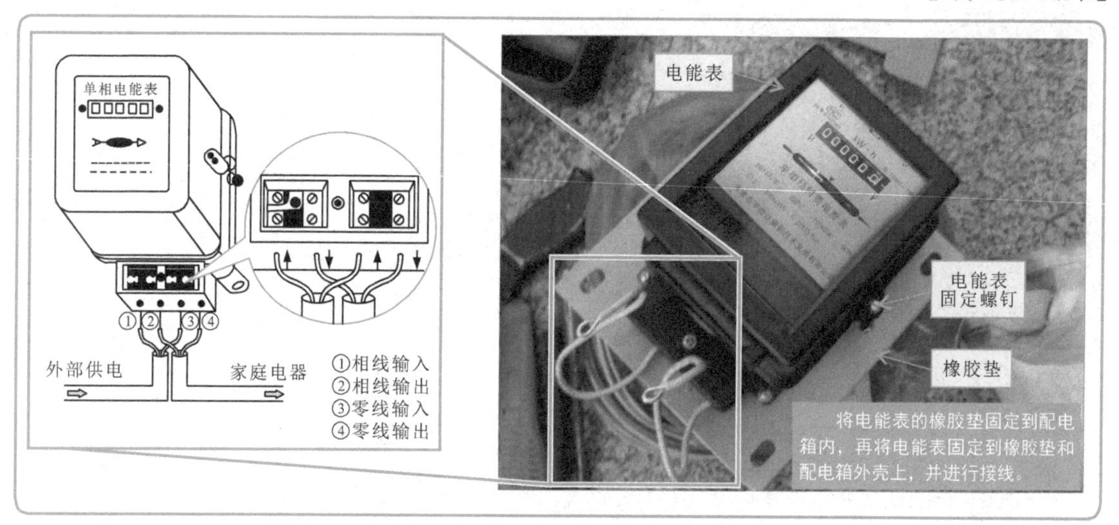

将电能表的橡胶垫固定到配电箱内，再将电能表固定到橡胶垫和配电箱外壳上，并进行接线。

3. 总断路器的安装连接

电能表安装完成后，接下来将总断路器安装固定在配电箱内的安装轨上，并完成电能表与总断路器之间的线路连接。

【安装连接总断路器】

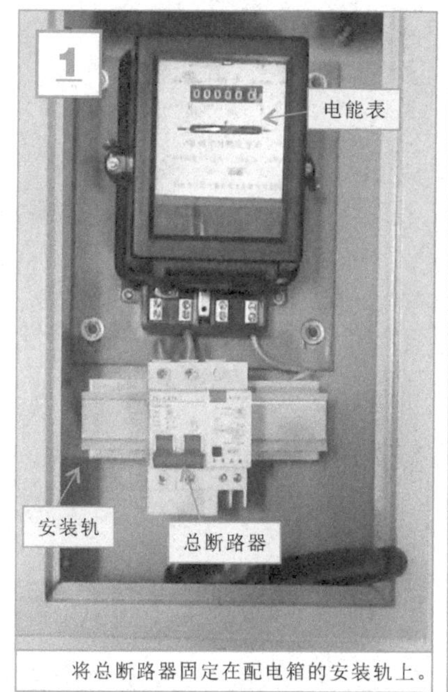

将总断路器固定在配电箱的安装轨上。

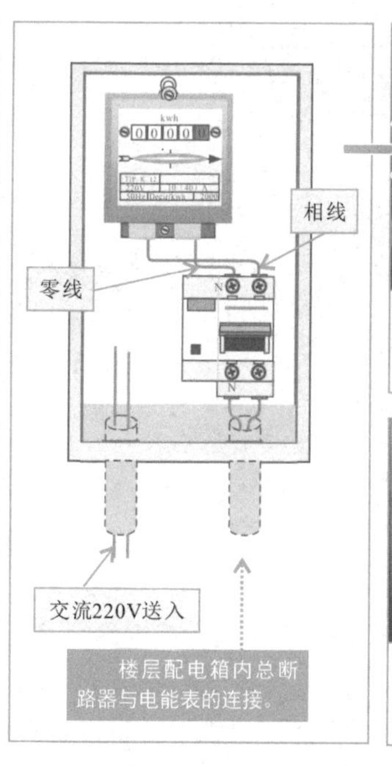

楼层配电箱内总断路器与电能表的连接。

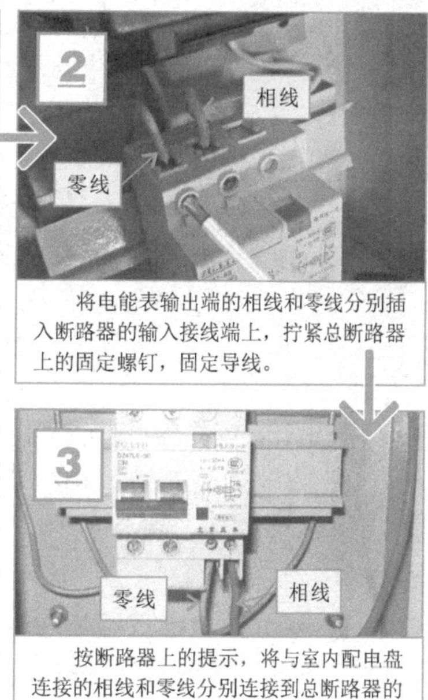

将电能表输出端的相线和零线分别插入断路器的输入接线端上，拧紧总断路器上的固定螺钉，固定导线。

按断路器上的提示，将与室内配电盘连接的相线和零线分别连接到总断路器的相线和零线输出接线端，拧紧固定螺钉。

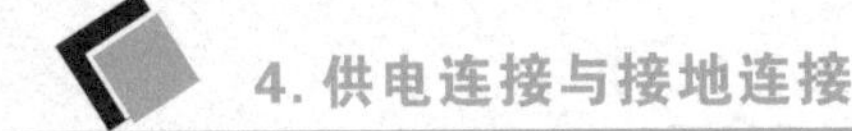

4. 供电连接与接地连接

电能表和总断路器安装连接好后，完成楼道供电线与电能表的连接及地线的连接。

【楼道供电线和地线的连接】

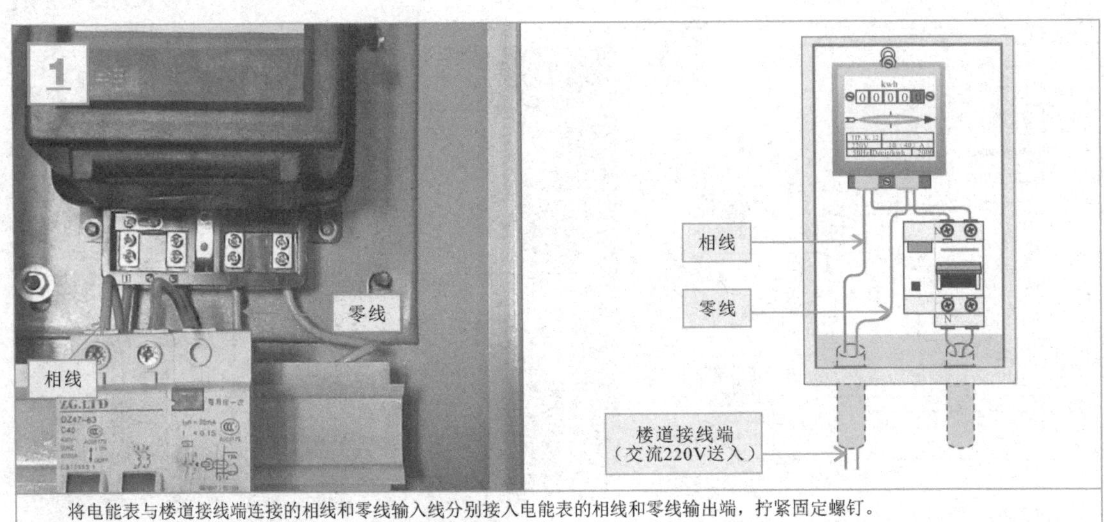

将电能表与楼道接线端连接的相线和零线输入线分别接入电能表的相线和零线输出端，拧紧固定螺钉。

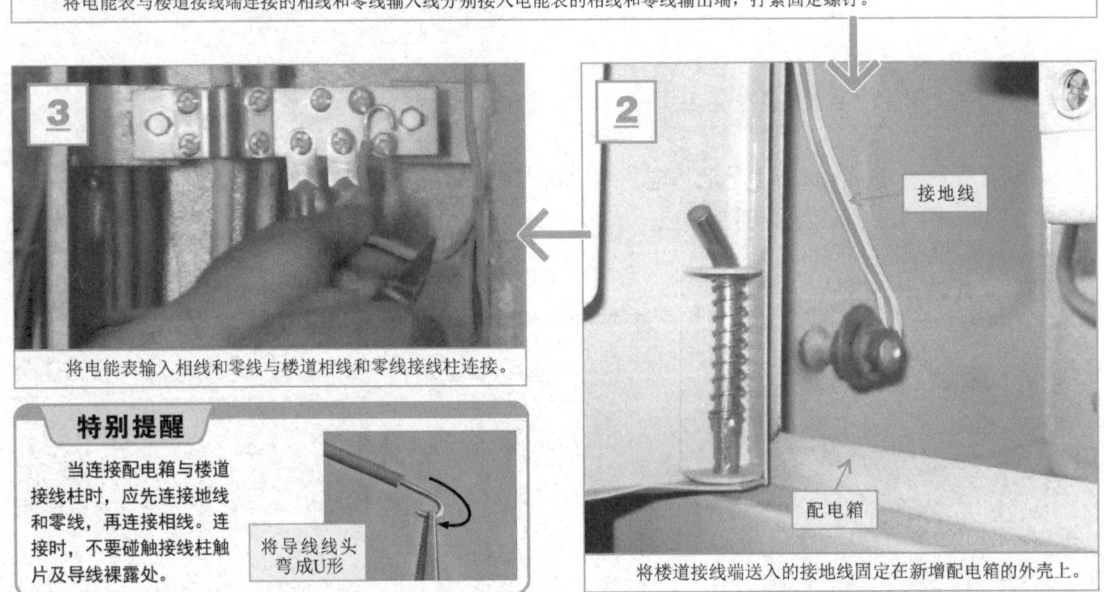

将电能表输入相线和零线与楼道相线和零线接线柱连接。

将楼道接线端送入的接地线固定在新增配电箱的外壳上。

特别提醒

当连接配电箱与楼道接线柱时，应先连接地线和零线，再连接相线。连接时，不要碰触接线柱触片及导线裸露处。

配电箱的安装连接过程中应注意以下几点：

● 将电能表的输入相线和零线与楼道的相线和零线接线端连接。连接时，将接线端上的固定螺钉拧松，再将相线、零线、接地线的线头弯成U形，连接到相应的接线端上，拧紧螺钉。

● 配电箱与进户线接线柱连接时应先连接地线和零线，再连接相线。同时应注意，在线路连接时，不要触及接线柱的触片及导线的裸露处，避免触电。

● 将进户线送入的接地线或建筑物设定的供配电专用接地线固定在配电箱的外壳上。

7.1.3 配电箱的测试

对配电箱进行使用前，要对配电箱进行测试，若配电箱不符合使用要求（即出现故障），则需重新安装配电箱或更换损坏的元器件。对配电箱进行检测可使用钳形表检测。这里以单相电能表的配电箱为例进行检测。

【钳形表检测配电箱】

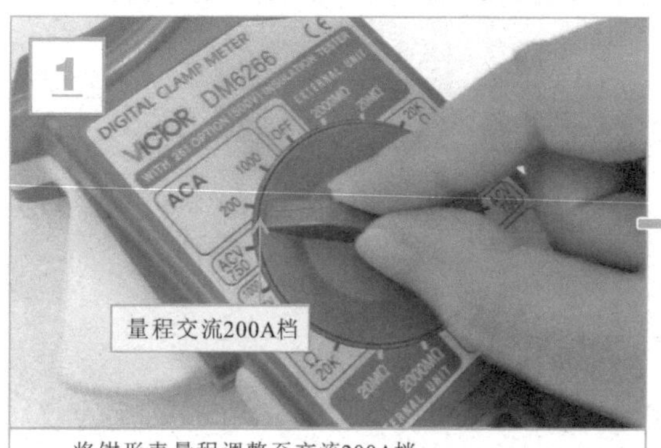

将钳形表量程调整至交流200A档。

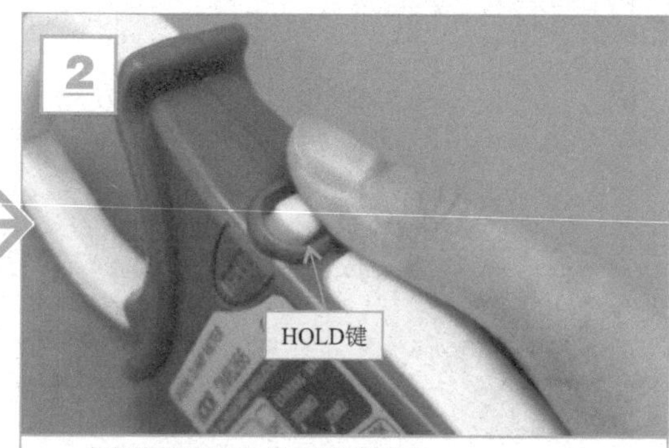

使保持按钮HOLD键处于放松状态。

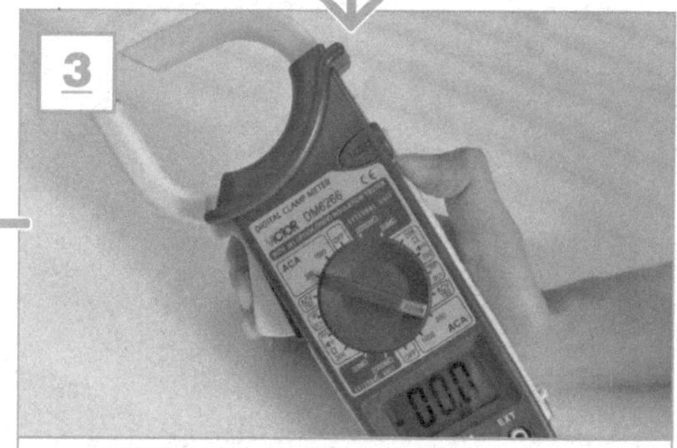

按下钳形表扳机，打开扳口，准备测量。

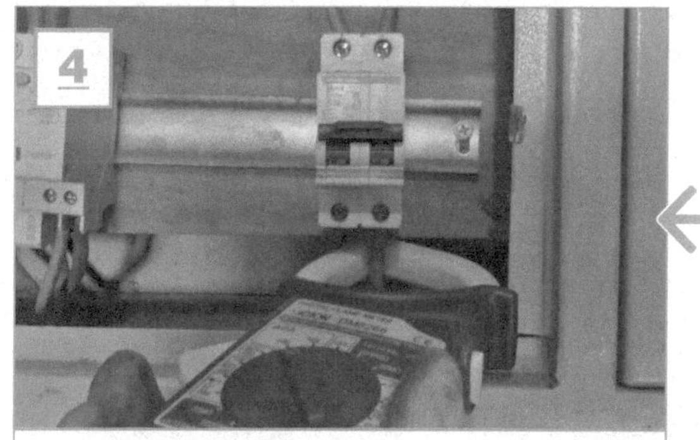

钳住一根待测导线。

特别提醒

若钳住两根或两根以上导线为错误操作，无法测量出电流值。

按下保持按钮HOLD键。

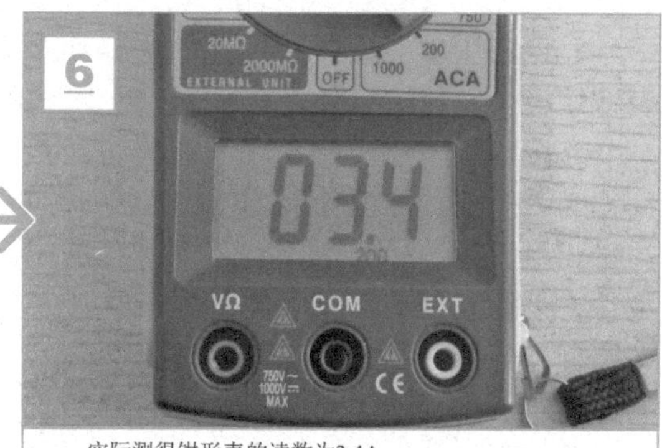

实际测得钳形表的读数为3.4A。

7.2 配电盘的选配与安装

配电箱将单相交流电引入住户以后，需要经过配电盘的分配使室内用电量更加合理、后期维护更加方便、用户使用更加安全。

【室外配电箱引入室内配电盘的连接示意图】

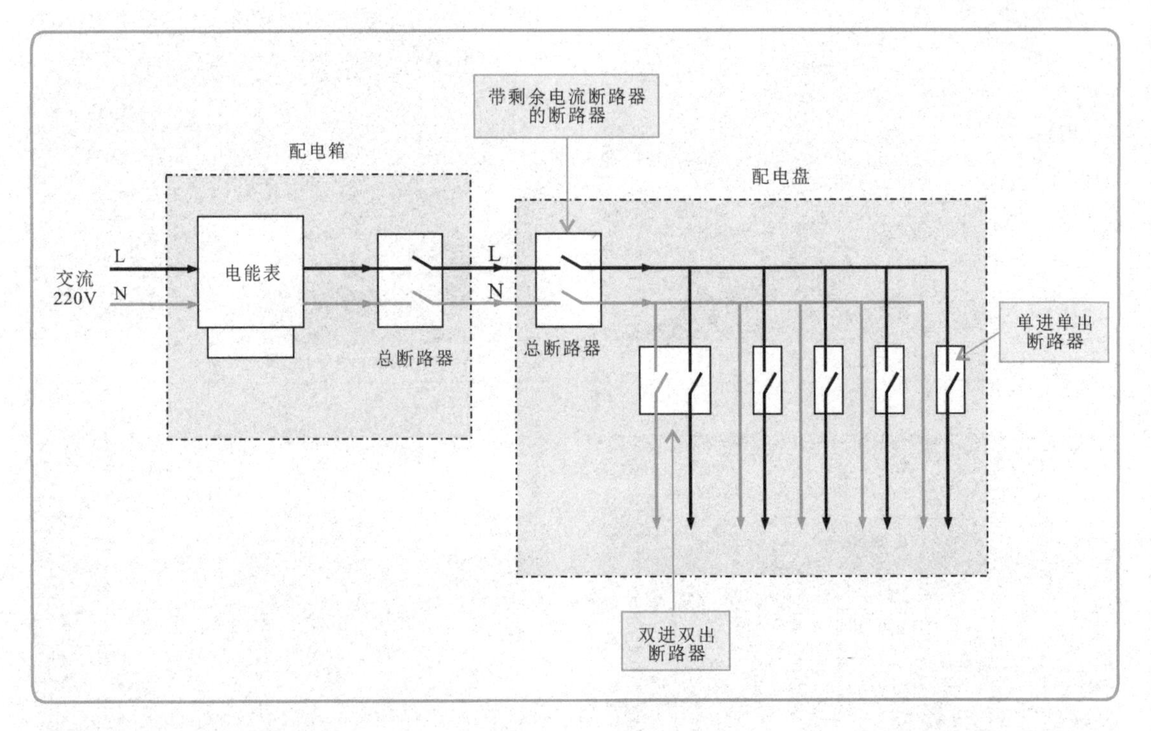

交流220V进入室外配电箱接入电能表对其用电量进行计量，通过总断路器对主干供电线路上的电力进行控制，然后将其220V供电电压送入室内配电盘中，分成各支路经断路器后，传送到各个家用电器中。

7.2.1 配电盘的选配

配电盘主要是由各种功能的断路器组成的，在选购配电盘时，除了用于传输电力的配件使用金属材质以外，其他配件一般为绝缘材质。

在选购配电盘内的支路断路器时，最好选择带有剩余电流断路器的双进双出断路器作为支路断路器，但是照明支路和空调器支路选择单进单出的断路器即可。支路断路器的额定电流应选择大于该支路中所有可能会同时使用的家用电器的总的电流值，并且配电盘中设计几个支路，配电盘上就应该有几个控制支路的断路器，也有的配电盘上除了支路断路器以外，还带有一个总断路器。总断路器与配电箱中总断路器的功能是一样的，如此一来，除了进行电量（或电费）查询以外，基本上就不用控制、使用配电箱中的设备，而直接在配电盘上进行控制即可。

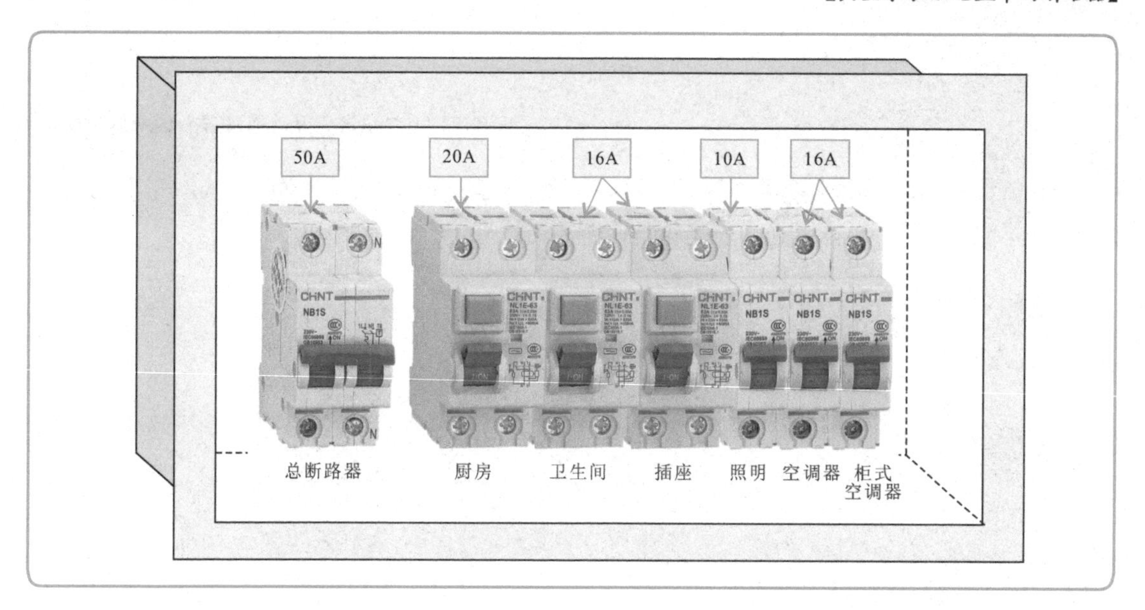

在家装配电盘中，本着安全的原则，每个支路上都应配有剩余电流断路器，因此选择带有剩余电流断路器的断路器即可。

照明支路不需要带剩余电流断路器的断路器，因为照明支路的用电量不大，并且不在住户经常触摸到的地方。

空调器支路不需要带剩余电流断路器的断路器，因为只要出现少许漏电就会频繁跳闸，导致空调器无法使用。

总断路器使用50A双进双出的断路器。

厨房使用20A带剩余电流断路器的断路器。

卫生间的插座使用16A带剩余电流断路器的断路器。

照明使用10A不带剩余电流断路器的断路器。

空调器和柜式空调器使用16A不带剩余电流断路器的断路器。

7.2.2 配电盘的安装

配电盘的安装就是将配电盘按照安装高度的要求安装到墙面上，然后在配电盘中安装、固定、连接断路器。

（1）配电盘总断路器和接地线的连接。将从配电箱引来的相线和零线分别与配电盘中的总断路器进行连接（连接时，应根据断路器上的L、N标识进行连接），并将其接地线与配电盘中的地线接线柱相连。

（2）配电盘中支路的连接。将经过总断路器的导线分别送入各支路断路器中，其中3个单进单出断路器的零线可采用接线柱进行连接，连接完成后，将经过各支路断路器的导线通过敷设的管路分别送入各支路进行电力传输，并将地线通过各地线接线柱连接到需要的各支路中。

【配电盘总断路器和接地线的连接】

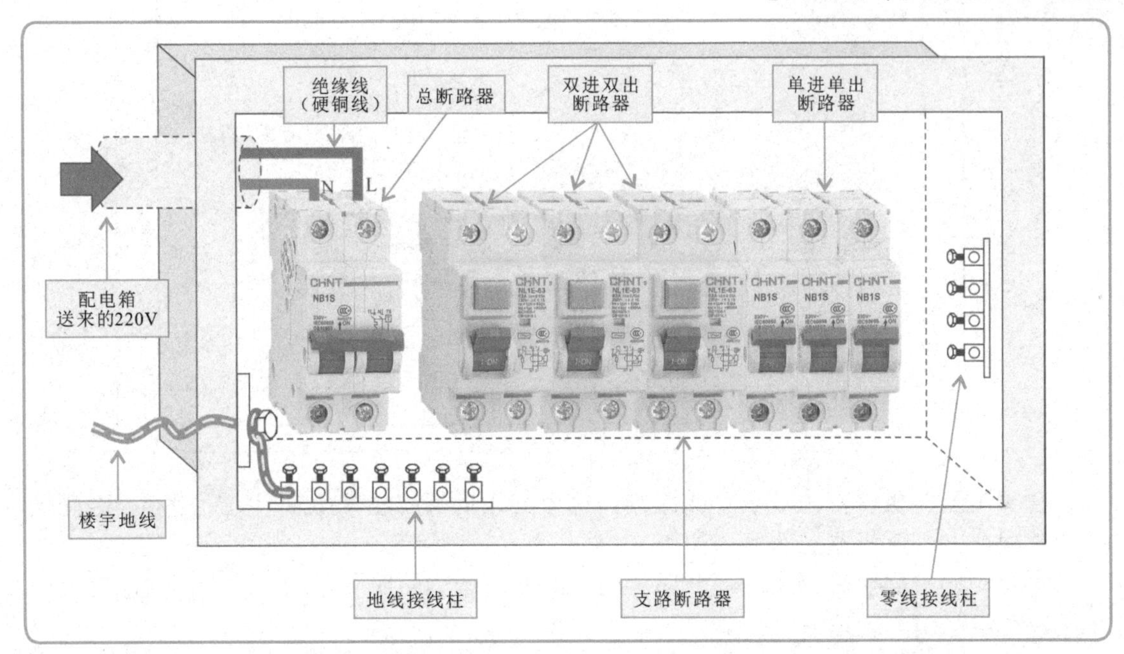

【配电盘中支路的连接】

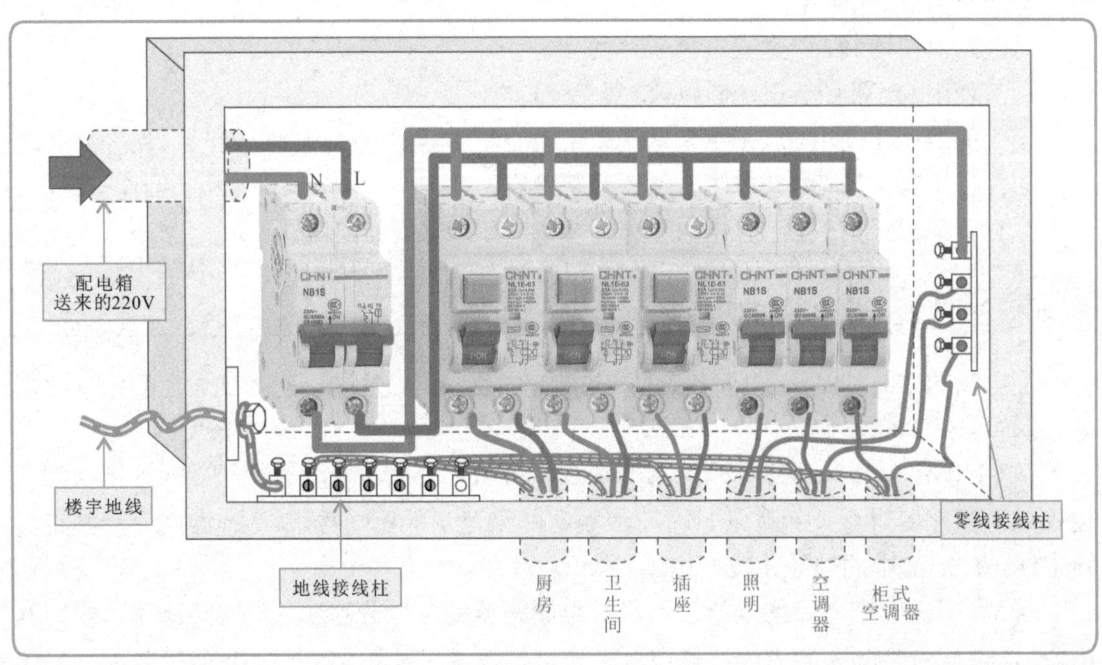

配电盘的所有线路连接完成后，将配电盘的绝缘外壳安装上，并标记上支路名称即完成配电盘的安装操作。

第8章

室内其他电气设备的安装技能

 8.1 常用排风设备的安装连接

8.1.1 排风设备的安装规划

排风设备主要用来调节室内空气的循环，尤其是在厨房、卫生间等场所常需要安装排风设备（排风扇）以及时排出室内的污浊空气。常见的排风扇主要有吸顶式和窗式两种。其中，吸顶式排风扇的安装较窗式排风扇复杂，需做好安装规划。

【排风设备的安装规划】

吸顶式排风扇是指安装在屋顶的排风设备。该排风扇适合安装在封闭的空间内，如卫生间和地下室。吸顶式排风扇的排风管路与楼内的排风口相连，或直接通过排风管路引出室外。

窗式排风扇是指安装在窗户上的排风设备。该排风扇一般安装在厨房的窗户上，可直接将厨房内污浊的空气排出室外。

排风设备安装完毕后，排风扇离地面的高度应为2.1～2.3m，过高或过低都会影响使用效果。

排风设备与通风窗之间的距离保持在1m以内，这是因为购买排风设备时，提供的标准通风管长度为1.5m，太长的距离就要考虑通风管连接的密封性。

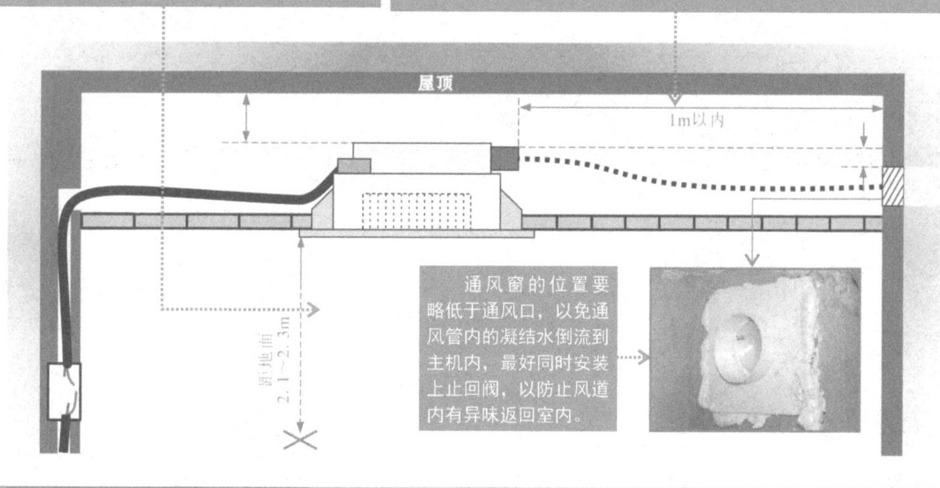

8.1.2 排风设备的安装连接

确定好安装方案后，即可完成吊顶的加工、导线的连接、通风管的连接、排风扇的安装固定及排风扇控制开关的安装等一系列工作。

1. 吊顶的加工

确定完排风设备的安装位置之后，需要对吊顶进行适当的加工处理。在吊顶上进行开孔后，用木框敷设龙骨，并且与通风窗之间的位置规划好。

【吊顶的加工】

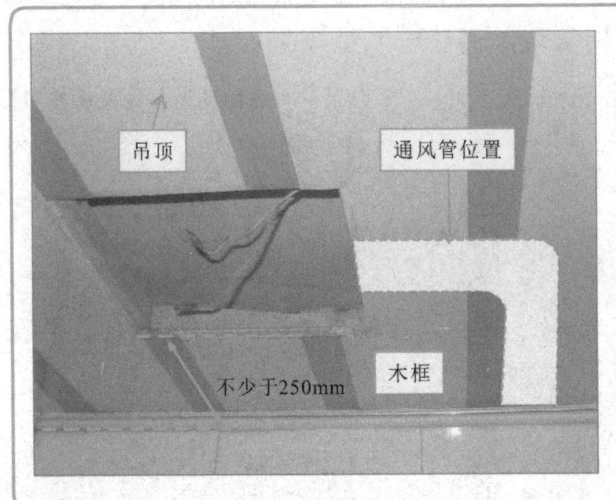

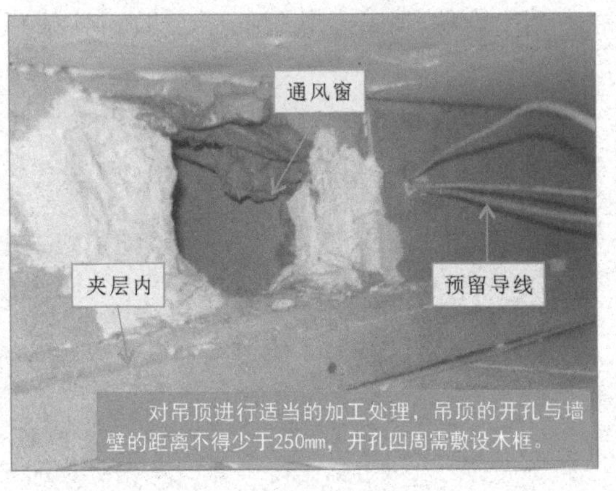

对吊顶进行适当的加工处理，吊顶的开孔与墙壁的距离不得少于250mm，开孔四周需敷设木框。

2. 导线的连接

将排风设备上的面罩取下，并对导线进行加工连接。排风设备通常采用2芯绝缘线，分别为一根零线、一根相线，将装修时预留的导线与排风设备的接线端进行连接，注意颜色的对应。

【排风扇导线的加工连接】

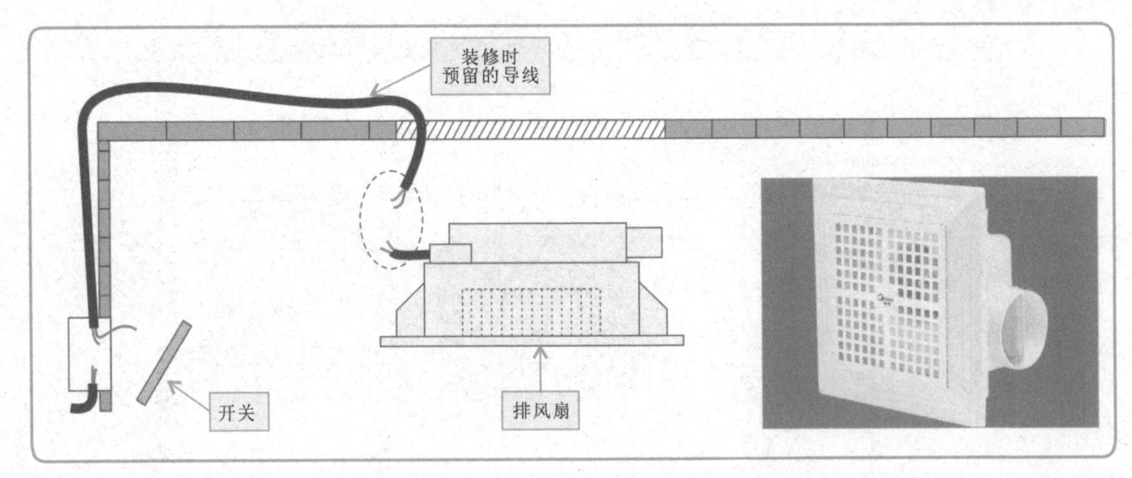

【排风扇导线的加工连接（续）】

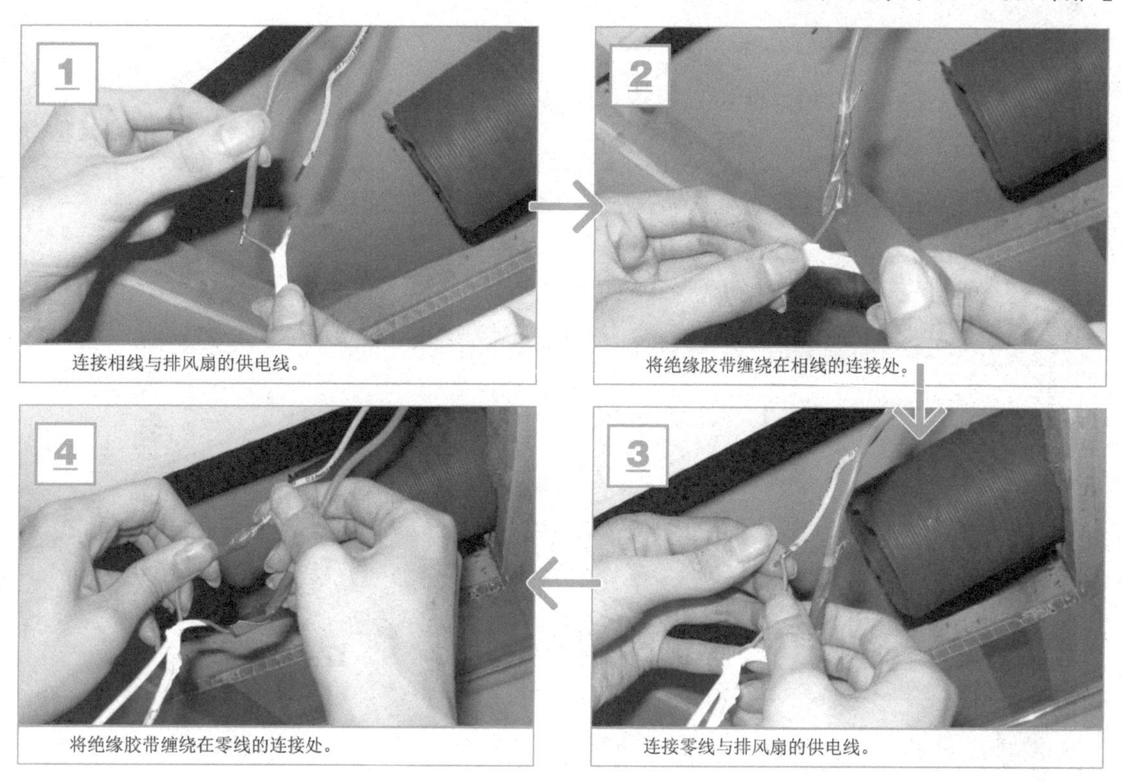

连接相线与排风扇的供电线。

将绝缘胶带缠绕在相线的连接处。

连接零线与排风扇的供电线。

将绝缘胶带缠绕在零线的连接处。

3. 通风管的连接

连接完导线，再将通风管安装好。安装通风管时，可以先将通风管与通风窗进行连接，再逐步调整通风管，已达到与排风扇通风口连接的最佳效果。

【通风管的连接】

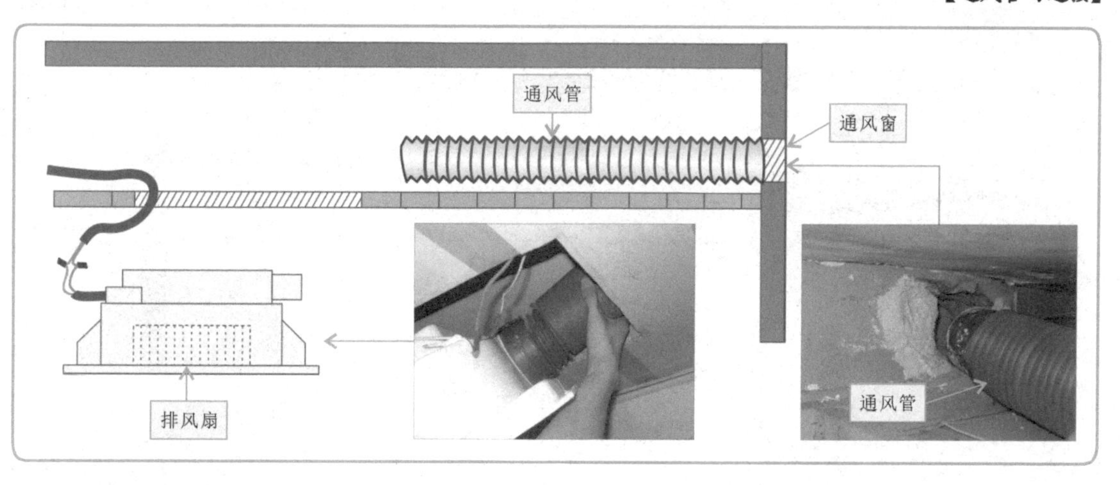

特别提醒

使用通风管将排风设备的通风口和墙体上的通风窗进行连接。安装时，要注意通风管的走向，应保持畅通，拐弯越少越好。

4. 固定

所有连接都完成以后，就可以将排风设备与吊顶进行固定了。

【固定】

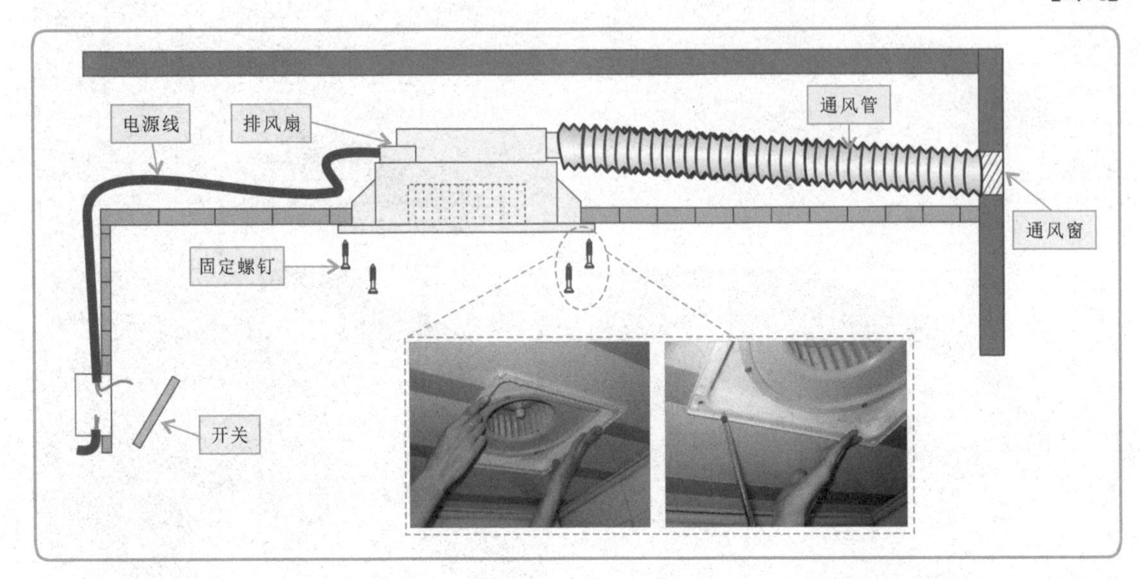

将排风设备的箱体推进空穴中，使用4颗固定螺钉固定，将箱体固定在吊顶木档上即可。

5. 开关的连接

控制排风设备的开关就是普通的单位开关。

【开关的连接】

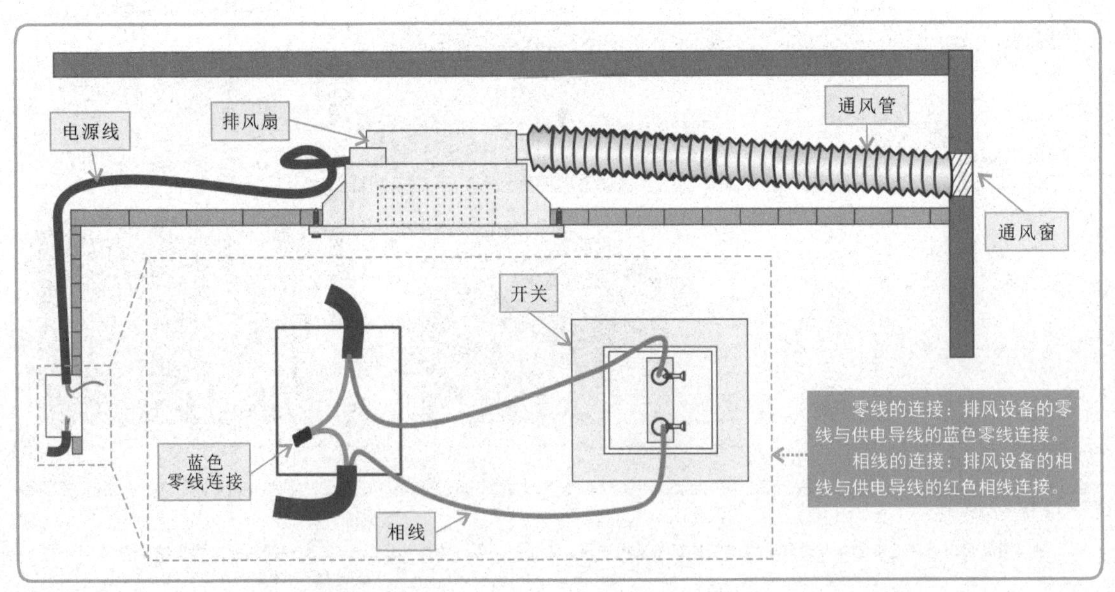

8.2 浴霸设备的安装连接

8.2.1 浴霸设备的安装规划

浴霸是照明、取暖功能集于一体的家庭用电设备。常见浴霸的安装形式有壁挂式和吸顶式两种。

【浴霸的种类、结构】

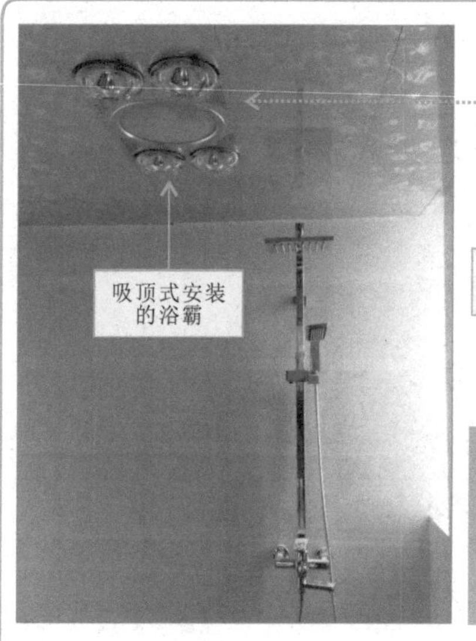

吸顶式浴霸固定在吊顶上，具有灯暖或风暖、照明、换气等多种功能，由于是直接安装在吊顶上的，因此吸顶式浴霸比壁挂式浴霸节省空间，更美观，沐浴时受热也更全面均匀，更舒适。

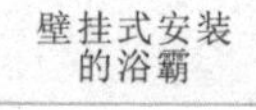

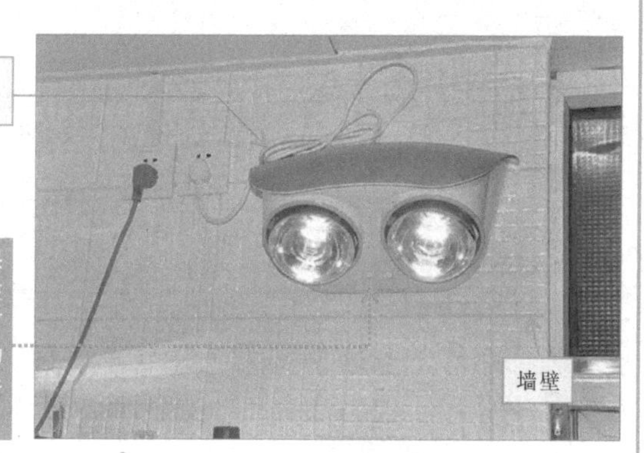

壁挂式浴霸采取斜挂方式固定在墙壁上，具有灯暖、照明、换气功能，没有安装条件的限制。

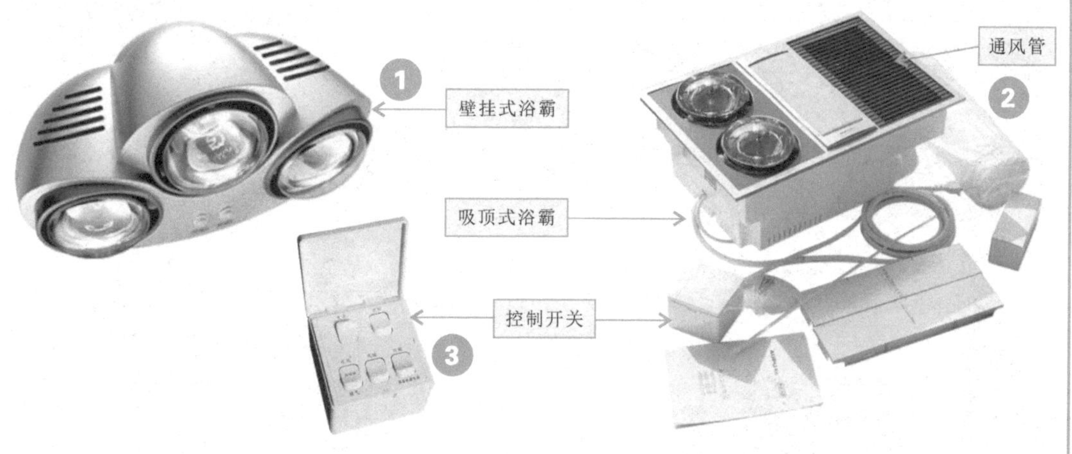

① 选配浴霸时，需要考虑浴霸的安装形式、尺寸和功率，在一般情况下，小浴室因为面积小，水雾比较大，因此最好选择换气效果较好的浴霸；如果是新装修的房间，可考虑安装不占空间、款式外观选择余地较大的吸顶式浴霸；如果是老房，则需根据是否有吊顶及吊顶厚度是否足够等，可以考虑壁挂式浴霸。

② 在安装浴霸时，还需选配通风管。通风管一般要选择带有伸缩功能的塑料通风管，通风管的长度需稍大于浴霸到通风口的距离，以免影响排风效果。

③ 浴霸一般选用多控开关，开关根据浴霸的功能有电源、照明、吹风/换气、风暖、灯暖等功能，另外选择时还要注意密封性。

安装浴霸之前，可先详细阅读浴霸的安装说明书，通过内部介绍的安装示意图，可清楚地了解浴霸的不同安装方式、安装注意事项及具体的安装位置等。

【浴霸的安装方式】

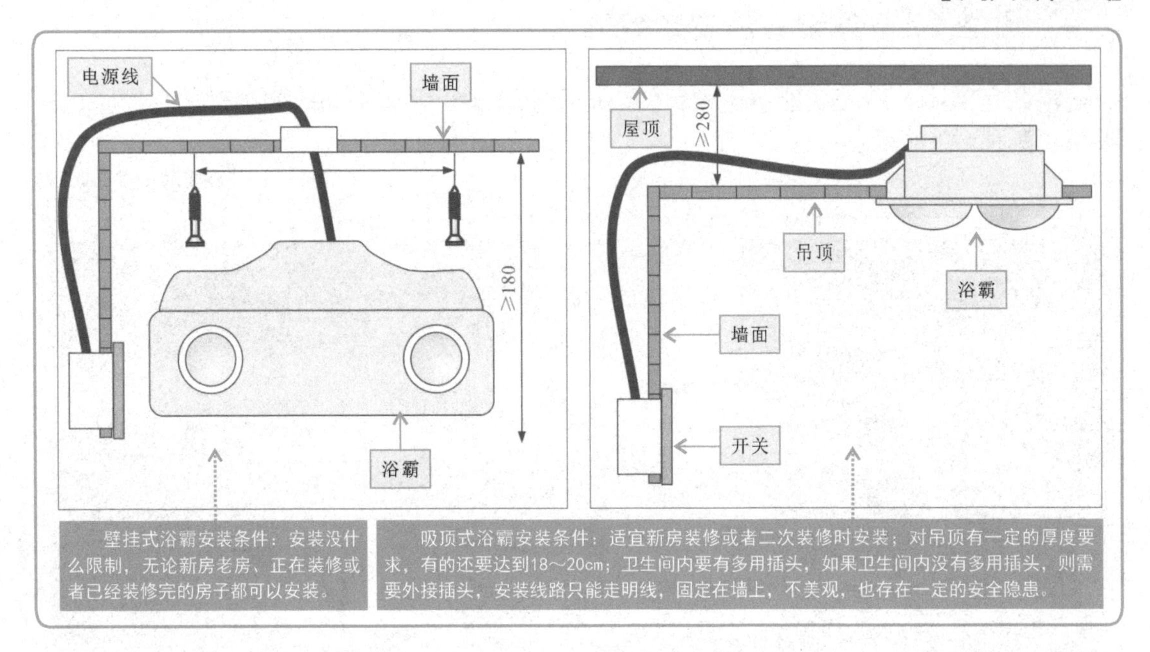

目前浴霸的安装多采用吸顶式，安装在卫生间顶部，下面我们以吸顶式浴霸的安装为例进行介绍，根据实际的安装情况，应确定好浴霸的安装位置。

【浴霸的安装位置】

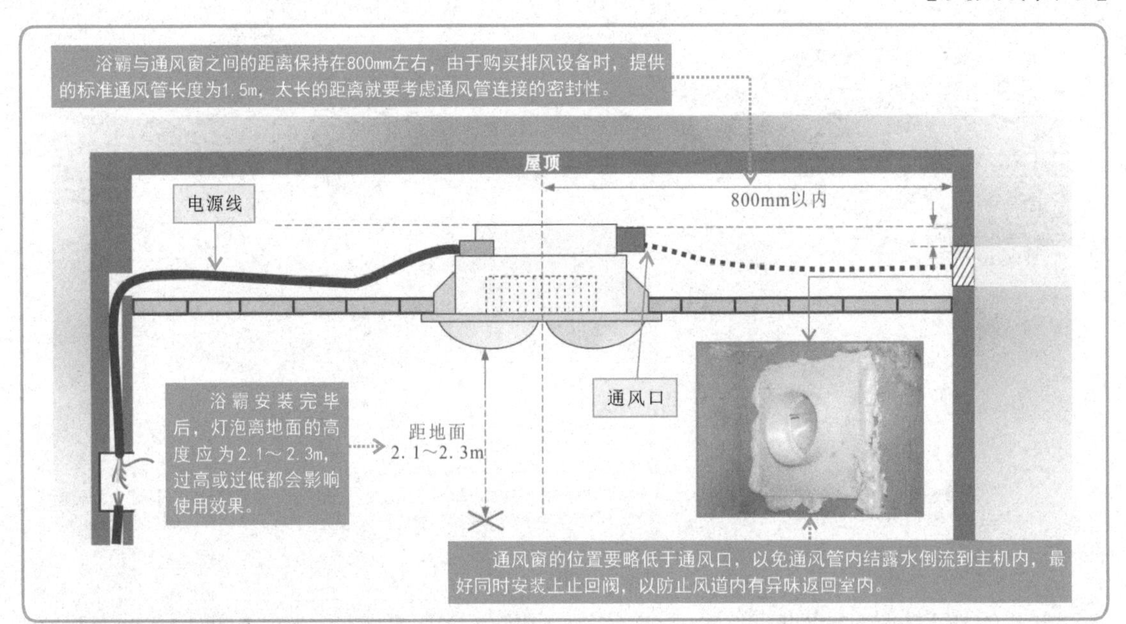

特别提醒

在安装浴霸过程中，通风管应避免与燃气热水器、抽油烟机接入同一排气管道，以防有害气体从撇开的气道或其他燃烧燃料的设备回流进室内。

8.2.2 浴霸设备的安装连接

确定好安装方案后，即可完成吊顶的加工、浴霸的安装、通风管道的安装连接、控制线路的连接及浴霸开关的安装连接等一系列工作。

1. 吊顶的加工

确定完浴霸的安装位置后，需要对吊顶进行适当的加工处理。根据安装位置及浴霸包装盒内的开孔模板对吊顶进行开孔操作。

【吊顶的加工】

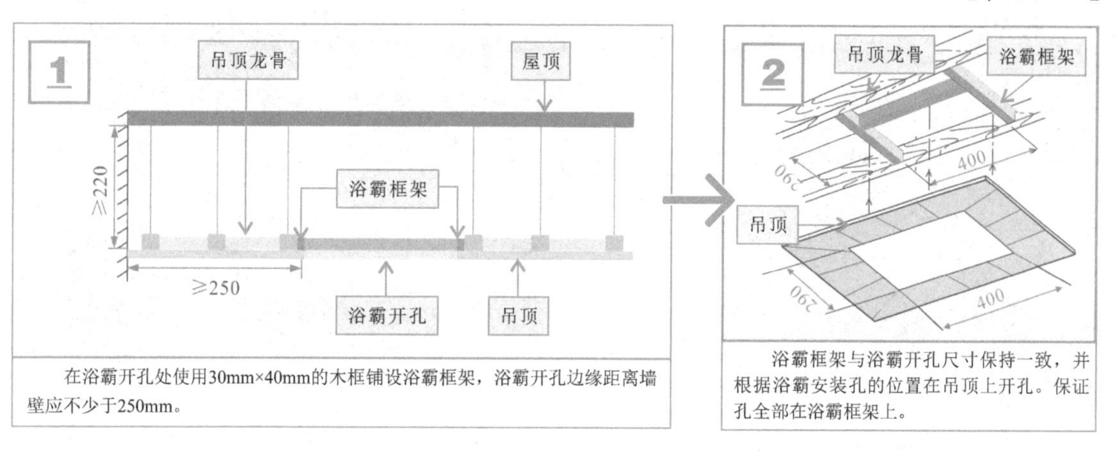

在浴霸开孔处使用30mm×40mm的木框铺设浴霸框架，浴霸开孔边缘距离墙壁应不少于250mm。

浴霸框架与浴霸开孔尺寸保持一致，并根据浴霸安装孔的位置在吊顶上开孔。保证孔全部在浴霸框架上。

2. 浴霸的安装

吊顶加工完毕后，将浴霸由浴霸开孔处小心放入，调整好安装位置后使用固定螺钉将浴霸固定在浴霸框架上。

【浴霸的安装】

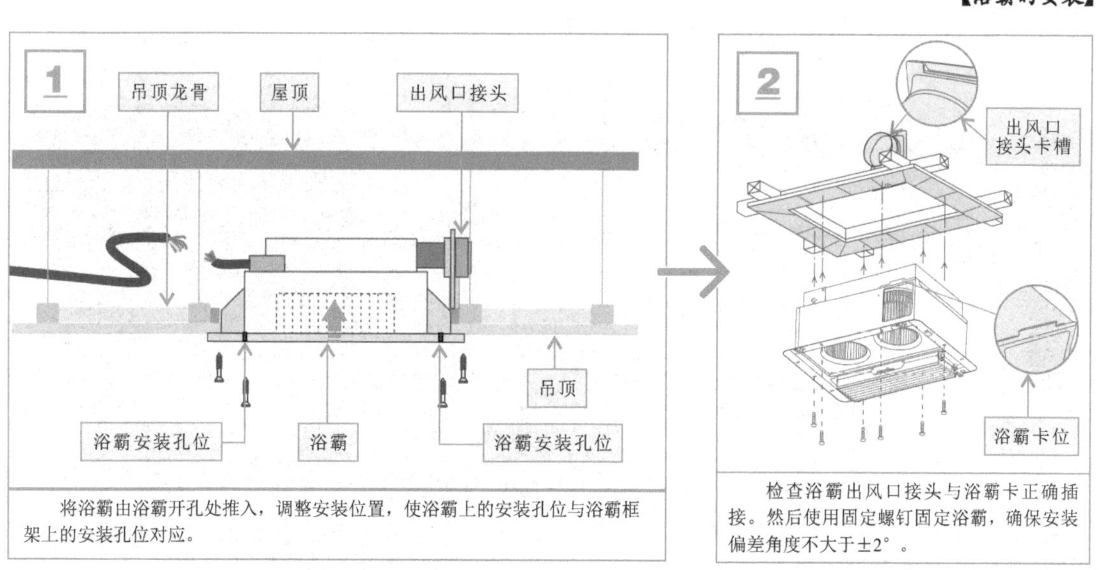

将浴霸由浴霸开孔处推入，调整安装位置，使浴霸上的安装孔位与浴霸框架上的安装孔位对应。

检查浴霸出风口接头与浴霸卡正确插接。然后使用固定螺钉固定浴霸，确保安装偏差角度不大于±2°。

3. 通风管道的安装连接

浴霸安装到位后，将通风管的一端与浴霸出风口接头相连，另一端连接到预留的通风窗口处。

【通风管道的安装连接】

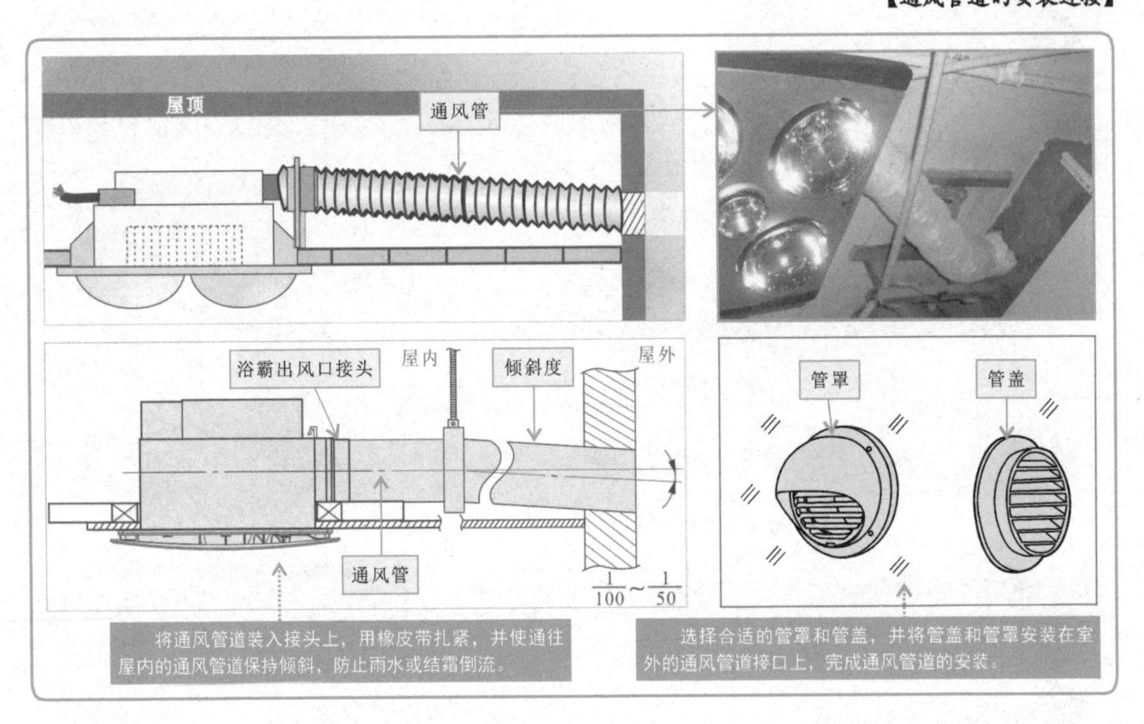

4. 控制线路的连接

参照浴霸说明书，完成浴霸线路的连接。通常，浴霸有5～6根连接引线。其中1根地线接地，1根为零线，4根为相线用以接电源供电线。

【通风管道的安装连接】

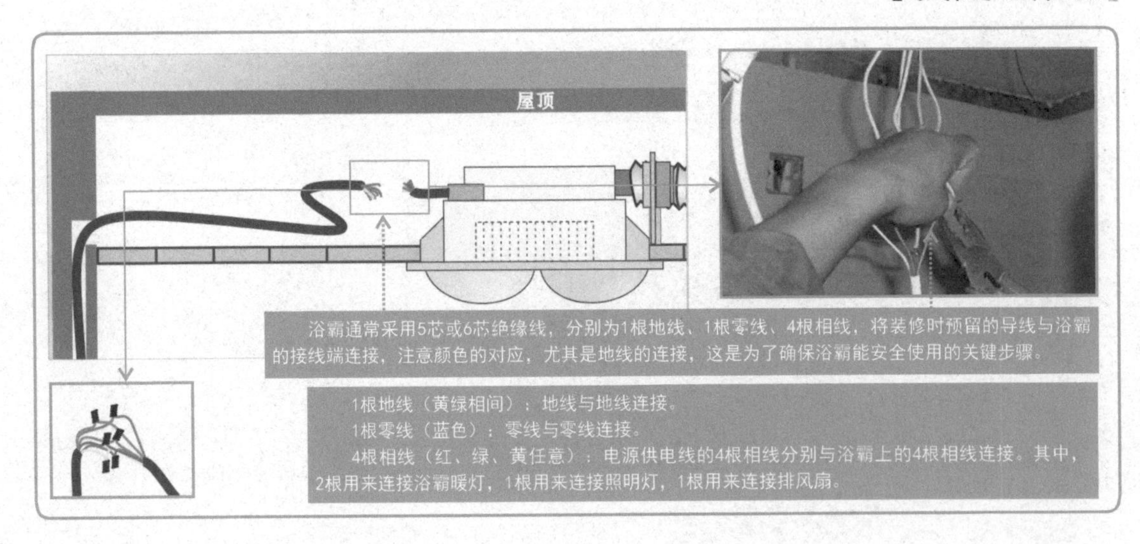

5. 浴霸开关的安装连接

通常，浴霸开关有四个开关。其中两个分别用以控制两组取暖灯。除此之外，一个开关用以控制照明，另一个开关则用以控制换气扇。

【浴霸开关的安装连接】

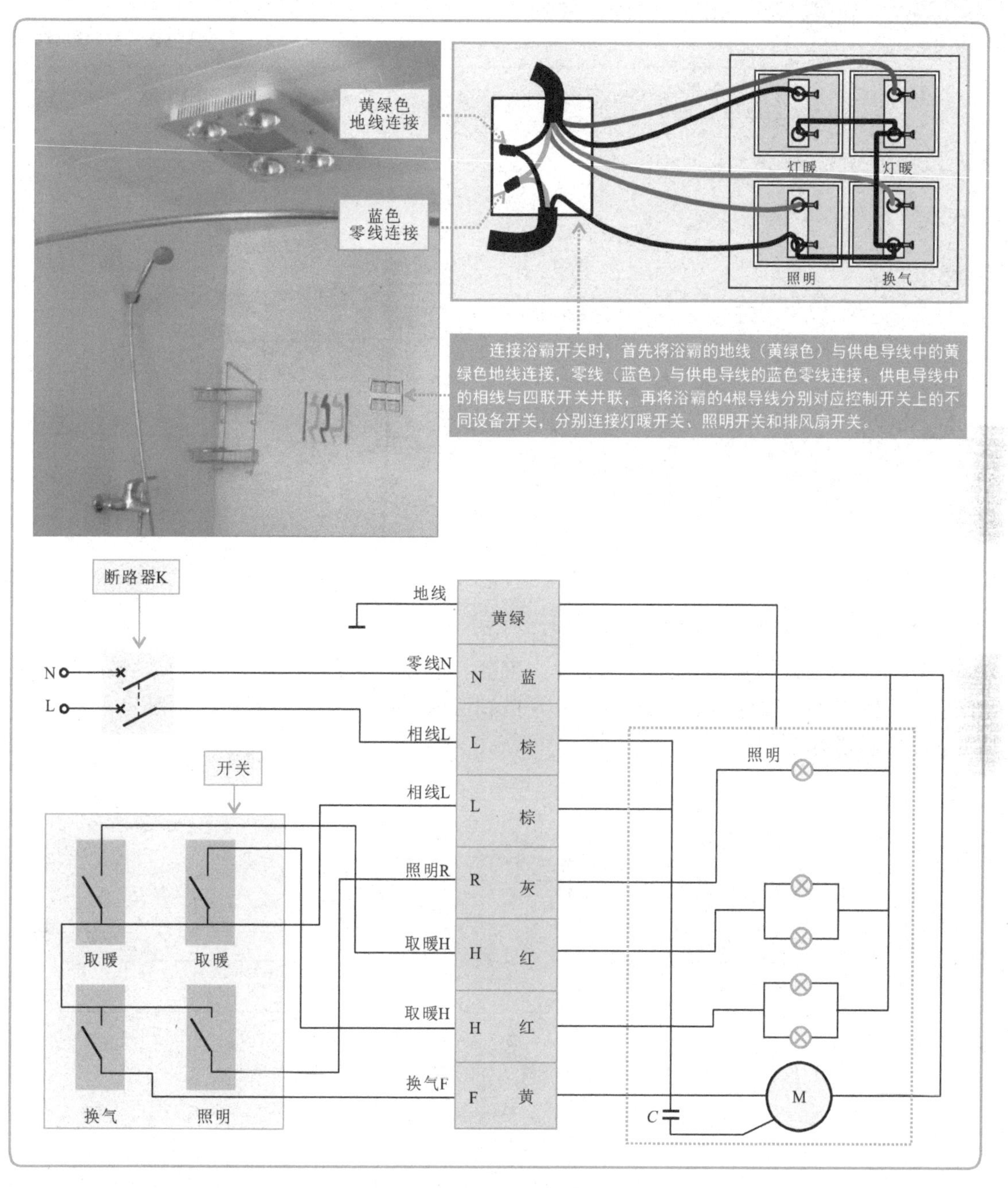

浴霸即是卫生间中的大功率设备，又是专门和水、水蒸气打交道的电气设备，因此应采用防潮处理，用玻璃胶对安装好的浴霸四周进行密封处理。

8.3 常用照明系统的安装连接

8.3.1 照明系统的安装规划

照明系统主要依靠开关、电子元器件等控制部件来控制照明灯具，进而完成对照明灯具数量、亮度、开关状态及时间的控制。

【照明系统的结构特点】

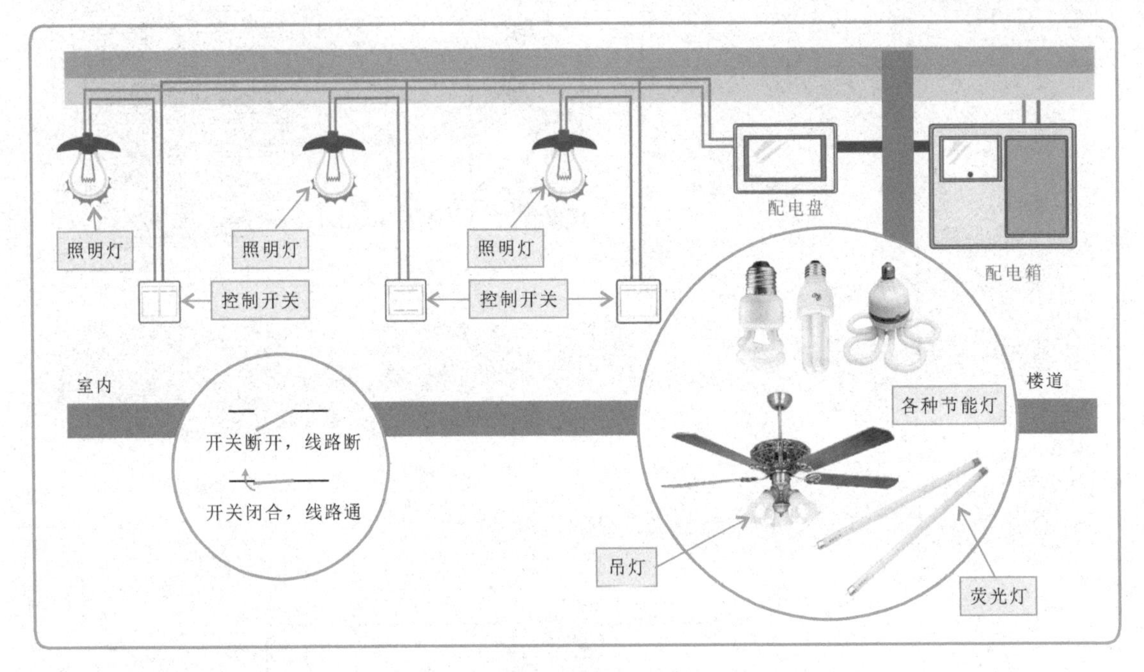

室内照明系统的控制方式多种多样。例如，卧室常采用两地控制照明电路；客厅一般设有两盏或多盏照明灯，一般采用三方控制照明电路，分别在进门、主卧室外侧、次卧室门外侧进行控制等。

【照明系统的常见控制方式】

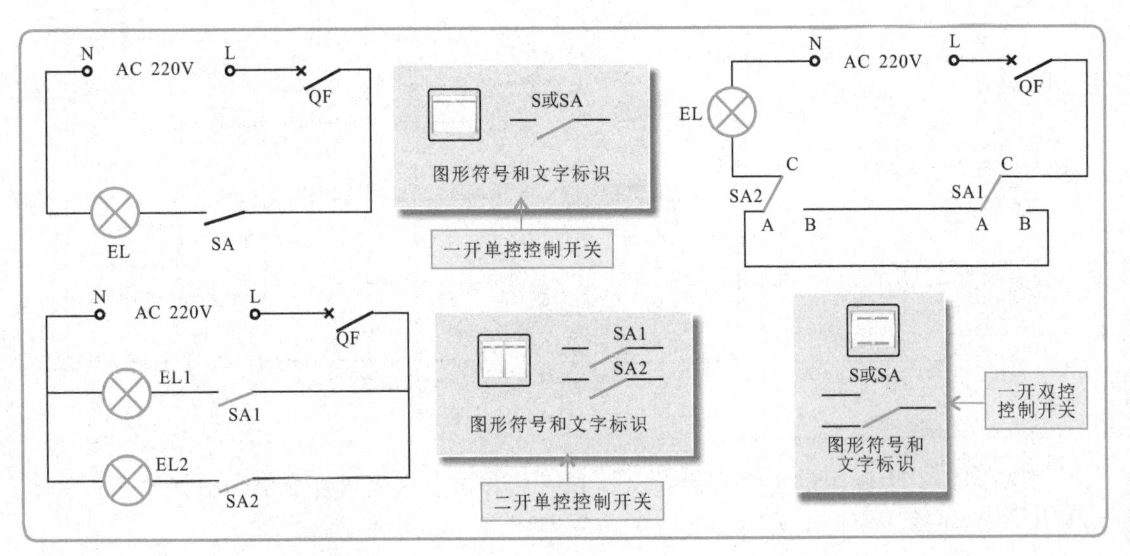

8.3.2 照明灯具的安装连接

室内照明系统中，常采用的照明灯具有LED荧光灯、节能灯、吊灯等。不同类型的照明灯具，其安装连接方法有所不同。

1. LED荧光灯的安装连接

LED荧光灯的安装方式比较简单。一般直接将LED荧光灯接线端与交流220V照明控制线路（经控制开关）预留的相线和零线连接即可。

【日光灯的安装】

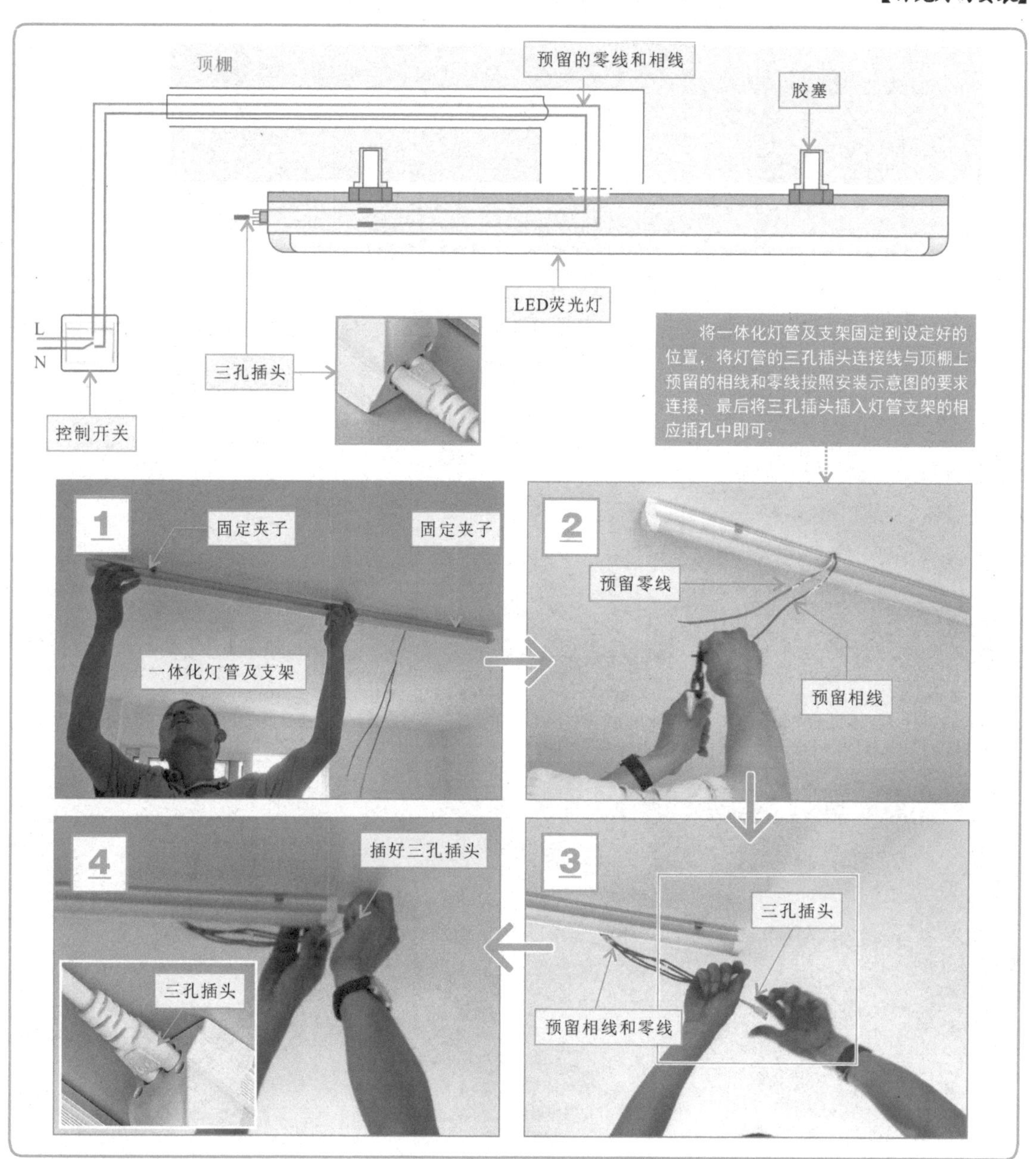

2. 节能灯的安装连接

节能灯具有节能、环保、耐用的特点。一般来说，先要安装并固定挂线盒，然后再对供电线缆进行加工，最后即可将节能灯安装在灯座上。

【节能灯的安装】

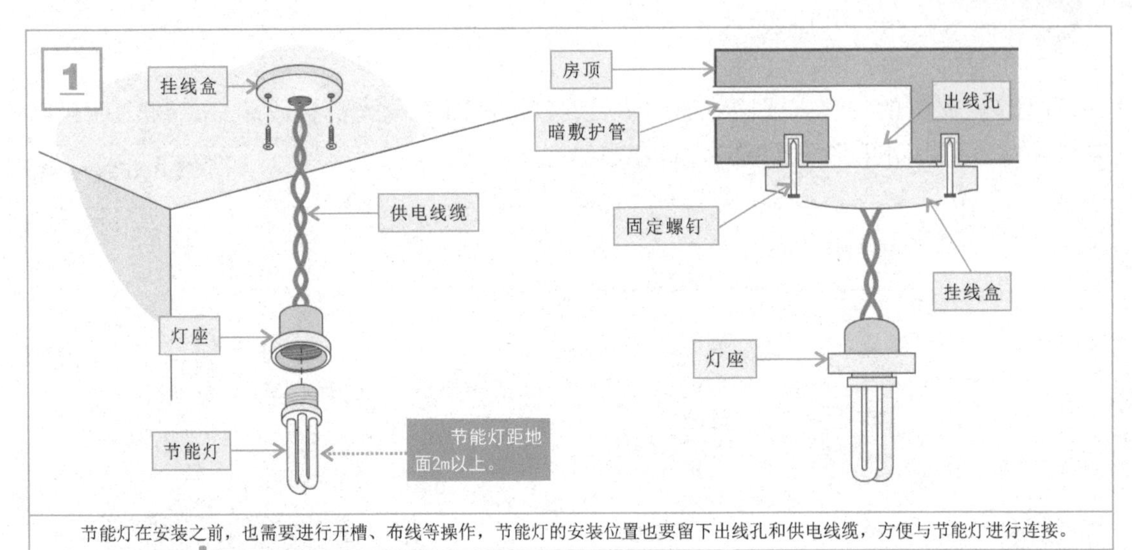

节能灯在安装之前，也需要进行开槽、布线等操作，节能灯的安装位置也要留下出线孔和供电线缆，方便与节能灯进行连接。

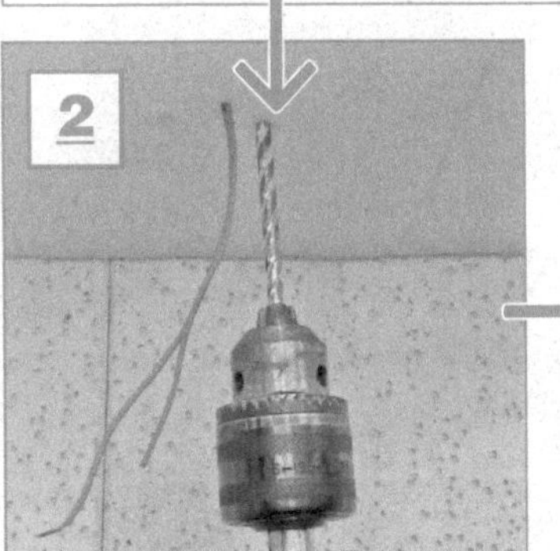

将线缆从挂线盒中间穿出，标注挂线盒固定位置，根据标注的安装位置，使用电钻进行打孔操作。

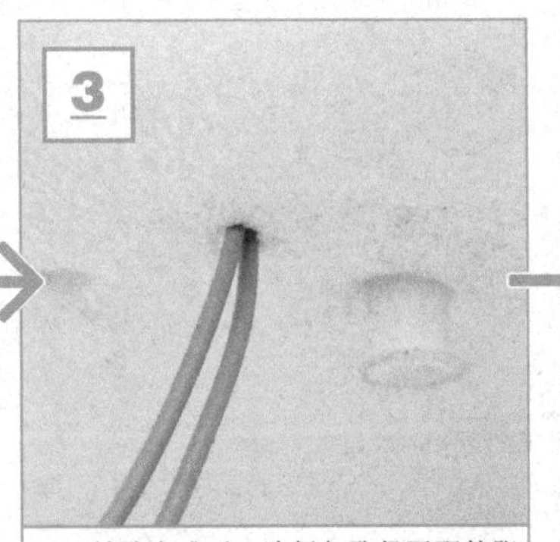

钻孔完成后，选择与孔径匹配的胀管，将胀管敲入钻孔中，注意胀管要露出一小段在外面。

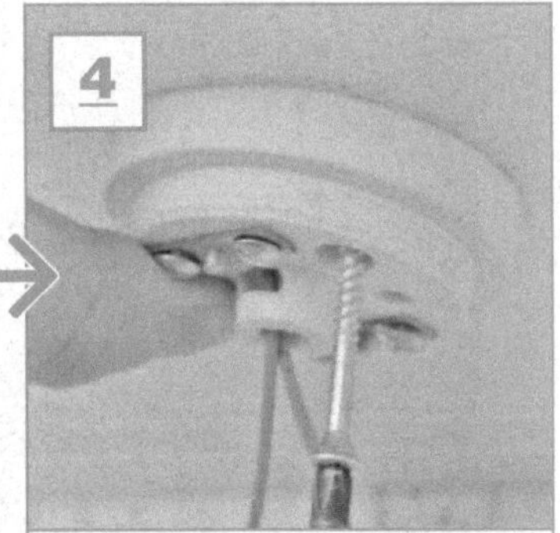

供电线缆穿过挂线盒后，用手托住挂线盒，用螺钉旋具将固定螺钉拧入胀管中。

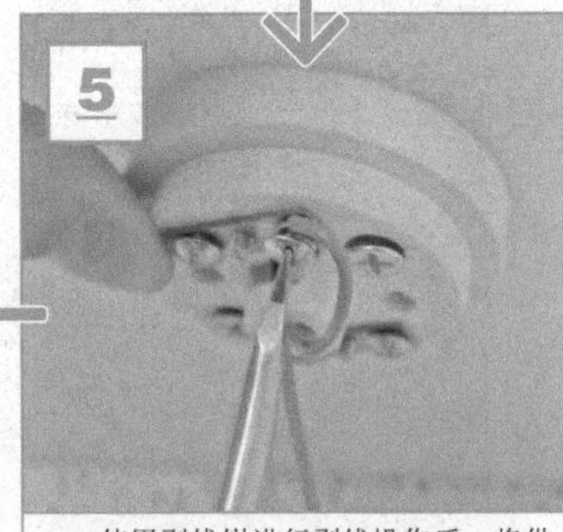

使用剥线钳进行剥线操作后，将供电线缆盘绕在接线柱上，并拧紧固定螺钉。连接完成后，检查是否牢固。

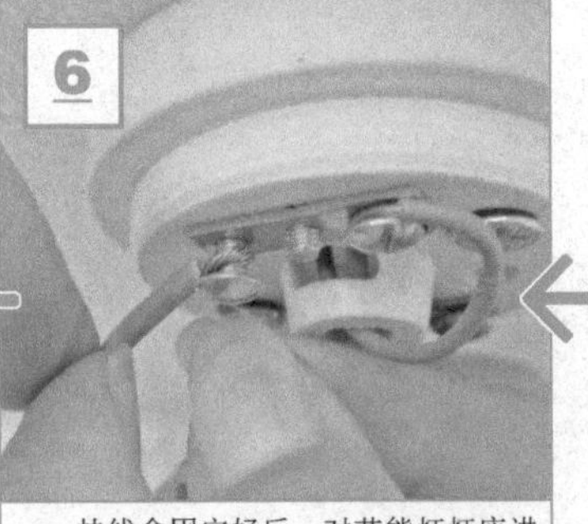

挂线盒固定好后，对节能灯灯座进行加工并将灯座相线、零线连接端的连接线分别缠绕挂线盒接线柱1圈并固定。

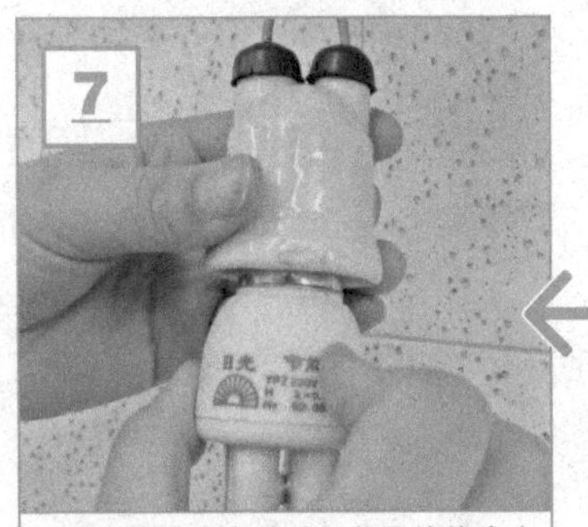

将挂线盒上盖重新装回挂线盒上后，将节能灯拧入灯座，拧入时应握住节能灯底部进行安装。

3. 吊灯的安装连接

吊灯是一种垂吊式照明灯具，它将装饰与照明功能有机地结合起来。吊灯适合安装于客厅、酒店大厅、大型餐厅等垂直空间较大的场所，在对吊灯进行安装时，可先进行打孔固定，然后连接供电线缆，并将吊灯固定在屋顶，完成吊灯的安装。

【吊顶的安装】

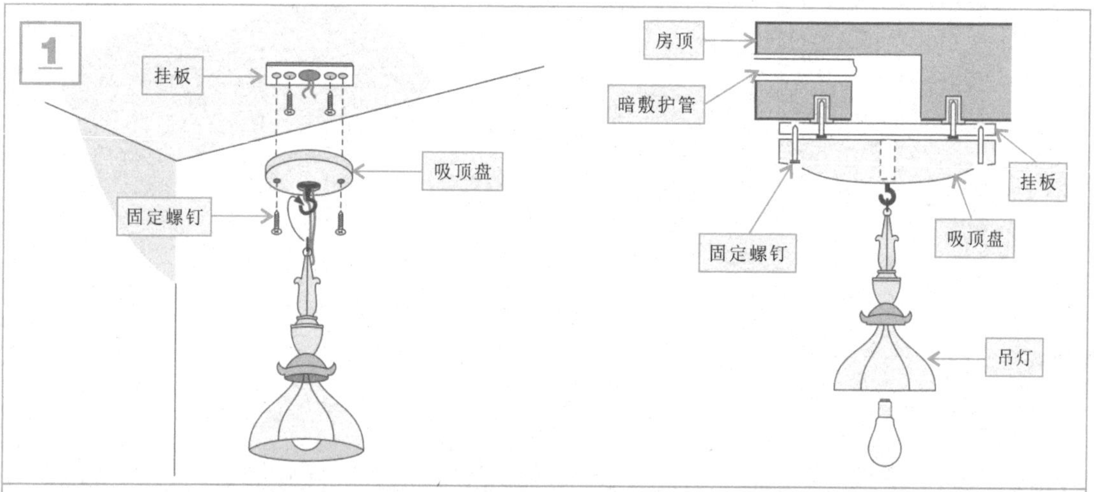

吊灯的下沿端与地面之间的距离应大于2.2m，挂板应直接固定在屋顶上，供电线缆与吊灯引出的线缆连接后，置于吸顶盘中即可。

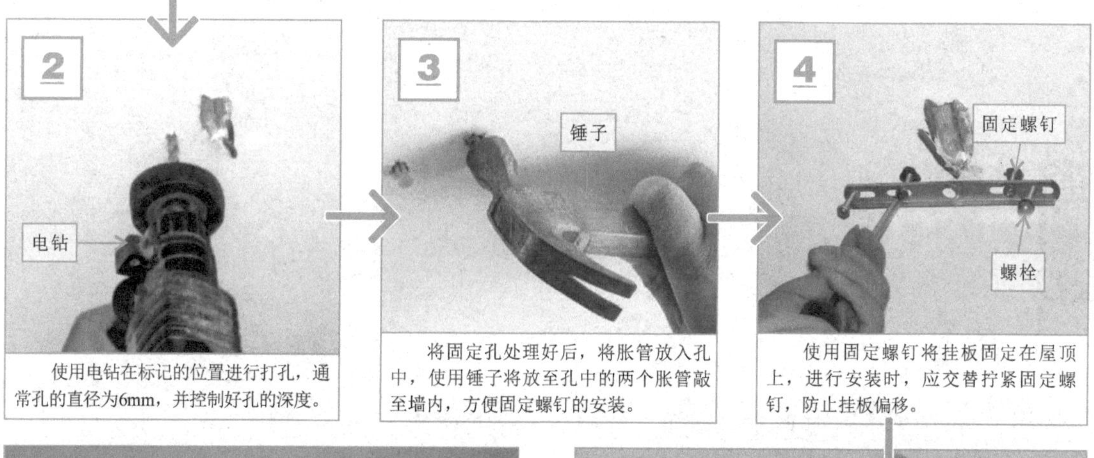

使用电钻在标记的位置进行打孔，通常孔的直径为6mm，并控制好孔的深度。

将固定孔处理好后，将胀管放入孔中，使用锤子将放至孔中的两个胀管敲至墙内，方便固定螺钉的安装。

使用固定螺钉将挂板固定在屋顶上，进行安装时，应交替拧紧固定螺钉，防止挂板偏移。

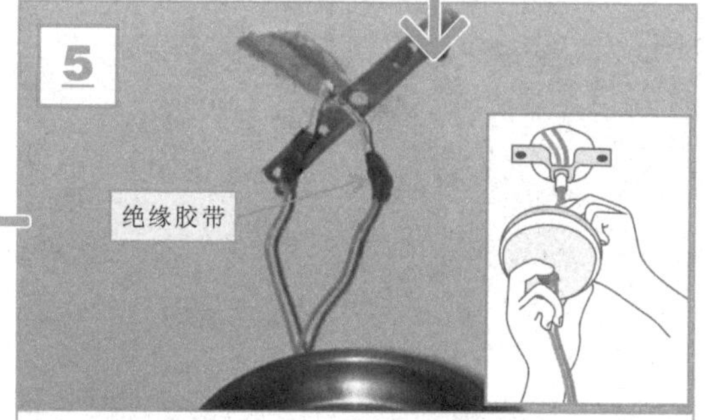

将吊灯的供电导线穿过吸顶盘与屋顶的预留导线进行连接，并使用绝缘胶带进行绝缘处理。

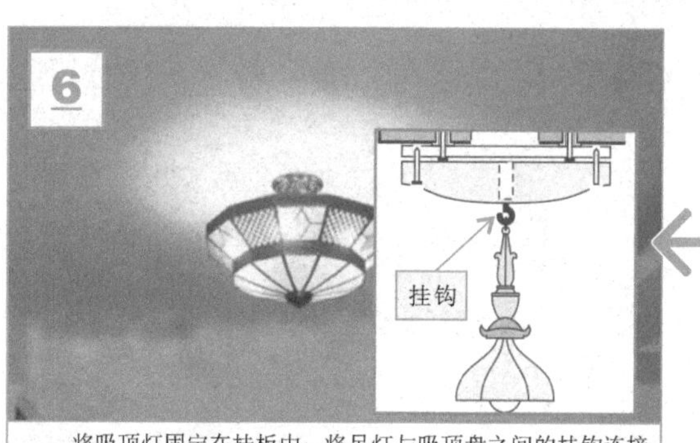

将吸顶灯固定在挂板中，将吊灯与吸顶盘之间的挂钩连接在一起，完成吊灯的安装，吊灯可以正常点亮。

8.3.3 照明控制开关的安装连接

照明控制开关的安装要根据照明线路的规划设计要求选择相应的开关完成安装和线路的连接操作。以两地控制同一盏照明灯的线路设计为例，安装于两地的任意一处开关都可以控制照明灯的点亮或熄灭。

【照明控制开关的安装】

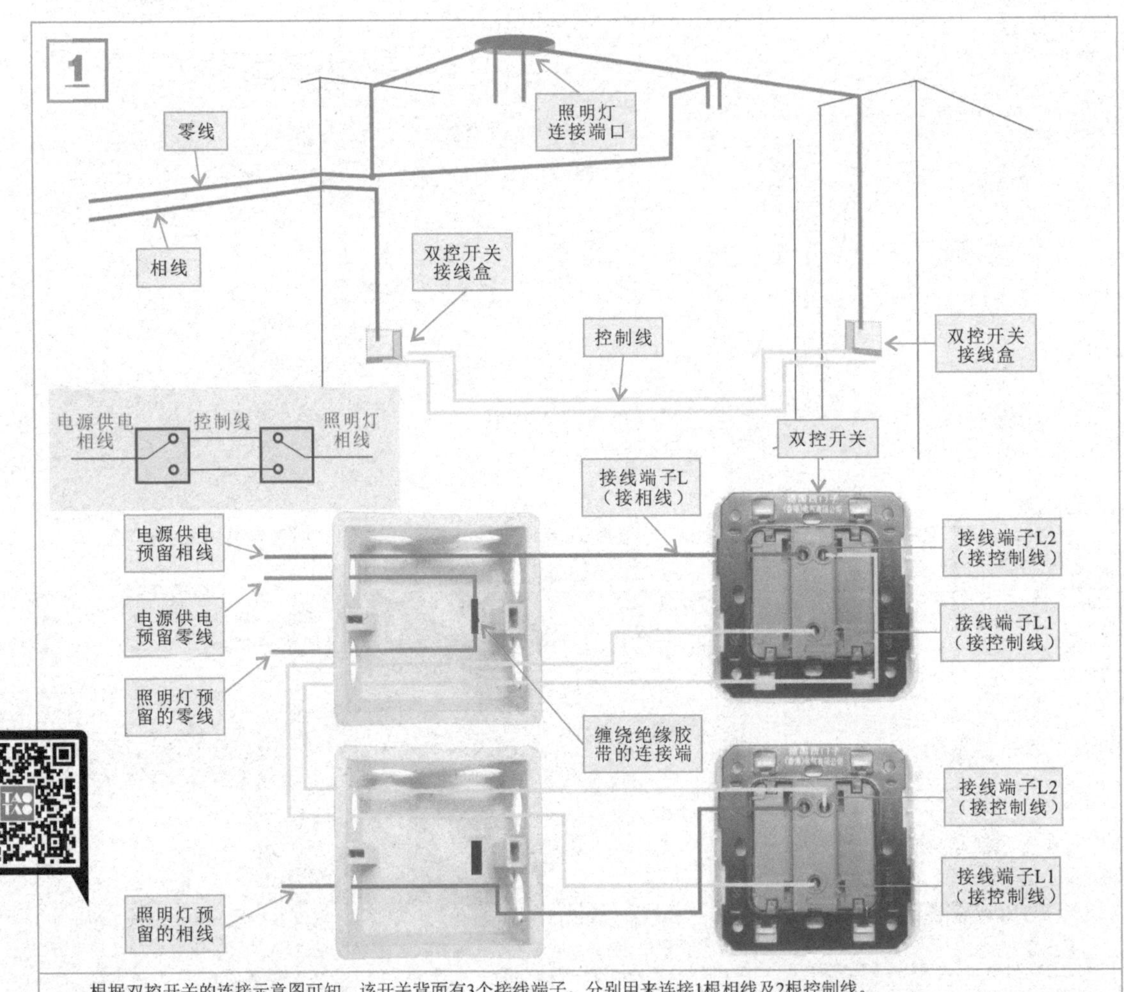

根据双控开关的连接示意图可知，该开关背面有3个接线端子，分别用来连接1根相线及2根控制线。

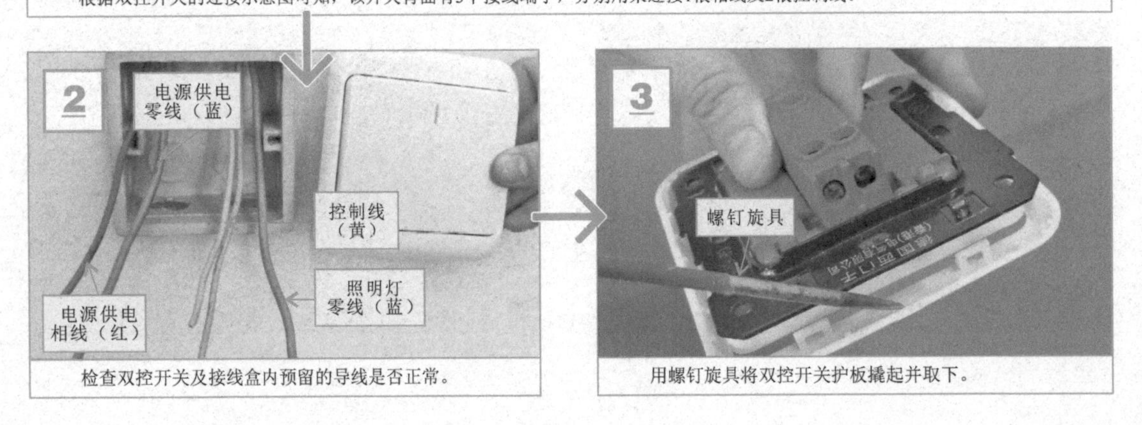

检查双控开关及接线盒内预留的导线是否正常。

用螺钉旋具将双控开关护板撬起并取下。

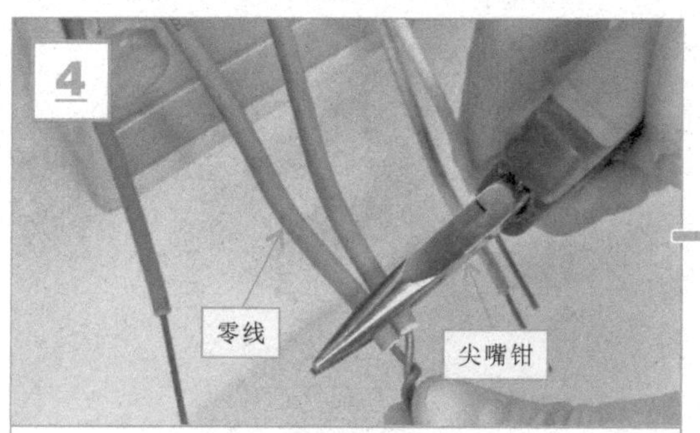

对导线进行剥线后，使用尖嘴钳将电源供电零线与照明灯的零线（蓝色）进行连接。

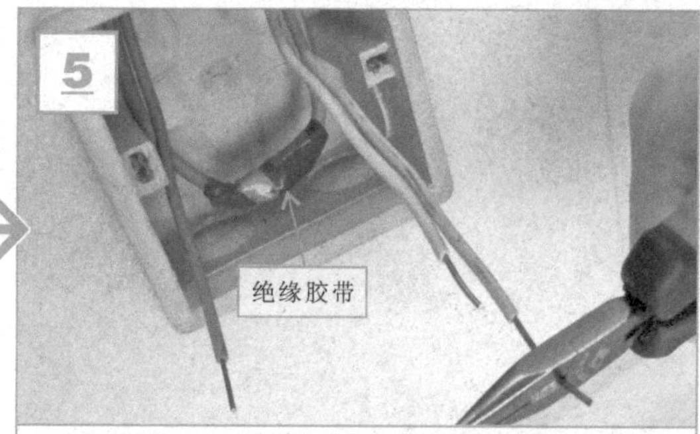

使用绝缘胶带对零线连接处的裸露导线进行绝缘处理，使绝缘层的线芯长度保持在10～12mm，并剪掉多余的线芯。

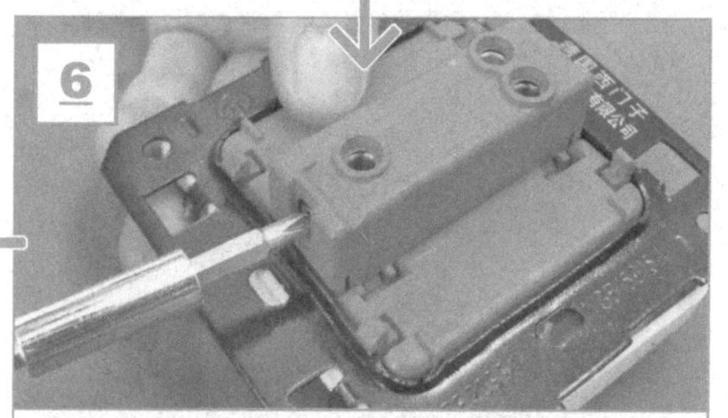

使用螺钉旋具将双控开关背面各接线端子上的固定螺钉分别拧松。

将电源供电相线（红）穿入双控开关接线端子L中，并使用螺钉旋具拧紧，固定电源供电相线。

使用螺钉旋具拧紧接线端子的固定螺钉，将控制线固定在接线端子中。

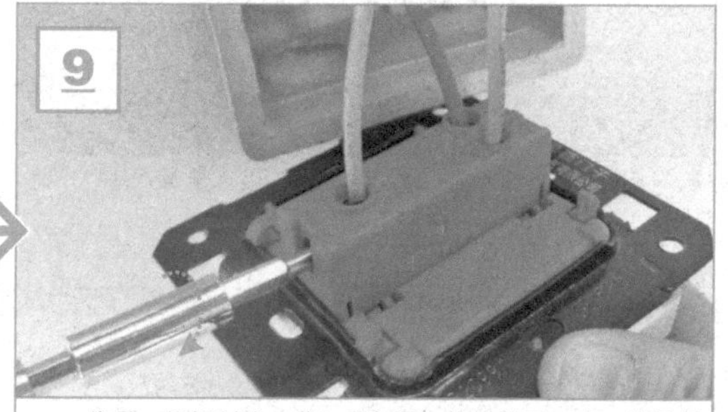

将另一根控制线（黄）穿入另一接线端子L2中，使用螺钉旋具拧紧接线柱固定螺钉，固定控制线。

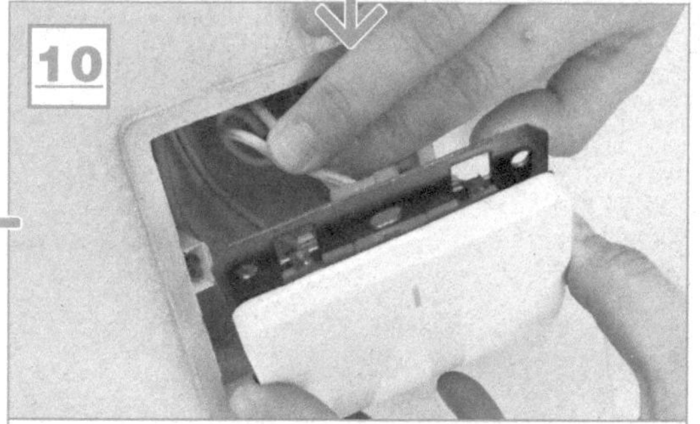

将各连接导线盘在一开双控开关的接线盒中，盘绕时应尽量避免导线过多交叉，接下来需要对开关进行固定。

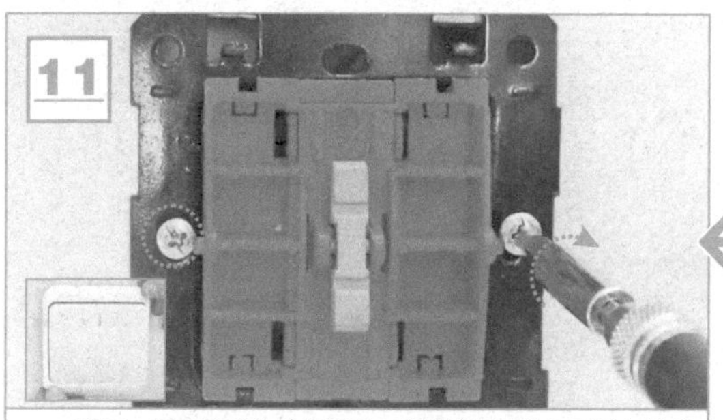

取下一开双控开关的按板后，将固定螺钉放入开关与接线盒的固定孔中拧紧，固定开关面板。将一开双控开关的护板安装到开关面板上，完成第一个一开双控开关的安装。

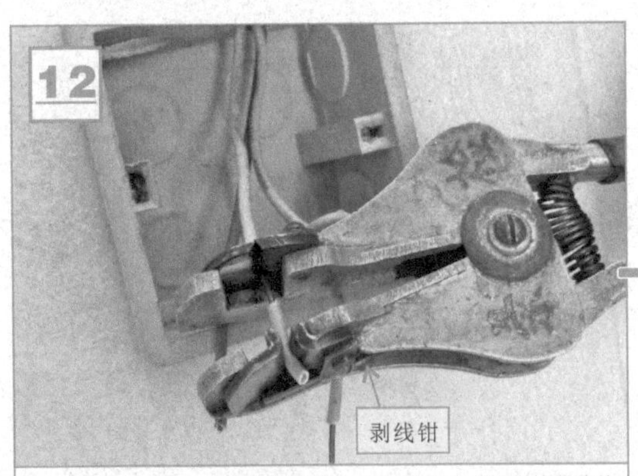

安装第二个一开双控开关时，由于接线盒内预留的导线线芯长度不够，需要使用剥线钳分别剥去3根导线一定长度的绝缘层。

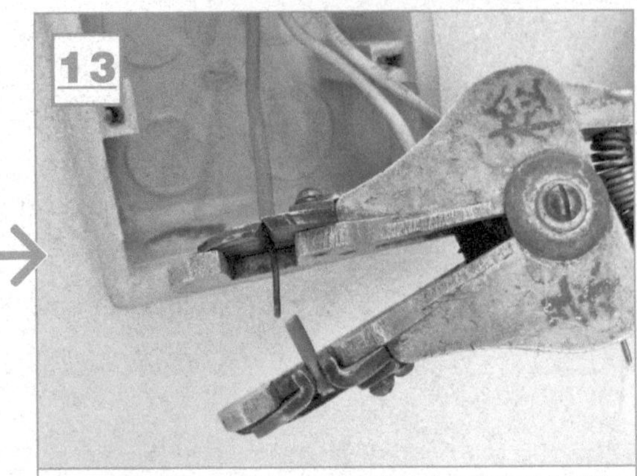

为了方便导线的连接，可将导线的线芯长度预留10mm左右。

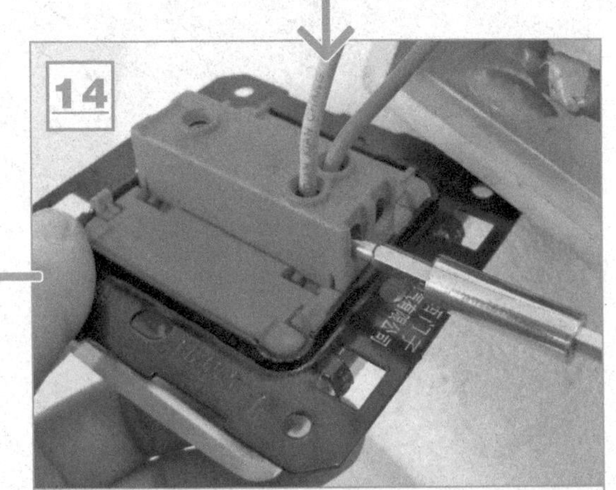

将导线按照明灯预留相线连接线端子L、控制线分别连接L1、L2的对应关系分别接入接线端子。

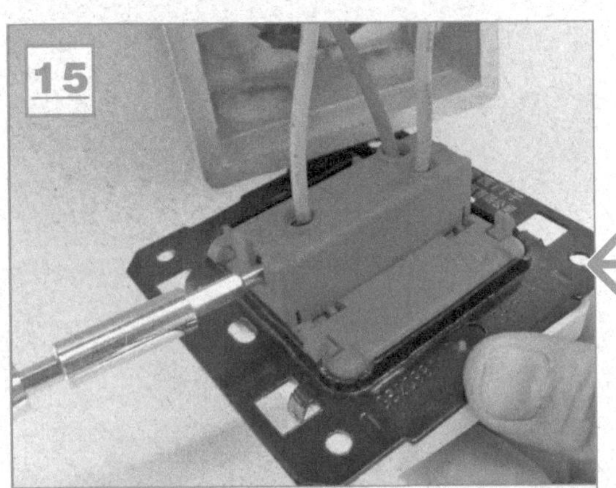

将导线插入接线端子后，使用螺钉旋具拧紧紧固螺钉，使导线与接线端子连接牢固。

特别提醒

使用一开双控开关控制两组照明灯时，其连接方式与以上接线有所区别。

一开双控开关的3个接线端子中，1个为相线连接端，另2个接线端子分别连接被控制的两组照明灯。

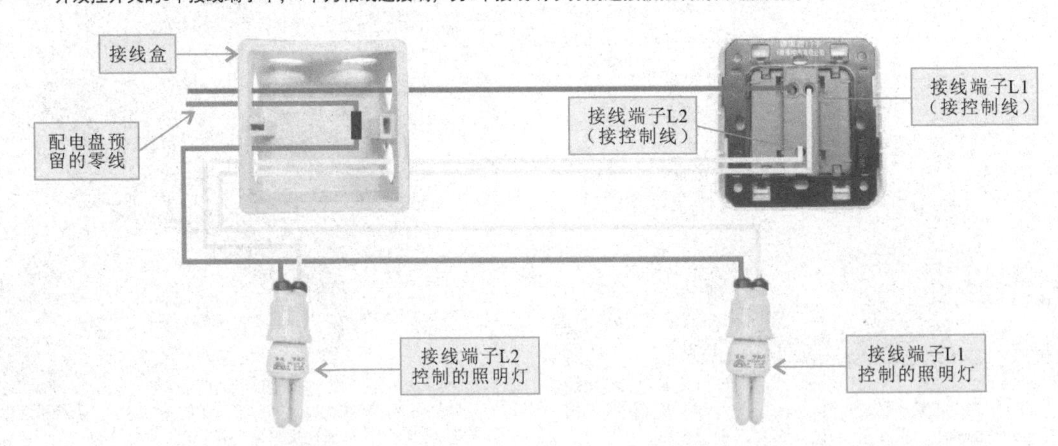